四川省“十四五”职业教育省级规划教材
“新视界”职业教育旅游文化系列教程

总主编◎杨建国 张伟 王婷
总主审◎王朝晖

The Culture and Art of Tea

茶文化与茶艺

主 编 王 芳 杨婷婷
副主编 王雪娇 李 倩 于 浣
编 者 朱 文 刘 婷 王 苏 何 佳

重庆大学出版社

图书在版编目（CIP）数据

茶文化与茶艺：汉、英 / 王芳，杨婷婷主编. —
重庆：重庆大学出版社，2021.9（2023.8重印）
“新视界”职业教育旅游文化系列教程
ISBN 978-7-5689-2794-9

Ⅰ.①茶… Ⅱ.①王… ②杨… Ⅲ.①茶文化—中国—
教材—汉、英 Ⅳ.①TS971.21

中国版本图书馆CIP数据核字（2021）第122056号

茶文化与茶艺
主 编 王 芳 杨婷婷
责任编辑：王 波 版式设计：牟 妮
责任校对：刘志刚 责任印制：赵 晟
*
重庆大学出版社出版发行
出版人：陈晓阳
社址：重庆市沙坪坝区大学城西路21号
邮编：401331
电话：（023）88617190 88617185（中小学）
传真：（023）88617186 88617166
网址：http://www.cqup.com.cn
邮箱：fxk@cqup.com.cn（营销中心）
全国新华书店经销
重庆天旭印务有限责任公司印刷
*
开本：787mm×1092mm 1/16 印张：16.25 字数：375千
2021年10月第1版 2023年8月第2次印刷
ISBN 978-7-5689-2794-9 定价：52.00元

“新视界”职业教育旅游文化系列教程

编审委员会

总　序

当前，提高教育教学质量已成为我国高等职业教育的核心问题，而教育教学质量的提高与职业院校内部的诸多因素有关，如办学理念、师资水平、课程体系、实践条件、生源质量以及教育质量监控与评价机制等。在这些因素中，不管从教育学理论还是从教育实践来看，课程体系都是一个非常重要的因素，而教材作为课程体系的基础载体，是“三教”改革的重要组成部分，是职业教育改革的基础。

2019年《国家职业教育改革实施方案》的颁布以及2020年“中国特色高水平高职学校和专业建设计划”的启动，标志着我国职业教育进入了新一轮的改革与发展阶段，课程建设与教学改革再次成为高职院校建设和发展的核心工作。职业教育教材作为课程建设与教学改革的重要组成部分，不但对学生的培养质量起着关键作用，也决定着学校的核心竞争力和可持续发展能力。

2020年10月，由重庆青年职业技术学院和四川绵阳职业技术学院牵头成立了“成渝地区双城经济圈文化和旅游产教联盟”（以下简称“联盟”），旨在切实提高成渝地区旅游类专业人才培养质量，推动成渝地区文化和旅游产业协同发展，共同为职业教育添彩，为文化旅游赋能。

联盟与重庆大学出版社组织策划和出版的“‘新视界’职业教育旅游文化系列教程”（以下简称“系列教程”），以多所职业院校的课程改革成果为基础，具有以下特点：

一、强调校企“双元”合作开发，注重学生职业核心能力培育

系列教程紧跟旅游产业发展趋势和行业人才需求，以典型岗位（群）的职业技能要求为目标，以“掌握基础、深化内容、理实结合、培养能力”为宗旨；关注旅游行业新业态、新模式，实时对接产业发展“新工艺、新技术、新规范”的要求；吸收旅游行业企业管理者深度参与，实现校企合作，强化学生专业技艺培养。

二、遵循学生职业能力培养的基本规律，增强学生就业竞争力

系列教程紧密结合岗位（群）技能对职业素质的要求，突出针对性和实用性，综合各位职教专家和老师提出的宝贵意见，教学设计中有机融入创新精神和自主学习内容，培养学生思辨、实践的能力。

三、坚持以立德树人为根本任务，思政教育贯穿教材编写

系列教程始终注重知识传授与价值引领相结合，将思政教育置于课程教学目标首位，有意、有机、有效地融入思政元素。根据课程特点、教学内容，梳理各自蕴含的思政点，以文本、视频、实践、心得书写等方式嵌入教材中，实现专业课程教育与思政教育同向同行。

四、建立普适性多媒体教学资源，以学生喜闻乐见的形式凸显理论和实践任务

系列教程强化“学习资料”功能，弱化“教学材料”属性。根据每门课程的内容特点，配套数字化教学资源库，提供电子教学课件、教学素材资源、教学网站支持等；注重活页式、工作手册式新型教材开发，实现教材立体化、多功能作用，为学生即时学习和个性化学习提供支撑。

随着职业教育发展的不断深入，创新型教材建设是一项长期而艰巨的任务。本系列教程的编写，除了相关职业院校老师们辛勤的耕耘奉献，也得到了联盟成员中诸多旅游企业的积极参与和大力支持，在此致以诚挚的谢意！

由于编者水平所限，不足之处在所难免，教程编写委员会殷切期望各位同行和使用者提出宝贵意见，让我们一起为职业教育的蓬勃发展贡献力量。

“‘新视界’职业教育旅游文化系列教程”编写委员会

2021年5月

前　言

中国是茶的故乡，中国人最早发现茶、利用茶和种植茶，古人以茶养廉、以茶修德、以茶怡情，茶深深地融入中国人的生活之中，成为一种生活方式、一种文化艺术。随着中国茶文化的对外传播，饮茶之风传遍全世界。从古代的丝绸之路，到今天的"一带一路"，茶穿越历史、跨越国界，深受世界各国人民的喜爱。当今世界有60多个国家和地区种茶，160多个国家和地区的30亿人饮茶，形成了蔚为大观的世界茶文化，源于中国的茶成为了世界的健康之饮。茶承载着中国优秀的传统文化，在国际交往中绽放出迷人的风采，成为中国的文化名片。茶文化是中国优秀传统文化的重要组成部分，凝聚了中华民族数千年的智慧和力量，作为华夏儿女，通过学习茶文化、修习茶艺，达到内外兼修的目的，最终成为中华传统文化的传承者和创新者，担负起传播中国优秀传统文化的重任。

《茶文化与茶艺》在内容编排上以《国家职业技能标准——茶艺师》（GZB 4-03-02-07）和《茶艺职业技能竞赛技术规程》（T/CTSS 3—2019）为依据，根据高职高专教育规律和高职高专学生的认知特点，充分吸取了其他同类教材之所长，强调对学生服务技能、职业素养、创业意识的培养，以技能训练为主线、相关知识为支撑，具有较强的实践指导性。教材立足于茶文化和茶艺两个核心内容，向前延伸到茶叶常识性知识，向后延伸到茶文化简史以及茶的对外传播。设置了探寻悠久的茶文化、走进广袤的茶区、传扬中华茶礼仪、修习精湛的茶艺、感受多彩的茶席五个项目。结构合理、循序渐进、详略得当，语言简练、文字晓畅，知识深入浅出，图文并茂。教材内容和章节的前后顺序安排符合教学规律和认知规律，充分贯彻素质教育思想，有利于培养大学生的创新能力和提升大学生人文素养，有利于传承和弘扬中华优秀传统文化。

本书由王芳（四川工程职业技术学院）、杨婷婷（成都纺织高等专科学校）任主编。具体编写分工为：学习项目一由王芳编写，学习项目二由王雪娇（绵阳职业技术学院）编写，学习项目三由刘婷（四川信息职业技术学院）编写，学习项目四由王芳、于浣（四川工程职业技术学院）、李倩（眉山职业技术学院）、朱文（四川工程职业技术学院）、王苏（四川工程职业技术学院）、何佳（东篱茶舍创始人）共同编写，学习项目五由杨婷婷编写，王芳对全书进行统稿。

本教材在编写过程中参考和引用了许多国内外学者的成果，在此，谨向相关作者深表谢意。

由于编者水平有限，本教材难免存在错漏之处，恳请使用本教材的广大师生和读者批评指正！

编　者

2021年6月

前言

目　录

学习项目四　修习精湛的茶艺

学习项目五　感受多彩的茶席

参考文献

附　录

学习项目一　探寻悠久的茶文化

传承大师文化，弘扬匠人精神——吴觉农

盛世茶兴，如您所愿

1 000多年前，唐代陆羽游历考察了诸多茶产地，写下了中国乃至世界现存最早、最完整的第一部茶学专著《茶经》，被后世尊为“茶圣”。1 000多年后，在中国茶业面临枯萎凋零之际，吴觉农先生像一位高瞻远瞩的船长，引领一代中国茶人走出困境、绕过激流险滩，为中华茶业的振兴兢兢业业奋斗了一生，被人们誉为“当代茶圣”。

吴觉农（1897—1989年），原名荣堂，浙江省上虞人，我国著名的茶学家、农业经济学家、社会活动学家，中国现代茶叶事业复兴和发展的奠基人。在日本留学时期，吴觉农撰写了《茶树原产地考》，最早论述了中国是茶树的原产地。回国后的60多年里，吴觉农创建了中国高等院校的首个茶业专业和全国性茶叶总公司；在福建武夷山麓首创了茶叶研究所，并倡导建立中国茶叶博物馆；主持翻译世界茶叶巨著《茶叶全书》；提倡并实施农村茶农合作社等，为发展中国茶叶事业做出了卓越贡献。1949年吴觉农参加了全国政协第一届会议，参与《中国人民政治协商会议共同纲领》的制订，参加了开国大典。中华人民共和国成立后，他曾担任首任农业部副部长、全国政协副秘书长。多年钻研《茶经》，吴觉农于1987年写成《茶经述评》，被誉为“20世纪的新茶经”和“茶学的里程碑”。

因立志要献身农业，吴先生改名为觉农，这一改，便将一生投入到中国的农业事业。先生曾自信地预言：“中国茶业如睡狮一般，一朝醒来，决不会长落人后，愿大家努力吧!”今天，中国已稳坐世界第一产茶大国的位子，中国茶业在栽培、育种、加工、品质、贸易、科技、文化等诸多领域都取得了举世瞩目的成就，向世界证明了中国是当之无愧的茶叶大国。70载时间见证：盛世茶兴，如您所愿!

教学目标

知 (1)熟悉中国茶叶的起源和发展过程;

(2)掌握唐、宋、明清各时期的茶叶加工工艺、饮茶方式和茶具使用特点;

(3)掌握唐、宋、明清时期茶文化的特点及其传播影响。

行 (1)构建完整的茶文化历史框架和系统的茶叶发展历史;

(2)能将中国茶文化历史中的典故、茶事运用到茶艺师的工作、创意设计中,如茶席布置、主题茶席设计等;

(3)能进行仿古(唐、宋、明清)茶艺的编创和演示。

德 (1)通过学习中国几千年深厚的茶文化历史,激发学生对优秀传统文化的热爱,坚定文化自信,培养学生传承、传播茶文化和非物质文化遗产的信念;

(2)培养学生具有"以茶待客""客来敬茶"的服务热情和礼节,并充分体现到茶艺师的工作中,继承和发扬中国人民热情好客、注重友情的传统美德;

(3)培养学生迎难而上、精益求精的工匠精神。

任务一　茶的起源与发展

一、古老的茶字

中国是最早发现茶和利用茶的国家。在古代,表示茶的字很多,在"茶"字形成以前,槚、蔎、茗、荈、荼等都曾用来表示茶。

图1.1　"茶"字

1. 槚(音"jiǎ")

从木的古"茶"字,指茶树。出自辞书之祖《尔雅》的"释木篇",书中有"槚,苦荼"的释义,这是对茶最早的文献记载。

2. 蔎(音"shè")

古书上说的一种香草,是茶的别称。东汉许慎的《说文解字》中说:"蔎,香草也,从草设声。"蔎本义是指香草或草香,因茶具香味,故用蔎借指茶。西汉扬雄《方言》:"蜀西南人谓茶曰蔎。"但以蔎指茶仅在蜀西南,应属方言用法。

3. 茗(音“míng”)

即茶,引申义为由嫩芽制成的茶。出自《晏子春秋》:“婴相齐景公时,食脱粟之饭,炙三弋、五卵,茗菜而已。”“茗”古通“萌”,《说文解字》中:“萌,草木芽也,从草明声。”“茗”“萌”本义是指草木的嫩芽。后来“茗”“萌”“芽”进行了分工,以“茗”专指茶的嫩芽。现在,“茗”已成为“茶”的雅称。

4. 荈(音“chuǎn”)

专指茶,指采摘时间较晚的茶。“荈”最早见于西汉司马相如《凡将篇》中“荈诧”一词。汉代到南北朝时期“荈”用得较多,如《三国志·吴书·韦曜传》中,有“曜酒不过二升,皓初礼异,密赐荈以当酒”,就是以茶代酒。晋杜育作《荈赋》,南北朝《魏王花木志》中载:“茶,叶似栀子,可煮为饮。其老叶谓之荈,嫩叶谓之茗。”隋唐后,“荈”字少用,逐渐被“茗”字所取代。

5. 荼(音“tú”)

本义为一种苦菜,是古代用得最多的表示茶的字。古时“荼”字是多音多义字,不专门表示茶。“荼”字最早见于《诗经》。《诗经·邶风·谷风》中有“谁谓荼苦,其甘如荠”之句。《诗经》中出现的几处荼,指的是茶、菜或是草?历代说法不一,而明确“荼”字包含有茶的意义的是《尔雅》,其中写道“槚,苦荼”。郭璞《尔雅注》曰:“树小似栀子,冬生,叶可煮羹饮。今呼早取为荼,晚取为茗,或一曰荈,蜀人名之苦荼。”

6. 从“荼”到“茶”

史料证明,从“荼”字演变成“茶”字,始于汉代,但那时还没有“茶”的字音。唐代,唐玄宗撰《开元文字音义》中首见“茶”字,但唐初“荼”字与“茶”字通用。中唐时期,陆羽著世界第一部茶叶专著《茶经》,规范了“茶”的语音与书写符号,将“荼”字减去一画,一律改写成“茶”字,使“茶”字从一名多物的“荼”字中独立出来,从而确立了一个形音义兼备的“茶”字,结束了茶的称呼混淆不清的历史。从此,“茶”字的字形、字音广为流传,并一直沿用至今。

图1.2　《陆子茶经》

7. “茶”字的寓意

《茶经》问世后,“茶”字逐渐流传开来并得到普遍使用。古人赋予“茶”字很多美好的寓意,其中有两种解字说法传播最广。

第一种,以“茶”字倡导回归自然。“茶”字可分为草字头以及“人”和“木”三个部分,“人”在草之下,木之上,即为“茶”。爱茶人将其解为:人在草木间,孰能不饮茶。倡导人们回归自然。

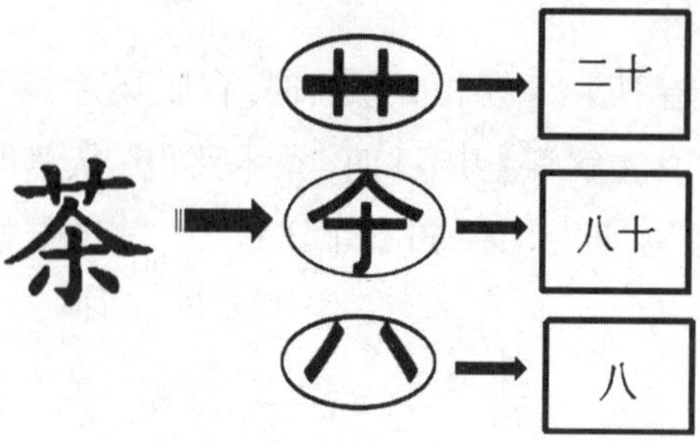

图1.3　“茶”字

第二种，以“茶”字象征长寿。“茶”字的草字头与“廿”相似，中间的“人”字与“八”相似，下边的“木”则可分解为“八”和“十”。将由“茶”字分解出来的“廿”（意为二十）加上“八”再加“八十”等于一百零八。因此，古代文人把一百零八岁的老人称为“茶寿老人”，久而久之，越来越多的人以茶祝寿，寄托美好祝愿。

二、茶的发现

据《神农本草经》记载：“神农尝百草，日遇七十二毒，得茶而解之。”而陆羽在《茶经·六之饮》中记载：“茶之为饮，发乎神农氏。”

趣味故事

神农尝百草

神农氏是中国上古时期的传奇人物，与伏羲氏、燧人氏并称为“三皇”。他除了发明农耕技术，还发明了医术，制定了历法，开创了九井相连的水利灌溉技术等，神农氏名号即因他发明农耕技术而来。传说神农氏一生下来就是个“水晶肚”，五脏六腑全都能看得见，还能看得见吃进去的东西，而且一旦吃到有毒的食物肠子就会变黑。古时人们经常因乱吃东西而生病，甚至丧命。为此，神农氏爬山涉水，尝遍百草，找寻治病解毒的良药，以救夭伤之命。有一天他吃了72种有毒的植物，肠子变黑了，后来又吃了另一种叶子，竟然把肠胃里其他毒都解了。神农氏就把这个东西叫做“查”（音通我们现在所说的茶），这就是“神农尝百草，得茶而解之”的传说。可见，茶最早是被作为药用引入的，具有很强的解毒功效。

有关神农氏，《庄子》一书中有“神农之世，卧则居居，起则于于，民知其母，不知其父”的记载。由此可见，神农以茶解毒的传说应发生在夏商之前母系氏族社会向父系氏族社会转变的时期，距今已有几千年的历史。因此，如果把神农氏作为中国使用茶叶的鼻祖，那么中国人使用茶叶的历史已经有4 000多年了。

关于神农尝百草而发现茶叶这一记载，我国茶学界普遍认为这是一个美丽的传说，神农氏并不是具体指哪一个人，他是中国农耕时代先民的典型代表，关于神农氏的种种发现和发明，也是那个时期广大人民劳动智慧的集中体现。古代先民们百折不挠、自强不息的精神，贯穿于中华民族数千年历史之中，为华夏文明的发展作出了巨大的贡献。

图1.4　《华阳国志》

真正有信史可查的天下第一笔茶事，发生在3 000多年前的西周。根据东晋常璩所撰《华阳国志·巴志》记载："武王既克殷，以其宗姬封于巴，爵之以子……鱼盐铜铁、丹漆茶蜜……皆纳贡之。其果实之珍者，树有荔枝，蔓有辛蒟，园有芳蒻香茗……"这一史料说明：在西周初年，古巴蜀国的人们已开始种茶于园圃，并将茶与其他珍贵产品一起纳贡给周武王了。据此可以推断，我国栽培、利用茶的历史至少可以追溯到商周时期，距今已有3 000多年的历史。

三、茶的发展演变

茶叶被人类发现以后，其利用方式主要经历了药用、食用、饮用的漫长过程。药用为其开始之门，食用次之，饮用则为最后发展阶段，但茶文化却是因此而得以发扬光大。当然，三者之间有先后承启的关系，但是三者又不可能进行绝对划分。我们现在主要是以品饮为主，但同时又有茶之药用和食用，因此，切不可将三者完全孤立来看。

1. 药用

在我国，饮茶之始，是"食药同源""食饮同宗"。我们祖先仅把茶叶当作药物，他们从野生大茶树上砍下枝条，采集嫩梢，先是生嚼，后是加水煮成羹汤，供人饮用。因而最早记载饮茶的不是"诸子之言"，也不是史书，而是本草一类的"药书"，例如《神农本草》《食论》《本草拾遗》《本草纲目》等书中均有关于"茶"的条目。

图1.5 《神农本草经》

《神农本草》中记载有"茶味苦，饮之使人益思、少卧、轻身、明目"。东汉神医华佗在《食论》中有"苦茶久食，益思意"的记载，意思是茶味道较苦，但经常服食则有利于头脑清醒、思维敏捷。东汉医圣张仲景在《伤寒杂病论》中记下了"茶治便脓血甚效"。南北朝任昉《述异记》："巴东有真香茗，煎服，令人不眠，能诵不忘。"

由此可见，从"神农尝百草，日遇七十二毒，得茶而解之"开始，人类在长期实践过程中发现茶叶不仅能解毒，而且配合其他中草药，可医治多种疾病。

2. 食用

食用茶叶，就是把茶叶作为食物充饥，或是做菜吃。

早期的茶，除了作为药物以外，很大程度上还是作为食物出现的。这在前人的许多著述中都有记载。事实上，早在春秋战国时期，茶叶已经由巴蜀地区传播至黄河中下游，当时的齐国（今天的山东境内）已经出现用茶叶做成的菜肴。《晏子春秋》中就记载："婴相齐景公时，食脱粟之饭，炙三弋、五卵，茗菜而已。"大意是说，晏婴担任齐景公的国相时，吃糙米饭、三五样禽肉蛋以及茶和蔬菜。晏子为春秋时人，茗菜是用茶叶做成的菜羹，说明茶在那个时候是被人们拿来当作菜吃的。

三国时期张揖的《广雅》中记载：“荆巴间采茶作饼，叶老者，饼成以米膏出之。欲煮茗饮，先炙令赤色，捣末，置瓷器中，以汤浇覆之，用葱、姜、橘子芼之。其饮醒酒，令人不眠。”意思是湖北与四川交界一带地方，采茶叶做成茶饼。若是粗老的茶叶，因果胶含量低，缺乏黏性，故压饼时，必须用米汤处理才行。想煮茶喝时，先烤茶至赤黑色，再捣成末，放在瓷器中，加入沸水，又用葱、姜、橘子作配料。喝了这种茶可以醒酒，使人不想睡觉。

两晋时期郭璞在《尔雅注》里记载：“树小似栀子，冬生叶，可煮羹饮。今呼早取为茶，晚取为茗，或一曰荈，蜀人名之苦茶。”

可见，古人将茶叶采摘下煮作羹饮或茗粥食用确有其事。现今居住在我国西南边境的基诺族仍保留着食用茶树青叶的传统。傣族、哈尼族、景颇族等都有把鲜茶叶加工成“竹筒茶”当菜吃的习惯。而湖南、广东、江西、广西、福建、台湾等地很多地方至今仍保留着食“擂茶”的习俗。

图1.6　《晏子春秋》

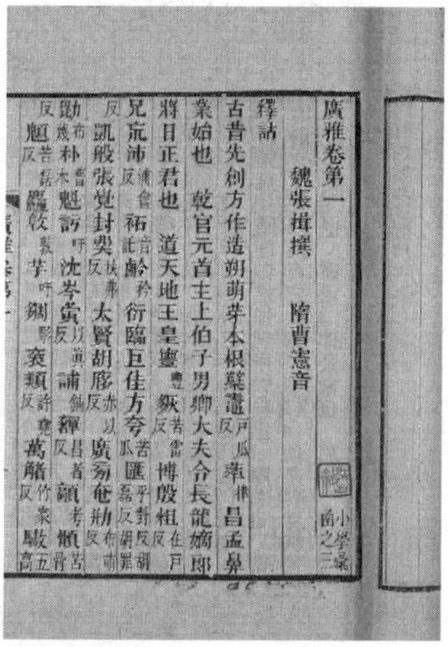

图1.7　《广雅》

拓展阅读

擂　茶

擂茶，又叫“茗粥”，出现于汉末，盛于明清，流传至今。擂茶是用生姜、生米、生茶叶(茶树鲜叶)为主要原料，经混合研碎，加水后烹煮而成的汤，故又名“三生汤”。实际上，“三生”也并不仅仅只有三种食物，原料可以是多种多样的，可以添加芝麻、黄豆、花生、橘皮，有时也加些草药，因此又有“五味汤”“七宝茶”等名称。

“擂茶”顾名思义，是以“擂”为主，其关键就是擂，即将茶叶与配料放进擂钵中捣碎，然后加水冲泡而成。冬天加热水冲饮，夏天则加白糖用凉水调匀饮用，擂茶既是充饥解渴的食物，又有解暑、消食、润肺之效，延年益寿之功。

中国吃擂茶的区域广泛，各地在制作擂茶时都需要通过研磨来粉碎食料，只是在配料的添加、擂茶汤的稀稠、咸淡调制方面有所区别。如，桃江擂茶一般放糖，成为“甜饮”；而桃源擂茶则放盐，大多为“咸食”；安化擂茶有甜有咸，有浓有稠，品种很多。

擂茶是中国最古老的食茶方式之一，也是茶作为食用兼药用的见证。千百年来随着社会的发展变革，饮茶方式不断推陈出新，但是食用擂茶仍是一种具有深厚文化底蕴的习俗，至今，在湖南的桃源、桃江、安化，福建将乐，台湾新竹等地仍保留有食用擂茶的习俗，特别是在湖南安化、桃江一带，打擂茶是十分普遍的，本地人不论节假日还是平时，不论春夏秋冬，家家户户、男女老幼几乎都已养成了打擂茶、喝擂茶的饮食习惯。如果家里来了客人，或遇到红白喜事，更是少不了打擂茶招待客人。

3. 饮用

饮用就是把茶作为饮料，或是解渴，或是提神。

饮茶风俗最早在巴蜀地区兴起。明末著名学者顾炎武在《日知录》中说：“自秦人取蜀而后，始有茗饮之事。”秦人取蜀是在秦惠文王后元九年（公元前316年）。也就是说，至少在战国时期中期，四川一带已经有饮茶的习俗。到了西汉时，川人王褒《僮约》中“武阳买茶”是关于茶叶商贸的最早记载，武阳（今四川彭山）也是世界上最早的茶叶市场。由此可见，四川地区是我国最早的茶叶生产和消费中心，也是全世界最早种茶与饮茶的地区，是中华茶文化的发源地。

趣味故事

王褒《僮约》

《僮约》是汉代著名文学家王褒最有特色的作品，记述了他在四川时亲身经历的一件非常有趣的事情。

据史料记载，西汉宣帝神爵三年（公元前59年）正月，资中（今四川资阳）人王褒外出，途径寡妇杨惠家。在做客期间，王褒让杨家奴仆便了（人名）去买酒，便了却跑到杨惠丈夫的墓前抱怨：“大夫买我时契约上只写明看家，没说要替别人家的男子买酒啊！”王褒知道了这件事很生气，就在正月十五这天，花了一万五千钱从杨氏手中买下便了为奴，以便对他进行管束。便了虽然不情愿，却也没有办法，不过他要求：“既然如此，您要像杨家买我时那样，把我应当做的事在契约中写明白，不然我可不干。”

王褒擅长辞赋，精通六艺，为了让便了得到教训，就写下了一篇题为《僮约》的契约，文中洋洋洒洒，事无巨细，不缺不漏，约定了便了必须听从各种安排，还罗列了具体工作内容。在《僮约》中有两次提到茶，就是“脍鱼炰鳖，烹茶尽具”和“武阳买茶，杨氏担荷”。“烹茶尽具”就是煎好茶并备好洁净的茶具，“武阳买茶”意为赶到邻县的武阳（今成都以南彭山县双江镇）将茶叶买回。“烹茶尽具”反映了当时成都一带，饮茶已成风尚，在富豪之家，饮茶还有专门的用具。而“武阳买茶”则反映了成都附近，由于茶的消费和贸易需要，茶叶已经商品化，还出现了如“武阳”一类的茶叶市场。

秦汉之后，巴蜀饮茶风俗沿长江流域向外传播，首先在与之相邻的湖南、广东、江西一带蔓延开来。西汉时期，饮茶之风已经开始沿长江流域向南传播。其中最有名的记载要属《三国志·吴志·韦曜传》：“皓每飨宴，无不竟日，坐席无能否，率以七升为限，虽不悉入口，皆浇灌取尽。曜素饮酒不过二升，初见礼异时，常为裁减，或密赐荈以当酒。”这就是成语“以茶代酒”的出处，也是中国饮茶之风不晚于三国时期的一个证明。现在，很多人为了健康不喝酒，茶自然而然地成为代替品。

四、茶文化的形成

茶文化从广义上讲，分茶的自然科学和茶的人文科学两方面，是指人类社会历史实践过程中所创造的与茶有关的物质财富和精神财富的总和。

从狭义上讲，着重于茶的人文科学，主要指茶对精神和社会的功能。由于茶的自然科学已形成独立的体系，因而，现在常讲的茶文化偏重人文科学。茶文化是茶艺与精神的结合，并通过茶艺表现精神。在我国，茶文化的发展大致经过了“发乎于神农，闻于鲁周公，兴于唐而盛于宋”的过程，经历了秦汉的启蒙、魏晋南北朝的萌芽、唐代的确立、宋代的兴盛和明清的普及等各个阶段。

（一）魏晋南北朝茶文化的萌芽

晋代随着茶叶生产的较大发展，饮茶的文化性也更加体现。到了南北朝后，茶饮进一步普及，茶饮在民间的发展过程中，也逐渐被赋予了浓厚的文化色彩，根据文献记载来看，晋代茶文化的特征有以下几个方面。

1. 客来敬茶的礼仪开始推行

两晋时代，上层贵族中的一些有识之士对当时社会存在的奢靡之风痛心疾首，他们借用素朴的茶彰显节俭、简朴的生活理念，倡导廉洁自律，反对劳民伤财，纠正不良风气，引领社会风尚，以茶待客的习俗在某些地区逐渐形成气候，如东晋陆纳以茶为素业，藉以倡廉抗奢。

2. 茶饮广泛进入祭礼

茶在祭祀中出现源于周代，但以茶作祭礼成为祭俗始于两晋南北朝时期，并传袭至今。南朝梁·萧子显《南齐书·武帝本纪》记载，齐武帝萧赜下遗诏：“我灵上慎勿以牲为祭，惟设饼、茶饮、干饭、酒脯而已。天下贵贱，咸同此制。”可见萧赜提倡节俭、体恤百姓疾苦，这也是最早以茶为祭礼的正式文字记载。

3. 茶饮、茶事进入文学作品中

魏晋之前，茶饮虽不普及，但已开始在文人士大夫生活中出现，咏茶文赋渐渐增多，

写作涉及茶事诗文的作者，汉代有文学家司马相如、杨雄、王褒；晋有张载、文学家左思、杜育，南北朝有鲍令晖、陶弘景等。其中，晋代杜育创作的《荈赋》是中国茶文学的开山之作，第一次全面真实地叙述了我国晋代有关茶树种植、培育、采摘、器具、冲泡等茶事活动，反映了在魏晋时期饮茶开始流行之初的真实情况。

荈　赋

西晋·杜育

灵山惟岳，奇产所钟。瞻彼卷阿，实曰夕阳。厥生荈草，弥谷被岗。承丰壤之滋润，受甘霖之霄降。月惟初秋，农功少休，结偶同旅，是采是求。水则岷方之注，挹彼清流。器择陶简，出自东瓯；酌之以匏，取式公刘。惟兹初成，沫沈华浮，焕如积雪，晔若春敷。若乃淳染真辰，色绩青霜，白黄若虚。调神和内，倦解慵除。

译文：

钟灵毓秀的山岳，奇异特产所钟爱的地方。那茂盛生长着的茶丛，沿着山谷一直弥漫到山岗。承载着丰沃土地的滋润，享受着阳光雨露的孕育。待到初秋，农闲之时，结伴同行，上山采摘，精心制作。煎茶之水，要舀取岷江之中，由上游流下的清澈活水；品茶的器具，要选择陶瓷制品，且必须是出自东边浙江一带的越窑陶瓷。酌取茶汤，则要用匏瓜做成的瓢子，模仿周朝的祖先“公刘”那样“酌之用匏”。茶汤刚刚煎好时，粗糙的“沫”往下沉，轻细的“华”向上浮。靓丽得犹如积雪，灿烂得好似春花。饮后神清气爽，困倦顿消，慵懒尽除。

（二）唐代茶文化的确立

在唐代以前，茶已经较为广泛地出现在祭祀、朝贡、宴请、待客等礼仪场所中，但在相关的礼仪典籍中并未见系统完整的茶礼制。

中唐时期，陆羽《茶经》问世，这是中国乃至世界现存最早、最完整、最全面的茶学专著，被誉为“茶叶百科全书”，是一部关于茶叶生产的历史、源流、现状、技术以及饮茶技艺、茶道原理的综合性论著，是一部划时代的茶学专著，标志着茶文化的形成。

《茶经》概括了茶的自然和人文科学双重内容，探讨了饮茶艺术，把儒、道、佛三教融入饮茶中，倡导以“行俭德”至“和”，这与孔子所倡导的修“仁”致“和”如出一辙，并提倡以“精”的采制、烹煮等技术以示诚敬之意，首创中国茶道精神。《茶经》的问世使“天下益知饮茶矣”，也慢慢地使我们从物质层面的柴、米、油、盐、酱、醋、茶，转移到精神层面的琴、棋、书、画、诗、酒、茶，茶也慢慢地成为一种精神食粮。客来敬茶、以茶待客成了中华民族的传统礼俗和风尚，成为社交礼仪。

图1.8　《萧翼赚兰亭图》（局部）唐

（三）宋代茶文化的兴盛

宋代是历史上茶饮活动及茶文化兴盛的时期，宫廷茶文化盛行，赏赐茶饮成为表彰大臣的一种方式。点茶法逐渐取代煎茶法而成为时尚，点茶法主要包括洗茶、备器、择水、侯汤、烫盏、调膏、注水、击拂等环节，点茶时不再加盐调味，文人雅士们开始讲究品尝茶的“真味”。民间开始兴起“斗茶”风气，对茶的品质要求更为讲究，制茶技术更为精细、科学，当时加工的茶叶以饼茶为主。“点茶、焚香、挂画、插花”成为宋代文人生活四艺。

图1.9　《撵茶图》（局部）宋

（四）明清时期茶文化的普及

明代散茶取代了饼茶，开始流行泡茶法，更加追求茶的“自然本性”。制茶技术进步巨大，炒青工艺成为主流，绿茶、红茶、乌龙茶、白茶、黄茶、黑茶六大茶类已全部形成，出现新的茶树种植和茶叶生产加工技术，如育苗移植、扦插繁殖、压条繁殖等。小壶泡茶，小杯“啜茶”成为风尚，工夫茶艺形成，紫砂壶成为茶人们的新宠。茶馆文化、茶俗文化取代了前代以文士主导茶文化发展的状况，茶文化深入市井，走向世俗，与传统的伦常礼仪相结合，各具特色的地方茶俗形成。饮用方式上，清饮与调饮协调发展，茶中不加入任何调料，只饮单纯茶汤的“清饮”被视为正统。而在茶汤中加入糖或盐等调味品以及牛奶、蜂蜜、果黄、干果等配料的“调饮法”也颇受人们喜爱。饮茶开始风靡全球，茶叶对外贸易繁荣，鼎盛时期曾一度垄断世界茶叶市场。

（五）现代茶文化的发展

随着中国茶产业持续快速发展，据2019年数据统计，中国茶叶种植面积世界第一、茶叶产量世界第一，是名副其实的茶叶大国。现在，我国已经建立起比较完整的茶业科研和教育体系，茶文化研究团体、茶学学术团体、茶叶协会纷纷成立，茶文学和茶艺术创作硕果累累。六大茶类繁荣发展，多种品饮方式融合，茶事发展更加多元化、创新化、现代化。2019年11月27日，第74届联合国大会宣布将每年5月21日设为“国际茶日”，以赞美茶叶对经济、社会和文化的贡献。

任务二　唐代茶文化

唐代是我国封建社会空前兴盛的时期，在这一时期，茶始成书，茶始销世，茶始征税。唐代饮茶风俗、品饮技艺都已法相初具。中唐时期，茶叶的加工技术、生产规模、饮茶风尚及品饮艺术等都有了很大的发展，并广泛传播到少数民族地区。在中国饮茶史上，唐代的饮茶方法已由粗放进入到精致的阶段，煮茶注重技艺，饮茶重在情趣。与之前相比，更加讲究。

一、唐代煎茶法

唐代早期的饮茶方法为煮茶法，先将茶饼碾碎成末，锅里水烧开后投入茶末，边煮边加入盐、葱、姜、橘皮等调料调味，再舀出，盛到各个碗里。因为加入了各种调料，就像“菜汤”一样。陆羽在《茶经·六之饮》中记载：“或用葱、姜、枣、橘皮、茱萸、薄荷之等，煮之百沸，或扬令滑，或煮去沫，斯沟渠间弃水耳，而习俗不已。”他将这种加调料羹煮的茶称之为“沟中弃水”，故不可取，提倡清茶的烹煮。陆羽在《茶经》中摒弃了煮茶法中加入各种调料的饮茶方式，只保留了盐来调味，更加追求茶的真香真味，称之为煎茶法。唐朝中晚时期，煎茶法十分盛行，成为主流的饮茶方式。

图1.10　《宫乐图》（局部）唐

煎茶法是指将饼茶经炙烤、冷却后碾罗成末，于水烧至一沸时加盐，二沸时投茶末，并加以环搅，三沸时煎好的一种饮茶方法。

（一）唐代茶饼制作

根据《茶经》所述，唐代饮用的成品茶有粗茶、散茶、末茶、饼茶。当时主流的茶叶是饼茶，因为饼茶相对于散茶而言，香气不易发散，便于储藏和运输，是唐宋茶叶的普遍制作方法。

关于茶饼的制法，陆羽在《茶经》里用了一句话高屋建瓴地进行了概括：“晴采之，蒸之，捣之，拍之，焙之，穿之，封之，茶之干矣。”共七步。具体的做法是：采取鲜叶，先放入甑釜中蒸；然后把蒸过的茶叶用杵臼捣碎；再把它拍（压）制成团饼，焙干以后，用篾穿起来封存。

唐代采茶的季节通常在农历二月到四月之间，这个时间跟我们现在春茶的采摘时间差不多，主要采摘的是茶的新梢。对于生长在不同土壤条件下的茶叶采摘方式是不一样的，长在沃土之上的茶叶，芽叶粗壮，待到新梢长到四五寸就可以采摘了，大致相当于如今一芽五六叶的成熟度。长在贫瘠土地上的茶树，芽叶瘦弱，则在几枝新梢中挑挺拔的那一枝采摘。唐代茶叶采摘的时间也有讲究，下雨不采，虽是晴天但有雨也不采。关于采茶时间这一点，经过1 000多年的实践，现如今我们还在遵循。

唐代拍制茶饼使用的模具叫做“规承”。“规”一般为铁制，有方形、圆形和花的形状；“承”也称“台”，一般用石头做成。

图1.11　茶饼

图1.12　顾渚贡茶院遗址及摩崖

唐代饼茶品质最高的就是为了满足皇室需求的贡茶。唐代贡茶绝大部分都是蒸青团饼茶，有方有圆、有大有小。唐代的贡茶制度有两种：一种是官焙制度，即由官府直接设立御用焙茶作坊，如顾渚贡茶院，除朝廷指派京官管理外，当地的州官也有监督之责，共同管理；另一种是选择茶叶品质优异的产茶地，每年定额上贡。

唐代宗大历年间，朝廷在水陆交通便捷、茶叶品质上乘且产量集中的浙江长兴顾渚山，建立了我国历史上第一座官焙茶园——顾渚贡茶院，责成湖州、常州两州刺史督造贡茶并负责进贡紫笋茶、阳羡茶和金沙水事宜，史有“天子须尝阳羡茶，百草不敢先开花”的说法，顾渚紫笋茶因此而闻名天下。

拓展阅读

茶始征税

由于茶叶经济的发展，唐建中元年（780年）朝廷开始对茶叶征税。茶税开始时没有单独成税，只是列名于漆、竹、木等农产品一起征收，相当于现代的农业特产税，从价征收十分之一。

唐德宗贞元九年（793年），朝廷决定将茶税单独列为一个税种，当年收入40万贯，这是我国茶叶首次作为一个独立的商品被征税。此后，茶税渐增，到唐朝后期，茶税已发展成为财政收入的一项重要来源。

（二）煎茶方法

唐代饮茶方式以“煎茶法”为主，由于煎茶使用的是茶饼，这种茶含水量高，饮用时要先烤茶，否则很难将饼茶碾碎成末，品饮时很难保持茶的香味。

陆羽《茶经》中专门开辟了一章“五之煮”来论述煮茶的具体程序。总结的这套煮茶的技艺程序是：“炙茶、碾茶、筛茶、烧水、一沸加盐、二沸舀水、环击汤心、倒入茶末、三沸点水、分茶入碗、敬奉宾客。”整套煮茶程序相当完整，技术要求也很明确，因此，在民间也广泛流传开来。

图1.13 古代煎茶

1. 炙茶

先将茶饼放在火上烘烤，然后趁热用纸囊将茶饼包起来，保持茶的香气不会散失。

2. 碾茶

等到茶饼冷却后，用碾槽将其碾成细末。

3. 筛茶

将碾碎的茶末放入罗盒中筛分，得到更加精细的茶粉。晚唐诗人李群玉在《龙山人惠石廪方及团茶》中写道：“碾成黄金粉，轻嫩如松花。”他将碾后的茶末形容为黄金粉，可见是多么珍贵。

4. 煎茶

等水烧到冒起鱼眼般大小的水珠，同时微微有响声时，称为一沸，这时加入适量盐调味，并除去浮在表面、状似“黑云母”的水膜，以使茶汤纯正。待水烧到锅边如涌泉连珠的时候，称为二沸，这时候先舀出一瓢滚水备用，再用竹夹在沸水中边搅边投茶末。到水泡如“腾波鼓浪”，即水烧到三沸时，若继续煮，则水“老”不适饮用。此时，应加进二沸时舀出的一瓢水，使沸腾暂时停止，这时候锅里的茶汤表面就会形成一层泡沫，称为“汤华”。产生汤华后，茶汤就煮好了。

5. 酌茶

用勺将茶汤舀入茶碗，此时碗中的汤华有沫、饽、花（薄的称“沫”，厚的称“饽”，细轻的称“花”）。分酌时，必须注意沫与饽分配平均，最后，将茶具清理干净，放回原位。

陆羽在《茶经·六之饮》中，还特别总结了要煮出一碗好的茶汤，需要综合考虑多方面的因素：一要及早采制茶叶，二要注意鉴别茶叶品质的好坏，三要准备合适的茶具，四要注意火候，五要选择上等的泡茶用水，六要烘烤好茶饼，七要碾磨好茶末，八要认真煮好茶汤，九要细心品饮。其中，以煮茶这一环节最为重要。

二、唐代完备的茶具

汉魏以前，饮茶的器皿与食器或酒器通用，成套的专用茶具还没有诞生，至两晋、南北朝时，茶器随着饮茶的普及而逐渐分离出来。到了唐代，稳定的社会、安乐的生活使人们对茶的认识更为深刻，各种茶宴、茶会的相继出现，标志着饮茶已有了艺术的意味，专用茶具的出现已成为必然。中唐时期，茶圣陆羽撰写《茶经》，首次列出了一套从炙、碾、罗、煎到饮用、清洁、收藏一应俱全，形制丰富的专用茶具。标志着饮茶器具有了规范，茶器走向专用化。

陆羽《茶经·四之器》中记载了唐代煎茶所用到的二十四种烹茶、品饮的器皿，这是我国关于茶器首次系统、完整的记述。《茶经》里说："但城邑之中，王公之门，二十四器阙一则茶废矣！"意思是：在城市之中，贵族之家，如果二十四种器皿中缺少一样，就失去了饮茶的雅兴了。由此可见，茶具对品饮茶有多么重要。

唐代煎茶用到的器具主要有：

（1）风炉：形状像一个古鼎，有三足两耳。主要用来烧火煮茶，类似现在的电炉。

（2）鍑：又名茶釜，大口的锅，用来煮水煎茶。

（3）茶碾：由碾槽、碾盖与碾轮三部分组成，用来碾碎茶饼。

（4）罗合：过滤器，过滤茶叶末。以罗筛茶，以合贮茶。

（5）火筴：也叫"火夹""火箸"，用铁或熟铜制成，形如筷子，主要用来取炭。

（6）则：茶匙，用来舀茶末和测量茶末，有量、度、标准之意。

（7）鹾簋（音cuó guǐ）：盐罐，用来储存盐的器具，唐代煎茶时需要放盐。

（8）碗：茶碗，用来盛茶、品鉴茶水。唐代喝茶都是用碗，不用杯。

拓展阅读

陆羽的茶器——风炉

陆羽设计的煮水风炉为"鼎"型，以铜或铁浇铸而成，有三足两耳。足上书有"坎上巽下离于中""体均五行去百疾"之言，还有三个格上分别标记有"坎""巽""离"的卦象和象征水虫的鱼、风兽的彪、火禽的翟，这正是陆羽通"五行八卦"之要义而悟出的饮茶煮水之道。按卦的含义：坎主水，巽主风，离主火，煎茶时将盛水的器皿放在上面，风从下面吹入，中间的火焰才会燃烧，上面的水才能煮沸，故有"坎上巽下离于中"的说法。风助火，火熟水，水煮茶，三者相生相助，达到和谐的一种平衡状态。

风炉巧妙地将儒家的鼎礼、道家的八卦、医家的五行巧妙融会在一起，使之成为茶礼的标志性器物。而陆羽将日用茶器赋予"礼"的本质，从而使"藏礼于器"产生更具体的哲学意义，礼仪也使茶具的文化内涵更为丰富。

以"器"为载体，藏礼于器，体现了大国礼仪之邦的美誉，是东方民族独有的智慧，君子有礼有格，礼仪存于礼器，这种朴素的思想，也是中国古代对于道器关系的哲思。

1987年4月，陕西省扶风县法门寺秘藏地宫打开，从中出土了一套造型精美绝伦，艺术水准高超的唐代宫廷所用茶具，这是集合制、储、饮于一体的精美的金银茶具，是我国目前所知时间最早、组合最完整、等级最高的成套茶具（《物账碑》载："茶槽子碾子茶罗子匙子一副七事，共八十两。"），也是世界上发现时代最早、等级最高的宫廷茶具。这套茶具印证了茶圣陆羽所写的《茶经》中的相关内容，用实物讲述了中国茶文化的源流和发展过程。更反映了唐代皇室对饮茶的重视和当时茶具生产技术的辉煌历史。

陕西法门寺地宫出土的部分唐代精美茶具

图1.14　鎏金飞鸿毬路纹银笼子

图1.15　金银丝结条笼子

图1.16　摩羯纹蕾纽三足架银盐台

图1.17　鎏金龟形银盒

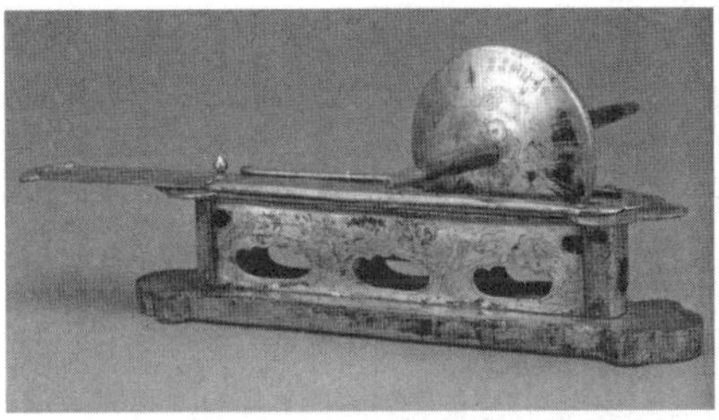

图1.18　鎏金鸿雁流云纹银茶碾子

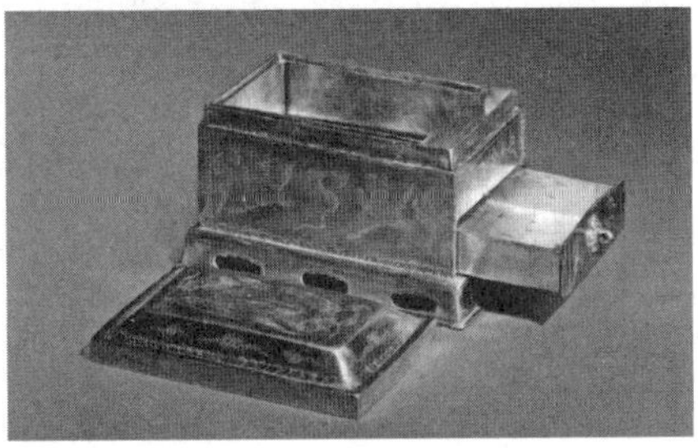

图1.19　鎏金仙人驾鹤纹壶门座茶罗子

图1.20　素面淡黄绿色琉璃茶盏及茶托

三、陆羽与《茶经》

1. 陆羽

陆羽（733—804年），字鸿渐，一名疾字季疵，号桑苎翁，又号竟陵子、东冈子等，唐复州竟陵（今湖北天门市）人。唐代茶学家，被誉为“茶仙”，尊为“茶圣”，祀为“茶神”。

陆羽一生嗜茶，精于茶道，他对茶叶有浓厚的兴趣，长期实施调查研究，熟悉茶树栽培、育种和加工技术。唐朝上元初年（760年），陆羽隐居苕溪（今浙江湖州），撰《茶经》三卷，对茶的性状、品质、产地、种植、采制、烹饮、器具等皆有论述，成为世界上第一部茶叶专著。陆羽开启了一个茶的时代，为世界茶业发展作出了卓越贡献。

趣味故事

陆羽鉴水

唐代宗年间，湖州刺史李季卿至维扬（今江苏扬州）时遇见了陆羽。李季卿久闻陆羽精通茶艺茶道，十分倾慕，这次能在扬州相逢，自然十分高兴。便下令停船，邀请陆羽一同品茗相谈。李季卿说：“素闻扬子江南零之水特别好，为天下一绝，再加上相逢名满四海的陆羽，可谓二妙相遇，实乃千载难逢。”遂命兵士驾船到江中去汲取南零水。并乘着取水间隙，将品茶用具一一布置妥当。

不久，南零水取到。陆羽用杓在水面一扬后说道：“这水倒是扬子江的水，但不是南零段的，好像是临岸之水。”兵士急忙禀报：“这水是我亲自驾船到南零去汲取的，有很多人看见，我怎么敢撒谎呢？”陆羽并不作答，将所取之水倒去一半，再用杓在水面一扬后高兴的说：“这才是南零之水。” 兵士听后大惊失色，忙伏地叩头说：“我从南零取水回来，不想到岸边时，由于船身晃动，使得所取之水溢出一半，担心水不够用，便从岸边取水加满。没曾想先生如此明鉴！”

李季卿与数十位随从都惊叹于陆羽鉴水之神奇，李季卿便向陆羽讨教说：“那么先生所经历过的水，哪些好哪些不好呢？” 陆羽回答说：“楚水第一，晋水最下。” 李季卿忙命手下用笔一一记录下来。陆羽对品茶用水的分类，使很多优质泉水被天下人所熟知，至今仍是当地老百姓的首选。

陆羽不仅精通茶道，而且也是一名文学家、书法家、地理学家，同时还精通音律，擅长戏曲，深谙儒家礼典。陆羽一生鄙夷权贵，不重财富，酷爱自然，坚持正义。《全唐诗》载有陆羽的一首歌，正体现了他的品质：“不羡黄金罍，不羡白玉杯；不羡朝入省，不羡暮入台；千羡万羡西江水，曾向竟陵城下来。”陆羽的淡泊志趣和茶的品格融为了一体。

2.《茶经》

中唐时陆羽《茶经》的问世，把茶文化推向了空前的高度。《茶经》全书共7 000多字，三卷十节：一之源，二之具，三之造，四之器，五之煮，六之饮，七之事，八之出，九之略，十之图。从茶为南方之嘉木始，凡茶的字源异名，茶的生长，选茶的工具、方法，煮茶、饮茶的二十四件茶器，茶的烧煮方法，历史传说与文献记载全列其中。

（1）“一之源”论茶的起源；

（2）“二之具”论茶的采制工具；

（3）“三之造”论茶的加工方法；

（4）“四之器”论茶的烹煮用具；

（5）“五之煮”论茶的烹煮方法和水的品第；

（6）“六之饮”论饮茶的风俗与饮茶方法；

（7）“七之事”论述古代有关茶事的记载；

（8）“八之出”论全国名茶的产地；

（9）“九之略”论怎样在一定的条件下省略茶叶的采制和饮用工具；

（10）“十之图”则指出《茶经》要写在绢上挂在座前，指导茶叶制作和品饮。

《茶经》是中国乃至世界现存最早、最完整、最全面介绍茶的第一部专著，被誉为“茶叶百科全书”，是一部关于唐中期以前，茶叶生产历史、源流、现状、技术以及饮茶技艺、茶道原理的综合性论著，是一部划时代的茶学专著，使中国茶文化的发展到了一个空前的高度，标志着中国茶科学的形成。

老师的叮嘱

在中国茶文化史上，陆羽创造的茶学、茶艺、茶道思想以及他所著的《茶经》具有划时代的意义。《茶经》中提出的一系列理论、一系列工具、一整套程序，目的是引导饮者在从煎到饮的过程中，进入一种澄心静虑的境界，将精神注入茶中，使饮茶活动成为“精行俭德”、陶冶性情的手段，由此开创了中国茶道之先河，为后世茶文化的发展提供了典范。

任务三　宋代茶文化

“茶兴于唐而盛于宋。”继唐代的辉煌之后，中国茶饮经历了五代十国的纷争割据，依然延续下来，茶叶生产在宋代得到了空前的发展，饮茶之风盛行。宋代的饮茶方法已从唐人的煮茶法过渡到点茶法。宋代茶文化主要有两个特征：一是工艺精湛的龙凤团茶，二是讲究技艺的斗茶、分茶艺术。

图1.21　《文会图》（局部）宋

一、宋代点茶法

点茶法是宋代最主要的饮茶方法，是用沸水冲点茶末，并用茶筅击打出泡沫饮用的一种品饮方式。点茶时不再加盐调味，文人雅士们开始讲究品尝茶的“真味”。

（一）龙凤团饼茶

宋代，茶叶总体上可以分为两大类：片茶和散茶。据《宋史·食货志》记载：“茶有两类，曰片茶，曰散茶。”片茶即团饼茶，是将茶叶蒸后捣碎，用模具压成饼片状，烘干后以片计数。散茶则是蒸青后直接烘干，呈松散状，不是后世的炒青。根据宋人饮茶习惯和文化风气，片茶是当时的主流，皇宫内院和上流社会都是饮用团饼茶为主，只有民间百姓，特别是家里不富裕的人家，才会购买和饮用散茶。

宋代团饼茶中，又以北苑龙凤团饼茶最为有名（北苑为今天福建建瓯凤凰山一带），也被称“龙凤茶”“北苑贡茶”等。茶饼上印有龙凤花纹，有龙纹者称“龙团”，有凤纹者称“凤团”，合称“龙凤团茶”，专供宫廷饮用。蔡襄任福建转运使后，通过精工改制，在形式和品质上有了更进一步的发展，改制的小直径龙凤茶，号称“小龙团饼茶”，较“大龙团”更胜一筹。欧阳修《归田录》中称这种茶“其价值金二两，然金可有，而茶不可得”。龙凤团茶加工工序异常复杂，要经过采茶、拣茶、蒸茶、榨茶、研磨、造茶、过黄等多道程序。

图1.22　北苑贡茶古道

（二）点茶

宋代点茶是将茶末置于茶盏中，调成糊状，然后用沸水注入加以冲点，同时手执茶筅适时搅拌，以制成茶汤。点茶细节繁复考究，仪式感极强，意在磨砺人的仪态规矩，陶冶性情。

根据蔡襄《茶录》记载，宋代点茶法的基本步骤是：炙茶—碾茶—罗茶—候汤—熁盏—点茶。

1.炙茶

先将茶饼放到微火上两面烘烤（若当年新茶则不需要炙烤），去除水分和苦涩味，激发陈茶封存已久的香气。

2.碎茶

将团茶用绢纸包好，再用砧锤捶成小碎块。

3.碾茶

把捶碎的茶放入“茶臼”“茶碾”或“茶磨”中，碾成细末。茶饼捶碎后，须立刻碾磨，否则放久了茶色会变昏暗。

图1.23　碾茶工具：茶臼、茶碾、茶磨（从左从右）

4.罗茶

将茶饼放到茶碾中碾碎成粉末，再用茶罗（茶筛）筛过，茶粉越细越好，所以要求茶罗十分细密。

5.候汤

候汤也就是煮水。掌握点茶用水的沸滚程度，是点茶成败的关键之一。宋代有将茶鍑置于茶炉上煮水，煮沸后装入汤瓶中，用于点茶。但更多的是用汤瓶装水，直接放火炉上煮水，煮好后直接用于点茶。宋代大量使用汤瓶煮水，因汤瓶的瓶颈长且较细，无法直接观察煮水情况，需要借水的沸声来判定煮水的程度，故宋代候汤最难。蔡襄《茶录》中认为陆羽的蟹眼水是过熟的水，不能用，但鱼目蟹眼时是一沸，水不烧开肯定不适宜。因此，他认为水煎过第二沸刚到第三沸时最适合点茶。

6.熁盏

点茶前还需要用沸水冲洗茶盏，保持温度，利于茶水香气的散发，类似于现在的“温杯”。

7.点茶

取适量的茶粉放入茶盏，先注入少量开水，用茶筅将茶粉调匀至膏状，俗称调膏，然后再次注入开水，边添水边用茶筅击沸，使茶末与水交融成一体，产生汤花。如果茶汤的颜色呈乳白色，茶汤表面泛起的汤花能较长时间凝住杯盏内壁不动，这样才算泡出一杯好茶。蔡襄《茶录》和朱权《茶谱》中对点茶的描述较为简单，除强调调膏需均匀外，均要求环回击拂。而宋徽宗赵佶在《大观茶论》中提出点茶需注汤击拂七次，用大茶盏点茶，加水七次，分别称作第一汤至第七汤，每次注的水都为少量，每次注水和击拂有缓急、轻重和落点的不同。

图1.24　点茶工具：建盏、汤瓶、茶筅

二、宋代斗茶与分茶

（一）斗茶

“斗茶”又称为“茗战”。点茶能在宋代兴盛，很大程度得益于宋代朝廷和民间的斗茶之风，即将点茶法制好后的茶汤用于比赛，通过评判茶汤质量的好坏，确定比赛优胜者。斗茶有着极强的竞技性，最早应用于贡茶的选送和市场价格的竞争。

决定斗茶胜负的因素主要有两个：

一看茶汤颜色。汤色以纯白如乳为上，其他色泽则等而下之。汤色是制茶技艺的反映，如果色纯白，表明茶质鲜嫩、制作精良；如果色偏青，则表明蒸时火候不足；色泛灰，则是蒸时过了火候；色泛黄，则茶叶采制不及时；色泛红，则是烘焙时火候太过。民间一般将汤色纯白如乳的叫冷面粥，因为这种汤色的茶汤会像白米粥一样冷却后稍有凝结，所以茶面通常又叫粥面。

二看汤花的持久度。即看汤花是否能紧咬盏沿、久聚不散，这种效果称为咬盏。点茶击拂时，如果茶末研碾细腻，点汤、搅动都恰到好处，汤花匀细，就可紧咬盏沿，而且久聚不散。汤花散退较快的叫云脚涣散。汤花散退后，茶盏内沿与汤相接的地方就会露出水痕，宋人称之为水脚。汤花散退较早，先出现水痕者的为负。斗茶决胜负不限一次，经常“三斗二胜”。

图1.25　《茗园赌市图》南宋 刘松年

图1.26　《斗茶图》南宋 刘松年

在两宋大部分的时间里，既有尚白色斗浮斗色的斗茶，也有不计茶汤色白色绿，而注重茶之香、味品鉴的斗茶，除了泡沫之外，宋代茶书也正式将色、香、味列为品茗的三大标准。由此可见，宋代茶人品茗，追求的是茶汤色、香、味的享受，茶叶的其他功效退到次要的地位。这也标志着我国的茶艺在宋代趋于成熟阶段。

（二）分茶

分茶在宋代又称茶百戏、茶山水、水丹青等，是采用点茶法，通过击拂的技巧，使茶汤的汤花呈现山水、花鸟状的图画、文字等。

点茶法使饮茶变得有趣，斗茶的流行又促使点茶的技艺不断创新。大致在北宋末年，点茶法进一步发扬光大，形成了又一种高超技艺——分茶，即在点茶注汤过程中，用茶匙或茶筅击拂拨弄，使茶汤表面的茶沫幻化成各种文字的形状，以及山水、草木、花鸟、虫鱼等各种图案。

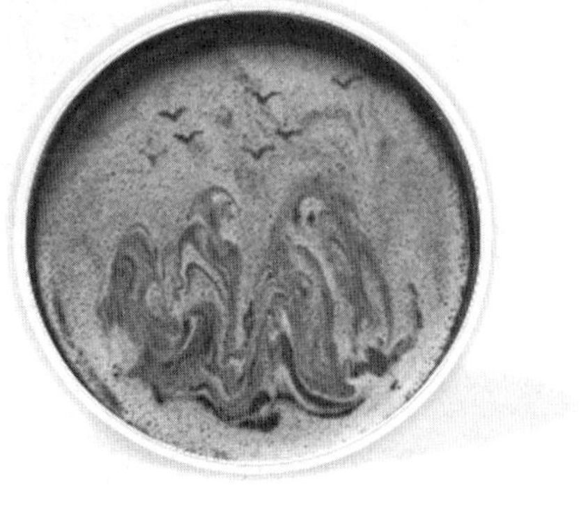

图1.27　茶山水

点茶固难，分茶则更难。作为一项极难掌握的神奇技艺，分茶茶艺得到了宋代文人士大夫们的推崇，成为他们雅致生活方式中的一项闲情活动。比如南宋著名的爱国诗人陆游，他一生爱茶，谙熟茶的烹饮之道，也喜欢分茶。南宋文学家杨万里也是一生嗜茶，留下许多关于茶的诗文。

临安春雨初霁

南宋·陆游

世味年来薄似纱，谁令骑马客京华？小楼一夜听春雨，深巷明朝卖杏花。

矮纸斜行闲作草，晴窗细乳戏分茶。素衣莫起风尘叹，犹及清明可到家。

澹庵坐上观显上人分茶

南宋·杨万里

分茶何似煎茶好，煎茶不似分茶巧。蒸水老禅弄泉手，隆兴元春新玉爪。
二者相遭兔瓯面，怪怪奇奇真善幻。纷如擘絮行太空，影落寒江能万变。
银瓶首下仍尻高，注汤作字势嫖姚。不须更师屋漏法，只问此瓶当响答。
紫微仙人乌角巾，唤我起看清风生。京尘满袖思一洗，病眼生花得再明。
汉鼎难调要公理，策勋茗碗非公事。不如回施与寒儒，归续茶经傳衲子。

走近非遗大师——章志峰

茶百戏之传承

章志峰，武夷山市中华茶百戏研究院院长，茶百戏技艺恢复者，福建省非物质文化遗产茶百戏唯一代表性传承人，丝绸之路文化大使。

图1.28　茶百戏

茶百戏又称分茶、水丹青，是点茶文化的艺术升华，茶百戏仅用研膏茶（团饼茶）碾细之茶粉搅拌形成茶汤悬浮液，通过透明的水就能使茶汤幻变出禽兽虫鱼花草，堪称绝妙，反映了古人的智慧。

在章志峰恢复茶百戏之前，茶汤如何幻变图案一直是个谜，这一文化只是静静地躺在古籍诗文中。1984年章志峰从福建农大茶学专业毕业后一直致力于茶文化研究和交流，1997年他到日本冲绳留学学习茶叶技术，通过日本茶道初步了解了点茶法。2004年章志峰受外交部选派，作为中国首位茶学专业的国际交流员到日本讲授中国茶文化，期间系统地学习了一年的日本茶道里千家流，从日本茶道的点茶法和点茶工具得到启发。2005年起，他通过对团饼茶制作、抹茶加工和分茶技巧进行摸索，五年间进行了几百次的试验，通过不断的研究和大量实践，章志峰终于在2009年春恢复了分茶技艺，可以在茶汤中现出文字和图像。

恢复茶百戏的价值不仅仅在于认清茶百戏本质特征，同时也还原了宋代文人雅士的生活状态，真实再现古代原有的茶文化特征，这是它最珍贵的历史价值。章志峰说："我们不能因为一时的利益去改变非物质文化遗产的真实性和特征，不能以牺牲非遗宝贵的特征去获取利益。非物质文化遗产最珍贵的是它的历史价值，它反映了当时人们的智慧，非物质文化遗产作为一种活态文化，是需要人们去正确传承的。"

三、宋代茶文化的对外传播——径山茶宴

宋代的各个寺庙非常崇尚饮茶，并生产茶叶，研究和宣扬饮茶。饮茶不仅是僧人们日常生活中不可缺少的内容，更成为寺院制度的重要组成部分。寺中设有"茶堂"，役僧中有"茶头"，专管茶水，按时击"茶鼓"召集僧众饮茶。寺门前还会有"施茶僧"，为来往信徒惠施茶水。

在宋代的禅院茶礼中，最负盛名且在中日佛教文化、茶文化交流史上影响最为重要的当推"径山茶宴"，是宋代禅院茶礼的典范。

图1.29　径山寺

径山茶宴是浙江杭州市余杭区径山万寿禅寺（简称径山寺）接待贵客上宾时的一种大堂茶会，是独特的以茶敬客的庄重传统茶宴礼仪习俗，始于唐，盛于宋，流传至今，已有1 200余年历史，是径山古刹以茶代酒宴请客人的一种独特的饮茶仪式，后流传至日本，成为日本茶道之源。

按照径山寺传统，每当贵客光临，住持就在明月堂举办茶宴招待客人。径山茶宴有一套颇为讲究的严格程序和隆重的仪式，其中张茶榜、击茶鼓、恭请入堂、上香礼佛、煎汤点茶、行盏分茶、说偈吃茶为茶宴的核心部分，分为点茶、献茶、闻香、观色、尝味、叙谊等程序。径山茶宴有专用茶具，所用茶叶亦为上等末茶。茶室内放有精致的茶盒子，内置砂壶、茶盏、锡制茶罐等物。举行茶宴是径山寺僧修行生活中的重要事项，若以待客则非上宾不举行。茶宴经常在由大慧宗杲（gǎo）禅师所建的明月堂举行，堂内摆设整齐清洁，并配有诗画和时新鲜花。宾主在茶桌前就座后，先由主人（常为住持僧）亲自冲点"佛茶"（即注茶），以示敬意，称"点茶"；然后依次给来宾奉上香茶，名为"献茶"，先客后已，以半盏为度，宾主互相致礼，各自举盏闻香、观色；再捧盏呷（xiā）茶半口，啜饮，细品茶味，并且要发出啧啧之声，此动作连续四次，称"行茶"。毕，客人称谢，主人则谦让答礼。再由伺客僧先客后主再次注茶，宾主或师徒间以"参话头"的方式评茶论事，谈佛诵经，机锋偈语，慧光灵现。径山茶宴是禅院茶礼仪中的经典样式，2011年，径山茶宴被列为国家级非物质文化遗产名录。

南宋端平年间，日本佛教高僧圆尔辨圆（谥号"圣一国师"）在径山寺求法，并学会了种茶和制茶技术，他回国时带去了茶籽，在静冈县种茶并传播径山寺的点茶法及茶宴仪式。随后大禅师南浦沼明（谥号"元通大应国师"）入宋求法，在径山寺修学五年，归国

时带回多部中国茶典籍及径山茶宴使用的茶盒子、饮茶器具等，从而将径山茶宴完整地传入日本，并逐渐形成了日本茶道。因此，今天的日本茶界认为径山茶宴是日本茶道的源头。由中国传入日本的这种茶道，本来只是日本幕府高层社会的一种礼仪，16世纪中叶，日本的千利休禅师将茶道推广普及到民间，于是流传更广。

趣味阅读

茶墨俱香

北宋文学家、书法家苏东坡，一日与史学家司马光斗茶，苏东坡与司马光带的都是上等好茶，苏东坡用了隔年雪水，得了第一。司马光内心不服，遂出题难之曰："茶欲白，墨欲黑；茶欲重，墨欲轻；茶欲新，墨欲陈。君何以同爱二物？"苏答曰："奇茶妙墨俱香，是其德同也；皆坚，是其操同也；譬如贤人君子，黔皙美恶不同，其德操一也。公以为然否？"公笑以为然。（宋《高斋漫录》）

在苏轼眼中，茶与墨有着相通的内涵，事茶与事书都是对人的品行道德的一种修炼。此后，"茶墨俱香"就被人们传为美谈。

中国士大夫、文人画家，以茶会友，以茶论文，以茶抒怀遣兴，茶与墨（书画）从而结下不解之缘。茶道是一种意境，一种精神修养，以此融入艺术作品，书画与品茗，相济相伴。

老师的叮嘱

径山茶宴具有悠久的历史价值和丰富的文化内涵，以茶论道，禅茶一味，体现了中国禅茶文化的精神品格，丰富并提升了中国茶文化的内涵。同时，径山茶宴也是日本茶道的渊源，对中日文化交流起到桥梁和纽带作用。

中国是茶的故乡，也是茶文化的发源地。几千年璀璨的茶文化历史，是古人留给我们的宝贵财富。同学们不仅要学习茶艺技艺，更要把这些优秀传统文化传承下去、传播出去。

任务四　明清茶文化

明代制茶由制团茶改为制散茶，直接导致饮茶方式的改变。明代前期继续延续宋元以来的点茶法，到了明代中后期泡茶法兴起。百姓饮茶时，再也不用"炙""研""罗"等繁杂程序了，而是将散茶直接置入壶（碗、杯）中，用沸水冲泡即成。这种直接用沸水冲泡的沏茶方法——泡茶法，不仅简便，而且保留了茶的清香，更便于对茶的直观欣赏，一直为人们沿用至今。

一、明清泡茶法

（一）朱元璋“废团改散”

图1.30　《品茶图》（局部）明 文徵明

早在南宋及元代，散茶在民间俗饮中已经得到了较广泛的普及。但明朝初期，贡茶仍然采用福建的团饼茶，直至朱元璋下诏罢造龙团，改贡散茶，龙凤团茶遂成为历史绝唱。

明洪武二十四年九月十六日（1391年），明太祖朱元璋认为团茶的制作工序劳民伤财、耗费奢靡，为了减轻百姓制作团茶的负担，因而发布了一道诏令：“罢造龙团，惟采芽茶以进。”要求进贡的茶叶改为散芽茶。

这是茶文化发展史上一次划时代的改变。从此，两宋时的斗茶之风渐渐在明代消失了，饼茶被散形叶茶所代替，碾末而饮的唐煎宋点饮法，变成了以沸水冲泡叶茶的瀹饮法，品饮艺术发生了划时代的变化，开千古清饮之源，而散茶冲泡饮用的习俗也一直延续至今，已有600多年历史。

（二）明清泡茶法

泡茶法，就是直接在壶或盏中放入散茶茶叶，用开水冲泡饮用的方式。明清的泡茶法继承了宋代点茶法的清饮，不加入调料，讲究茶汤的真味、真香。

明清泡茶法根据使用的茶具不同，有壶泡法、撮泡法（杯、盏泡）、工夫茶（小壶泡）三种形式。明代张源《茶录》和许次纾《茶疏》对泡茶过程都有详细的记载，归纳起来主要有以下几个步骤：

1. 备具

明清时期泡茶方法有瀹茗法（壶泡法）、撮泡法（杯、盏泡）、工夫茶（小壶泡）三种形式，虽然泡茶使用器具略有不同，但该时期总体是以壶泡法为主。泡茶的主要器具有茶炉、汤壶（茶铫）、茶壶、茶盏（杯）等。

2. 择水

明清茶人对泡茶用水比唐宋更加讲究，并真正将品水艺术化、系统化。根据明代田艺蘅的《煮泉小品》和徐献忠的《水品》中对择水的要求，可以归纳出明清茶人的择水标准主要为“源、清、流、寒、甘、香”。

（1）“源”指水源，即水的出处。不同水源的水质不同，对茶水的质量影响显著。明清对水源的要求讲究“山水上、江水中、井水下”。

（2）“清”指水清澈，不浑浊。泡茶之水要清澈透明，无浑浊，无异物。

（3）“流”指水流动，不是死水。不流动的水，易含氧不足，矿物质含量过高，异物较多，导致水质差，不适宜泡茶。然而，流动过强的水也不适宜于泡茶，如瀑布。

(4)“寒”指水冷冽。“泉水不绀寒，俱下品。泉不难于清，而难于寒。”

(5)“甘”指水美、甜。“泉品以甘为上，味美者曰甘泉。幽谷绀寒清越处，易出甘泉。”

(6)“香”指水香，水具有芳香。“泉水绀寒者多香，气芳者曰香泉。泉惟甘香，故也能养人；然甘易而香难，未有香而不甘者也。”

3. 取火

张源《茶录》“火候”条载：“烹茶要旨，火候为先。炉火通红，茶铫始上。扇起要轻疾，待有声稍稍重疾，斯文武之候也。过于文则水性柔，柔则水为茶降；过于武则火性烈，烈则茶为水制。皆不足于中和，非茶家要旨也。”即待炉火通红，茶铫始上。扇起要轻疾，待水有声稍稍重疾，不能停手。刚开始扇火时要扇得轻而快，待听到水声时要扇得重而快。扇得太轻，烧开的水就会阴柔，会降低茶水的品质。扇得太重，烧开的水就会过于阳刚，会扼制茶性的挥发。所谓文武之道，一张一弛，火亦然。

4. 候汤

明代对煎水候汤更为细致讲究。唐宋煎茶、点茶用的是末茶、粉茶，故汤用嫩不用老，明代用的是散叶茶在壶或者盏中冲泡，故水用老不用嫩。

张源《茶录》“汤辨”中针对叶茶冲泡提出了一套辨汤的方法，即“三大辨十五小辨”，从形辨、声辨、气辨三大项十五小项来区别。《茶录》记载“汤有三大辨、十五小辨。一曰形辨，二曰声辨，三曰气辨。形为内辨，声为外辨，气为捷辨。如虾眼、蟹眼、鱼眼、连珠，皆为萌汤；直至涌沸如腾波鼓浪，水气全消，方是纯熟。如初声、转声、振声、骤声，皆为萌汤，直至无声，方是纯熟。如气浮一缕、二缕、三四缕，及缕乱不分，氤氲难绕，皆为萌汤；直至气直冲贯，方是纯熟。”这里的“萌”，即为嫩的意思。水未沸叫“萌汤”，已沸叫“纯熟”。

5. 泡茶

1)温具

泡茶法中要求温壶温盏，在张源的《茶录》、程用宾的《茶录》、冯可宾的《岕茶笺》等中均有记载。将煮好的水，注少许于茶壶、茶盏中，祛荡冷气，倾出备用，称为浴壶或涤盏。程用宾还要求在浴壶涤盏时，倒出沸水后，需用拭具布擦干净。

2)投茶方法

明清对泡茶法的投茶方法有严格要求，而且这些投茶方法至今为人们所用。明代张源在《茶录》中规定：“投茶有序，毋失其宜。先茶后汤曰下投。汤半下茶，复以汤满，曰中投。先汤后茶曰上投。春秋中投，夏上投，冬下投。”

3)投茶量

温壶之后投茶，投茶量视壶的容量大小斟酌而行，不可偏多或偏少而失中正。投茶量大了则泡出来的茶“味苦香沉”，投茶量小了则泡出来的茶“色清气寡”。如独自斟酌，容水半升的茶壶，投茶量五分，其他大小的投茶量可增减。许次纾在《茶疏》中讲到，论客人的多少来确定泡茶量；三人以下，烧一个火炉的水即可；如五六人则需烧两个火炉的水才行；如客人过多，最好不在一起饮茶。

4）洗茶

张源在《茶录》中没有进行洗茶，但罗廪的《茶解》、许次纾的《茶疏》和冯可宾的《岕茶笺》中均要求洗茶。罗廪的《茶解》和许次纾的《茶疏》中，均要求岕茶用热汤洗去沙土，不洗则味色过浓，香亦不发，但其他名茶均不必洗；洗后，用干净的手尽快将茶挤干，抖散于深口瓷合中，备用。冯可宾在《岕茶笺》中讲到：“以竹箸夹茶于涤器中，反复涤荡，去尘土、黄叶、老梗净，以手搦干，置涤器内盖定，少刻开视，色青香烈，急取沸水泼之。夏则先贮水而后入茶，冬则先贮茶而后入水；水不可太滚，滚则一涤无余味矣。”这里讲的是茶在投入茶壶之前进行清洗，但许次纾在《茶疏》中描述泡茶过程时是在茶壶中洗茶，即倒掉第一泡茶水，跟我们今天洗茶类似。

6. 品饮

一壶茶配四只左右的茶杯，杯、盏以雪白为上，蓝白次之。品饮杯宜小，以白瓷为上，根据壶的大小选择适当的杯数。一壶之茶，一般只能分酌二三次。许次纾在《茶疏》中认为分汤时不宜早，早了茶汤的色、香、味还未孕育好。饮用时不宜迟，迟则茶汤的韵味会丧失。宜趁热品饮，旋注旋饮，方能感知茶叶的香气和滋味。

图1.31　《闲话宫事图》明 陈洪绶

（三）饮茶环境

明代人在饮茶时已经有意识地追求一种自然美和环境美。其中环境美包括对饮茶者人数和饮茶自然环境的要求。当时，对饮茶的人数有“一人得神，二人得趣，三人得味，七八人是名施茶”之说；对于自然环境，则追求清幽雅静，最好在清静的山林、俭朴的柴房、清溪、松涛，无喧闹嘈杂之声。

明代很多茶书中对饮茶环境均有明确且详细的要求。明代陆树声《茶寮记》和徐渭《煎茶七类》中均提出适宜饮茶的环境条件为“凉台静室、明窗曲几、僧寮道院、松风竹月”等，徐渭《徐文长秘集》中也提出“品茶宜精舍、宜云林、宜寒宵兀坐、宜松风下、宜花鸟间、宜清流白云、宜绿鲜苍苔、宜素手汲泉、宜红装扫雪、宜船头吹火、宜竹里飘烟”。许次纾在《茶疏》中有“明窗净几、风日晴和、轻阴微雨、小桥画舫、茂林修竹、课花责鸟、荷亭避暑、小院焚香、清幽寺观、名泉怪石”等宜茶环境条件，并提出“清风明月、纸账楮衾、竹床石枕、名花琪树”是饮茶良友。

图1.32 《东林图》（局部）明 仇英

（四）饮茶茶具

明代散茶的兴起，引起冲泡方法的改变，原来唐宋模式的茶具也不再适宜了。茶壶、盖碗被更广泛地应用于百姓茶饮生活中，茶盏也由黑釉瓷变成了白瓷和青花瓷，目的是更好地衬托茶的色彩。

除白瓷和青花瓷外，明代最为突出的茶具是宜兴的紫砂壶。明代人特别讲究茶壶，认为紫砂壶最好，“既不夺香，又无熟汤气”，其优美的造型与精湛的书画艺术结合，形成了中国茶具独有的特色。同时，紫砂茶具的形制和材质，迎合了明代人所追求平淡、端庄、质朴、自然、温厚、娴雅等精神需要。

紫砂壶的制造也出现了许多名家，如时大彬、陈远鸣等，并形成一定的流派。明嘉靖至万历年间，紫砂艺人的茶具作品不断创新，制壶四大名家（董翰、赵梁、时鹏、元畅）和时大彬等高手的作品，工艺精巧，造型优美，色彩艳丽，诗书意妙，不少紫砂茶具的作品流传至今已成为中国茶文化的瑰宝。因而说，紫砂艺术的兴起也是明代茶文化的一个丰硕果实。

图1.33 紫砂壶

图1.34 盖碗茶具

清代在饮茶方法上，仍然沿用明代的冲泡法。但与明代相比，清代茶具的制作工艺技术又有长足的发展，清代茶壶，不但造型丰富多彩，而且品种琳琅满目，也更偏爱瓷质的盖碗茶具。此外，自清代开始，福州的脱胎漆茶具、四川的竹编茶具也开始出现，自成一格，使清代茶具异彩纷呈，形成了这一时期茶具新的特色。

二、明清泡茶法的种类

明清时期主流的泡茶法，大致分为瀹茗法、撮泡法、工夫茶三种。

1. 瀹茗法

宋代陆游《与儿孙同舟泛湖》诗中有“酒保殷勤邀瀹茗，道翁伛偻出迎门”。瀹的意思为“煮”“浸渍”“疏导”，明清时期则用“瀹”词来表示散叶茶浸渍开汤。瀹茗、瀹茶是明清文人对当时饮茶方法较为正式的称呼，特别在明末清初时期是作为泡茶法的主要形式。瀹茗法的主泡器具比较偏好瓷质的小壶，故又称为壶泡法。

据《茶录》《茶疏》《茶解》等书记载，壶泡法的一般程序有藏茶、洗茶、浴壶、泡茶（投茶、注汤）、涤盏、酾（shī）茶、品茶等。泡茶使用的主泡器为壶，又称茶注，特别看重瓷质的小壶。品茗器崇尚白瓷小茶盏，更利于汤色的呈现。在明清时期茶书中还提到泡茶法的其他茶具，诸如瓢、巾帨（拭盏布）、分茶盒、汤铫（煮水器）、茶盂等，这些茶具与现代使用的沏茶器皿相差不大。

2. 撮泡法

撮泡法是用茶瓯或盖碗以沸水沏泡茶叶的方法，最早是杭州的习俗。其典型特征是将茶叶直接投入茶盏中注汤冲泡，茶盏既是主泡器，又是品茗器。撮泡法简便，主要程序有涤盏、投茶、注汤、品茶。

撮泡一词来源于钱塘人陈师《茶考》中所记：“杭俗烹茶，用细茗置茶瓯，以沸汤点之，名为撮泡。”田艺蘅的《煮泉小品》“宜茶”条中也有记载：“芽茶以火作者为次，生晒者为上，亦更近自然……生晒茶瀹之瓯中，则枪旗舒畅，清翠鲜明，方为可爱。”这是关于散茶在瓯盏中沏泡的较早记录。

趣味阅读

盖　碗

盖碗起源于四川，是古老巴蜀茶文化的一个重要载体。盖碗由茶盖、茶碗和茶托三部分组成，又称为“三才碗”。“三才”指天、地、人，盖为天、托为地、碗为人，蕴含天地人和之意。

盖碗的历史非常悠久，相传起源于唐代。唐德宗年间，西川节度使兼成都府尹崔宁爱好饮茶，其女也有同样的爱好，且聪颖异常。那时的茶杯没有衬底，非常烫手，于是崔宁的女儿就拿出一个碟子，把茶杯放在上面，端着碟子喝茶，这样就烫不着手了。但茶杯容易滑倒，她又设法用蜡在碟子中做成茶盏底大小的圆环，从而固定茶盏，这样，饮茶时茶盏既不会倾倒，又不会烫手了。为了让外形更美观，崔小姐又让匠人制作漆环代替蜡环来套住茶杯，称为“盏托”。此种一盏一托式的茶盏，既实用，又增添了茶盏的装饰效果，给人以庄重之感，遂世代流传至今。后人又在此基础上增加了茶盖，于是一种独特的盖碗茶文化就在四川成都地区诞生了。

3. 工夫茶

工夫茶主要流行于广东、福建和台湾地区，其特征是用小壶冲泡青茶（乌龙茶），主要程序有治壶、投茶、出浴、淋壶、烫杯、酾茶、品茶等。工夫茶起源于宋代，随着明代中期紫砂壶的兴起，逐渐发展成福建、广东等地区独具特色的饮茶方式，并在清代中期达到鼎盛。

工夫茶一般使用紫砂壶作为主泡茶具。明人周高起在《阳羡茗壶系》中说：“近百年中，壶黜银锡及闽豫瓷，而尚宜兴陶。”为何独钟宜兴紫砂壶？周高起又说：“陶曷取诸？取诸其制，以本山上砂，能发真茶之色香味。”原来宜兴紫砂壶泡茶之佳，在于能尽得茶之色香味。明人文震亨《长物志》也说：“茶壶以砂者为上，盖既不夺香，又无熟汤气。”明清一些文人士大夫对宜兴紫砂壶泡茶优点的认识一致。

三、明清制茶技术的革新与发展

（一）茶叶品类多样化

明太祖朱元璋“罢造龙团，改进芽茶”的诏令，客观上对进一步破除团饼茶的传统束缚，促进芽茶和叶茶的蓬勃发展，起到了有力的推动作用。到明朝中期后，散茶已在社会各个阶层普及。泡茶方式的改进也带动了茶叶加工工艺的巨大进步，人们不断改良古法，创制新法，以求最大限度地保存茶叶的色泽与香味。

首先，在制茶工艺方面，炒青工艺日趋完善，并慢慢取代了古老的蒸青工艺成为主流。闻龙《茶笺》中记载：“诸名茶法多用炒，惟罗齐宜于蒸焙。”炒青技术的要点，据明代罗廪《茶解》所论：采茶“须晴昼采，当时焙”，“炒茶，铛宜热，焙，铛宜温。凡炒止可一握，候铛微炙手，置茶铛中，札札有声，急手炒匀，出之箕上，薄摊用扇扇冷，略加揉挼，再略炒，入文火铛焙干，色如翡翠”。这些工艺在近代茶叶科学出现之前，一直是中国乃至世界传统制茶经典的工艺和认识，而且这其中的许多工艺和技术要点在当代各种名特茶的制作中仍然沿用着。

其次，由于茶叶加工工艺的不同，在明代，先后出现了黄茶、白茶和黑茶，明末清初还出现了乌龙茶、红茶和花茶，六大茶类在清代已全部形成。伴随着茶叶生产的发展和制茶技术的不断创新，各地名优茶也迅速发展，龙井茶、黄山毛峰、碧螺春等大批名茶不断涌现出来。

最后，随着茶类的增加，各地区由于地理环境和风俗不同，开始选用不同茶类，形成本地区特有的饮茶偏好。如两广喜好红茶，福建多饮乌龙茶，江浙则好绿茶，北方人喜花茶或绿茶，边疆少数民族多用黑茶、茶砖。品饮方式也随茶类的增加而不断丰富，小壶小杯品饮乌龙茶的工夫茶泡法，绿茶与花茶的盖碗茶泡法，还有藏族酥油茶、维吾尔族奶茶等少数民族多种多样的饮茶习俗，形成了中华民族饮茶习俗多元化的特征。

（二）茶树育种和管理不断完善

根据有关资料显示，明清时期在原有基础上，出现了不少新的茶叶育种方式。如明末清初学者方以智《物理小识》中记到“种以多子，稍长即移”。说明在明朝，有的地方除了直播以外，还采用了育苗移栽的方法。康熙年间李来章著的《连阳八排风土记》中，已有茶树插枝繁殖技术。此外，清代在闽北一带，对一些名贵的优良茶树品种，还开始采用了压条繁殖的方法。

在茶园管理方面，明清时期在耕作、施肥、种植上更加精细，在抑制杂草生长上和茶园间种方面，都有独到之处。咸丰时期，对老茶树的更新，已从消极的先砍伐、焚烧枝杆，“俟其再蘖”，发展到“先以腰镰刈（yì）去老本，令根与土平，旁穿一小阱，厚粪其根，仍覆其土而锄之，则叶易茂”（张振夔《说茶》）的积极措施。《时务通考》中的记载更加详细：“种理茶树之法，其茶树生长有五六年，每树既高尺余，清明后则必用镰刈其半枝，须用草遮其余枝，每日用水淋之，四十日后，方除去其草，此时全树必俱发嫩叶，不惟所采之茶甚多，所造之茶犹好。”

四、明清茶馆文化的兴盛

明清时期，特别是清代，茶馆、茶肆如雨后春笋般迅速遍布大江南北，不仅数量多，种类、功能皆蔚为大观。康乾时期，各种大小茶馆遍布城市乡村各个角落，成为上至王公贵族、八旗子弟，下到艺人、挑夫、小贩会集之地。茶馆不仅在数量上有很大发展，文化色彩、审美情趣融入其间，社会性能上也有相应开拓，出现了为不同层次群众服务的特色茶馆。

图1.35　茶馆

清代茶馆类型主要有：

（1）大茶馆：空间宽绰，三五间门面，兼营小吃、点心、简单酒饭，客人可常日逗留，老舍话剧《茶馆》就是这种大茶馆。

（2）清茶馆：以茶水为主，布置精致洁净，文人雅士所爱，商人也喜欢在此洽谈生意，某些清茶馆偏向大众，成为行业的接洽聚友之处，有一些小众性的聚会，也在这类茶馆举行。

（3）书茶馆：除提供茶水以外，兼说评书、讲说史事、豪侠故事等，跃跃如生，很有听众缘。

（4）野茶馆：多设于城郊以外，布置简朴本色，恬静清幽，与周围的乡野相映成趣，是野游消遣的好去处。

清代戏曲繁盛，茶馆与戏园同为民众常去的地方，好事者将其合而为一。宋元之时已有戏曲艺人在酒楼、茶肆中做场，及至清代才开始在茶馆内专设戏台。包世臣《都剧赋》记载，嘉庆年间北京的戏园即有"其开座卖剧者名茶园"的说法。久而久之，茶园、戏园，二园合一，所以旧时戏园往往又称茶园。后世的"戏园""戏馆"之名即出自"茶园""茶馆"。所以有人说，"戏曲是茶汁浇灌起来的一门艺术"。京剧大师梅兰芳的话具有权威性："最早的戏馆统称茶园，是朋友聚会喝茶谈话的地方，看戏不过是附带性质。""当年的戏馆不卖门票，只收茶钱，听戏的刚进馆子，'看座的'就忙着过来招呼了，先替他找好座儿，再顺手给他铺上一个蓝布垫子，很快地沏来一壶香片茶，最后才递给他一张也不过两个火柴盒这么大的薄黄纸条，这就是那时的戏单。"（《舞台生活四十年》）

明清时期茶馆的盛行也充分说明了茶已经"飞入寻常百姓家"，成为普通居民喜爱认可的饮品了。明清是封建社会的顶峰，而茶在其中也占有重要的地位，茶文化的发展同整个社会的发展都有着联系，从其中可以了解当时的生活习惯、民风民俗，茶一直伴随着中国人的生活，从未缺席。

五、明清茶文化的对外传播

明清时期，中国茶叶的对外贸易达到了前所未有的高度。明永乐三年到宣德八年（1405—1433年）之间，郑和率领船队七次下"西洋"，先后到访过亚非30多个国家，规模最大的一次统领船只200多艘，官兵2.7万人，将中国的茶叶和茶文化传播到了海外，在我国和世界航海史上写下了光辉的篇章。

图1.36　郑和下西洋

南亚诸国对于中国茶叶的传播具有十分重要的地位，这些国家是中国从海上通往地中海和欧洲各国的中介地。元、明以后，中国茶叶经过这些国家传向西方，形成了一条海上的“茶叶之路”，正是通过这条途径，中国茶文化的影响才开始遍及欧美。

到了17世纪初，荷兰东印度公司开始从中国购买茶叶回国销售。1610年，小种红茶首次出口荷兰，随后相继运销英国、法国和德国等国家。18世纪，随着红茶生产规模的扩大和红茶价格的日趋低廉，红茶消费人群由皇室逐渐走向普通民众，成为英国、荷兰等国人民生活中不可或缺的饮品。此外，英国还从我国厦门、广州等地大量贩运红茶，除供应本国所需外，还大量转运到美洲殖民地，并转销到德国、瑞典、丹麦、西班牙、匈牙利等国家。中国红茶产品、生产技术和文化向世界各个国家和地区的传播，促进了世界红茶生产、贸易与消费的蓬勃发展。

课后练习题

一、单项选择题

1. 《神农本草经》中记载，神农最早用茶叶来 ______。

   A. 解毒　　B. 充饥　　C. 预防疾病　　D. 烘焙草药

2. 唐代煎茶法中，将茶饼制作成茶末的过程需经过三道工序，请问以下 ______ 工序不属于煎茶法中制作茶末的工序。

   A. 炙茶　　B. 碾茶　　C. 罗茶　　D. 煎茶

3. 中国茶文化是在 ______ 正式确立的。

   A. 魏晋南北朝　　B. 唐朝　　C. 宋朝　　D. 明清

4. 世界上第一部茶叶专著是 ______，其作者是 ______。

   A. 《茶疏》、许次纾　　B. 《茶经》、陆羽

   C. 《茶谱》、朱权　　D. 《续茶经》、陆廷灿

5. 宋代 ______ 创制了饰面精美、品质精绝、外观精巧的小龙团凤饼，并撰写了《茶录》二卷。

   A. 蔡襄　　B. 丁谓　　C. 周绛公　　D. 赵汝励

6. “龙凤团茶”的创制，把我国古代 ______ 的制作工艺推向一个历史高峰。

   A. 蒸青散茶　　B. 炒青绿茶　　C. 窨花制茶　　D. 蒸青团茶

7. 三生汤的三种主要原料都是生的，即“生叶（鲜嫩茶叶）、______、生米”。

   A. 芝麻　　B. 花生　　C. 生姜　　D. 黄豆

8. 宋代在饮茶方法上，迅速发展了适合时代的、高雅的 ______。

A. 煮茶法　B. 点茶法　C. 泡茶法　D. 烹煮法

9. 宋代的斗茶又称 ______，是品茶艺术的最高表现形式。

A. 茗战　B. 比茶　C. 赛茶王　D. 评茶

10. 宋代斗茶的评比标准一是比茶汤的色泽，以 ______ 为上。

A. 青白　B. 灰白　C. 黄白　D. 白

11. 宋代文人们把饮茶与 ______ 融为一体。

A. 文化活动　B. 经济活动　C. 民间活动　D. 日常生活

12. 潮汕工夫茶使用的茶具——“茶房四宝”是指 ______。

A. 潮汕风炉 、玉书碨、孟臣罐、若琛杯

B. 潮汕风炉、玉书碨、茶盘、茶叶罐

C. 潮汕风炉、玉书碨、若琛杯、茶盘

D. 潮汕风炉、玉书碨、若琛杯、酒精炉

13. 潮汕工夫茶里的若琛杯即为品茗杯，若琛杯为 ______ 翻口小杯。

A. 黑瓷　B. 白瓷　C. 青瓷　D. 紫砂

14. 明代茶道简洁，但仍然强调 ______、茶具、茶叶俱佳。

A. 气氛　B. 茶兴　C. 茶食　D. 水质

15. 擂茶在宋代称为 ______。

A. 米粥　B. 茗粥　C. 黍粥　D. 面粥

16. 《大观茶论》的作者是 ______。

A. 蔡襄　B. 赵佶　C. 丁谓　D. 陆羽

17. 清代出现 ______ 品饮艺术。

A. 乌龙工夫茶　B. 白族三道茶　C. 宁红太子茶　D. 云南普洱茶

18. 唐代的茶叶有粗茶、______、末茶、饼茶四种。

A. 碎茶　B. 贡茶　C. 绿茶　D. 散茶

19. 我国现代茶叶的奠基人是 ______ 。

A. 秦柳芳　B. 吴觉农　C. 王泽农　D. 刘祖生

20. 炒青绿茶出现在 ______ 时期。

A. 魏晋南北朝　B. 唐朝　C. 宋朝　D. 明清

二、判断题

______ 1. 日本的抹茶茶道的源头是中国宋代的点茶。

______ 2. 唐中晚期盛行煎茶，煎茶法用的茶是饼茶。

______ 3. 时大彬是清代最著名的紫砂壶大师，是紫砂壶史上的一代宗师。

______ 4. 到明清时期，我国的六大茶类以及花茶已经全部形成了。

______ 5. 陆羽在《茶经》中说:“其江水，取其人远者。”也就是说远离人烟，无污染的江水，仍不失为煮茶好水。

______ 6. 宋代的饮茶之风非常盛行，形成了奢华极致的宫廷茶道。

______ 7. 在历史上，茶的利用可以分为药用、食用和饮用三个相承起的阶段。

______ 8. 唐代煎茶法需经过炙、碾、罗、煮。

______ 9. 将第一次泡茶的水倒掉谓之洗茶，这种习惯源自明朝，具有一定的清洁茶叶的作用，此外还能使茶香更易渗出。

______ 10. 明末清初瀹茗法成为品饮的主要方式，逐渐取代了点茶法的主导地位。

三、填表

项目	茶的形态及加工工艺	品饮方式	茶具	茶文化特点
唐朝				
宋朝				
明清				

四、论述题

简述我国在茶叶利用上经历了哪几个阶段?并分析每个阶段的特点。

学习项目二　走进广袤的茶区

传承大师文化，弘扬匠人精神——陈宗懋

茶让世界更美好　让人类更健康

中国是茶的故乡，千百年来，中国人种茶、饮茶，向世界传播茶文化。在中国茶学界有这样一位传奇人物，他自3岁开始坚持喝茶80多年，并从20世纪60年代就开始进行茶叶农药残留研究，提出多种农药在茶树上的降解规律和预测模型，开创了我国茶叶农残研究的先河；他主持制定了18项国家标准和5项部级标准，对于降低我国茶叶农药残留，推动茶叶出口作出了重要贡献；他所领导的实验室被欧盟确认为中国茶叶出口唯一认可的检验机构；50多年专注茶叶研究的他只为让中国茶放心喝！他就是中国茶叶研究领域的第一位工程院院士、中国茶叶学会名誉理事长陈宗懋。

1933年陈宗懋生于上海。父亲经商，母亲是医生。母亲非常重视对他的教育，从小就让他养成看书的习惯。上学以后，母亲更是把他送进好的学校。1950年，陈宗懋中学毕业，那一年全国统考刚刚开始，他报考了复旦大学，原本想学医学，阴差阳错学了农学。在这里陈宗懋却发现了植保、昆虫等自己非常感兴趣的研究领域。再后来进入茶叶农药残留研究领域，陈宗懋院士一头扎进去，一干就是几十年。

近些年来陈宗懋院士一直在竭力推动茶为“国饮”。他认为，中国是茶的故乡，茶叶作为一个保健产品应该多宣传。清茶一杯，以茶代酒，不仅有利于弘扬民族文化，提高文化素养，还有利于身体健康。陈宗懋院士还有句名言：“饮茶一分钟，解渴；饮茶一小时，休闲；饮茶一个月，健康；饮茶一辈子，长寿。”

教学目标

知 （1）了解茶树生长环境，掌握茶树及叶片形态特征；
（2）掌握中国主要茶区分布及各茶区产茶情况；
（3）了解茶叶分类，熟知中国七大茶类品质特点及名优茶叶情况；
（4）掌握茶叶品质鉴别方法；
（5）掌握茶叶主要化学成分及其对人体的主要保健功效；
（6）掌握科学饮茶的方法。

行 （1）能辨识茶树叶片、茶树类型及不同环境下茶树及茶叶的品质特点；
（2）能详细讲述各茶区环境情况及代表名茶品质特点；
（3）能熟练辨识茶叶种类并描述其特征；
（4）能鉴别茶叶品质优劣；
（5）能区别不同茶叶内含物质对人体的不同作用；
（6）能根据他人身体情况提出用茶建议并指导科学饮茶。

德 （1）传承工匠精神，形成良好的职业意识和职业素养，敬业乐业；
（2）能感受中国传统文化的博大精深，增强民族自豪感和文化自信；
（3）在安静谦和的学习氛围中，提升专注力；
（4）具有健康的体魄和科学的认知；
（5）能丰富精神世界，提升品德修养，塑造积极、乐观、平和的心态。

任务一 茶树及茶区

《茶经》首句有述：“茶者，南方之嘉木也。一尺、二尺乃至数十尺；其巴山峡川有两人合抱者，伐而掇之。其树如瓜芦，叶如栀子，花如白蔷薇，实如栟榈，蒂如丁香，根如胡桃。”这句话表明了茶树的原产地及其植株形态。

图2.1 《茶经》

中国是茶树的发源地，是世界上最早发现茶、利用茶的国家。不但茶区的分布较广，而且茶叶种类繁多，每种茶叶在外形、香气或口感上都有细微的差别，因而造就了中国茶叶的多样风貌。

一、茶树起源

在植物分类学中，茶树属于被子植物门，双子叶植物纲，山茶目，山茶科，山茶属的多年生常绿木本植物。

植物学研究表明，茶树所属的被子植物，起源于中生代的早期，双子叶植物的繁盛时期都是在中生代中期；而山茶科植物化石的出现，又是在中生代末期白垩纪期地层中。在山茶科里，山茶属是比较原始的一个种群，它发生在中生代的末期至新生代早期，而茶树在山茶属中又是比较原始的一个种。所以，据植物学家分析，茶树起源至今已有6 000万年历史了。1753年，著名的瑞典植物分类学家林奈（Carolus Linnaeus）根据在我国武夷山地区采集的灌木型茶树枝条和叶片形态，首次给茶树命名为“Thea sinensis L.”，拉丁文“sinensis”即中国之意。1881年，孔茨氏（O. Kuntze）进一步将茶树学名定为“Camellia sinensis（L.）O.Kuntze”。

茶树的原产地是指“茶树的原始产地”，即茶树起源的地区。在19世纪之前，茶树原产于中国的事实已经为国际科学界所公认。然而，自从1824年驻印度的英国少校勃鲁士（R. Bruce）在印度阿萨姆邦萨蒂亚（Sadiya）发现野生大茶树以后，有人便以此为证，开始对中国是茶树原产地提出了异议。半个世纪以来，国际植物学界和茶学界就茶树原产地问题展开了旷日持久的争论，各国科学家就茶树的原产地提出了多种不同的观点。后印度茶业委员会组织了一个科学调查团，于1935年对印度萨蒂亚山区所发现的野生大茶树进行了调查研究，植物学家瓦里茨（Wallich）博士和格力费（Griffich）博士都断定，当地所发现的野生大茶树与从中国传入印度的茶树同属中国变种。而不同国家的多位学者也在其著作或研究报告中认为茶树起源于中国。

二、茶树形态特征

学习茶文化，首先要了解和研究茶树的生物特征，掌握其形态、生命活动规律及与生态环境的关系等。

在我国古代，人们对茶树的认识都局限在形象化的描述上。包括陆羽的《茶经》中也仅述：“其树如瓜芦，叶如栀子，花如白蔷薇，实如栟榈，蒂如丁香，根如胡桃。”陆羽对茶树的外部特征是用各种比喻来说明。直到20世纪中叶，随着科学的进步，茶叶工作者对茶树品种资源深入调查研究，进行了大量的科学实验，发表了大批茶学论文，出版了大批相关书籍。目前，已全面认识了茶树的内在和外在形态特征，为进一步研究茶的科学和文化创造了必要的条件。

（一）茶树植株形态

茶树的地上部分，在无人为控制情况下，因为枝干性状差异，茶树形态可分为乔木型、小乔木型和灌木型三种。

1. 乔木型茶树

乔木型茶树是较原始的茶树类型，分布于和茶树原产地自然条件较接近的区域，即我国热带或亚热带地区。植株有明显而高大的主干，通常高达3 m以上，基部干围可达1.5 m以上。此类型多见于野生大茶树，树龄可长达数百年甚至上千年。

乔木型茶树在我国主要分布在海南、云南等地，由于茶叶茶多酚含量高，适宜制作红茶和黑茶。

2. 灌木型茶树

灌木型茶树属进化类型，主要分布于亚热带及温带茶区，我国大多数茶区均有分布。灌木型茶树没有明显主干，从植株基部分枝且分枝较密，多近地面处，树冠短小，通常树高1—3米。

灌木型茶树主要分布于我国长江中下游的产茶区。是我国目前种植面积和数量最大的茶树，其叶片适合制作绿茶。

3. 小乔木型茶树

小乔木型茶树也称半乔木型茶树，亦属进化类型，分布于亚热带或热带茶区。在树高和分枝上都介于乔木型茶树和灌木型茶树之间。

图2.2　乔木型茶树

图2.3　灌木型茶树

图2.4　小乔木型茶树

小乔木型茶树主要分布在我国云南、广西、广东、台湾等地。一般适宜制作乌龙茶。

从茶树在其系统发育的历史长河中来看，总是趋于不断进化。因此，凡是原始型茶树比较集中的地区，当属茶树的原产地。茶学工作者的调查研究和观察分析表明，我国西南三省——云南、贵州和四川及其毗邻地区的野生大茶树，具有原始茶树的形态特征和生化特性，这也证明了我国西南地区是茶树原产地的中心。

（二）茶树组成结构

茶树由根、茎、叶、花、果实和种子等器官组成。其中根、茎、叶执行着养料及水分的吸收、运输、转化、合成和贮存等功能，还可作为繁殖新个体的材料。花、果实及种子具有完成开花结果至种子成熟的繁殖功能，而花尊和果皮内含的叶绿体还具有光合作用的能力。这些器官有机地结合为一个整体，共同完成茶树的新陈代谢及生长发育过程。

图2.5　茶叶

图2.6　茶花

图2.7　茶果实

三、茶树叶片特征

茶树叶片是制作饮料茶叶的原料，也是茶叶品质的物质基础。茶树叶片具有非常明显的特征，主要包括下面三点：

（1）成熟的茶树叶片边缘上有锯齿，一般为16～32对；叶片的叶尖有急尖、渐尖、钝尖和圆尖之分；叶片长的可达20 cm，短的5 cm，宽的可达8 cm，窄的2 cm。

（2）成熟茶树叶片叶脉为网状脉，有明显的主脉，并向两侧发出许多侧脉，其间又分出几条细脉，侧脉伸展至边缘2/3处即向上弯曲与上方侧脉相连，呈圆弧形包裹，构成封闭式的网状输导系统。

（3）茶树叶片上的茸毛，通常称为“毫”。茶树幼嫩芽叶叶片背面着生白色茸毛，茸毛越多则叶片越嫩。一般从嫩芽、幼叶到嫩叶，茸毛逐渐减少，到第四片成熟叶茸毛便已不见。

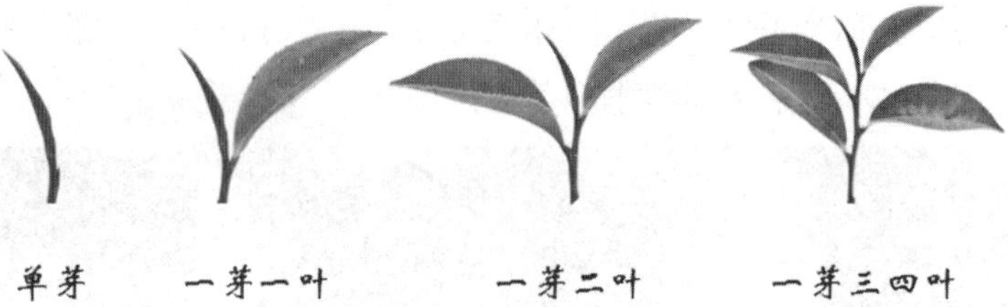

图2.8　芽叶

茶树的新稍生长到可以采收的标准时，即可及时采收，采下的芽叶为制茶的原料。新稍枝条包括最顶端的芽、依次往下的一叶、二叶、三叶、四叶……以及着生嫩叶的梗。不同的茶叶品种和不同的茶叶等级，其制茶的采摘原料也不同，有的为单个芽加工制成的芽茶，也有用一芽一叶、一芽二叶等制成的芽叶茶。从顶端的芽开始，越往枝条下端采摘，原料越老。

茶青：从茶树上采摘下来的未经加工的叶片称为“茶树鲜叶”或“茶青”。

图2.9　茶青

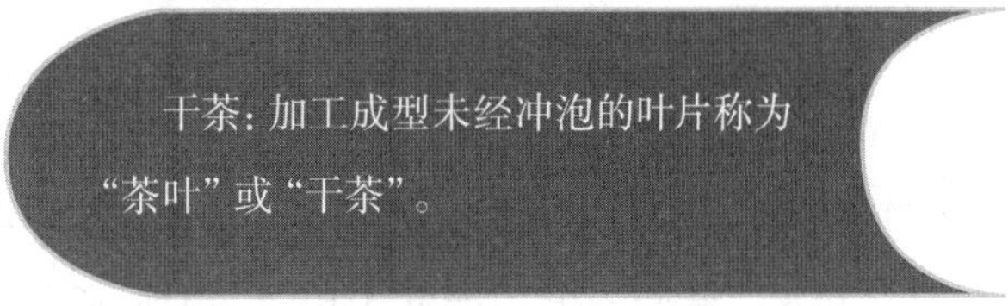

图2.10　干茶

图2.11　叶底

四、茶树生长环境

人们常说，好山好水出好茶。茶树与其生长环境是相互联系、相互影响的，因此，茶树的性状、品质特征无不打上环境因素的烙印。茶树长期生活在某种环境里，受到环境条件特定的影响，通过新陈代谢，于是在茶树的生长过程中就形成了对某些生态因子的特定需要，成为茶树的适生条件。也就是说，茶树的适生条件是长期对该环境条件适应的结果。

就茶树的生长发育而言，适合其生存的条件离不开光、热、气、土壤等因素。环境中的每一个因素都在对茶树生长发育等各方面产生明显的影响和作用，这些因素叫做生态因子。每个生态因子都有它本身的变化规律，由于地区及时间的不同，以及它们在数量、质量和作用的持续时间等方面的变化，都会综合地影响茶树，使茶树的生长发育、形态结构、生理功能也发生相应的变化，这就是环境对茶树的生态作用。

因茶树原产于我国西南地区湿润多雨的原始森林中，在长期的生长发育进化过程中，茶树形成了“四喜四怕”的生活习性。

1. 喜光怕晒

茶作为叶用作物，极需要日光，所以光照是茶树生存的首要条件。日照时间长、光度强时，茶树生长迅速，发育健全，不易罹患病虫害，且叶片中多酚类化合物含量增加，适合制红茶。反之，茶叶受日光照射少，则茶质薄，不易硬化，叶色富有光泽，叶绿质细，多酚类化合物少，适合制绿茶。而光带中的紫外线对于提高茶汤的水色及香气有一定影响，高山所受辐射的紫外线较平地多，叶片中含氮化合物和芳香物质增加，所以俗语有云：“茶宜高山之阴，而喜日阳之早。”产于向阳山坡有树木荫蔽的茶叶，持嫩性强，适做名优茶的原料。

2. 喜暖怕寒

茶树适合在年平均气温18~25 ℃的地区栽培，在这个温度范围内，茶树不但生长快，而且品质也好。最低温度不能低于10 ℃，否则茶芽生长停滞，进入休眠。最高温度不超过35 ℃，否则叶片脱落，出现灼伤焦变。温度较低的茶区，茶产量不及温度较高的区域，但品质却较优。

3. 喜湿怕涝

茶树性喜湿润环境，需要多量而均匀的雨水。《云茶大典》中有说，适宜栽培茶树的地区的年降雨量，必须在1 000 mm以上。茶树生长期雨量充沛，空气湿度高，不仅新梢叶片大，产量高，而且持嫩性强，内含物质丰富，茶叶品质好。但降雨量过多、强度过大，容易引起水土流失、茶树烂根，影响茶叶生长，而且生长出来的茶叶茶味淡薄。所以茶树适合生长在年降水量1 500 mm左右，且分布均匀，早晚有雾，相对湿度保持在85%左右的地区。

4. 喜酸怕碱

茶树适合种植于土质疏松、土层深厚、排水透气良好的微酸性红黄土壤中。茶树根中有丰富的有机酸，茶树根液对酸性的缓冲力强，而对碱性的缓冲力弱，在茶树根中还共生着许多真菌类的菌丝或菌根，它们能帮助茶树根分解土壤中的有机物，而菌根本身也只能在酸性环境中生长。所以在pH值为4.5~6.5的酸性土壤中，茶树才能顺利、有效地吸收更多土壤养分，而土壤pH值在4.5~5.5时能使茶叶品质更佳。

五、我国茶区分布

世界上有茶园的国家虽然不少，但是中国、印度、斯里兰卡、印尼、肯尼亚、土耳其这六国的茶园面积之和就占了全世界茶园总面积的80%以上。世界上每年的茶叶产量大约有300万吨，其中80%左右产于亚洲。

早在唐代，茶区的概念就已经出现了，陆羽在《茶经·八之出》里详细记述了唐朝开元年间中国茶产区分布的情况，当时中国分为八个茶区。宋代，茶区一再扩大，产量提高。元、明、清时期，茶叶产区又大大扩展，到了民国时期，由于战乱，产茶区逐渐缩小。新中国成立以后，中国的茶叶生产有了新的发展，产茶区恢复并扩大。至今，中国的茶园面积有100余万公顷，茶区分布较广，东起东经122° 的台湾东岸的花莲县，西至东经94° 的西藏自治区米林，南起北纬18° 的海南省榆林，北至北纬37° 的山东省荣成，有浙江、湖南、湖北、安徽、四川、福建、云南、广东、广西、贵州、江西、江苏、陕西、河南、台湾、山东、西藏、甘肃、海南等20多个省、自治区、直辖市，近千个县（市）全都产茶。

茶学界根据我国产茶区的自然、经济、社会条件，把全国划分为西南、江北、江南和华南四大茶区。

1. 西南茶区

西南茶区是茶树的原产地，也是中国最古老的茶区，种茶和饮茶历史悠久，茶树资源丰富，种类繁多，是一个高原茶区，包括云南、贵州、重庆、四川，以及湖南的湘西、湖北的鄂西南、广西的北部和西藏东南等地区。这里地形复杂，海拔高低悬殊，大部分地区为盆地、高原；气候温差很大，大部分地区属于亚热带季风气候，冬暖夏凉；土壤类型较多，云南中北地区多为赤红壤、山地红壤和棕壤，四川、贵州及西藏东南地区则以黄壤为主。本茶区乔木型、灌木型、小乔木型茶树均有，主产绿茶、红茶、黑茶和花茶等。

2. 江南茶区

江南茶区是中国名茶最多的茶区，也是历史最悠久的茶区之一，年产茶量非常高，大概占全国总产量的2/3，包括长江中下游以南的浙江、湖南、湖北、江西、江苏的苏南、安徽的皖南及福建的闽北等地区。这里气候四季分明，年平均气温为15～18 ℃，年降水量约为1 600 mm。茶园主要分布在丘陵地带，少数在海拔较高的山区。茶区土壤主要为红壤，部分为黄壤。茶区种植的茶树多为灌木型以及少部分小乔木型，是绿茶的主产区，同时还出产红茶、青茶、黑茶和花茶等。

3. 华南茶区

华南茶区是中国四大茶区中最南部的茶区，也是中国最适宜茶树种植的地区，包括南岭以南的福建闽南、广东、广西、海南以及台湾地区等。这里年平均气温为19～22 ℃，年降水量在2 000 mm左右，为中国茶区之最。华南茶区资源丰富，土壤肥沃，有机物质含量很高，土壤大多为赤红壤，部分为黄壤；茶树品种资源也非常丰富，集中了乔木、小乔木和灌木等类型的茶树品种，主要出产青茶、红茶、黑茶、白茶和花茶等。

4. 江北茶区

江北茶区是中国四大茶区中最北部的一个茶区，位于长江以北，秦岭淮河以南，包括陕西、河南、安徽的皖北、江苏的苏北、甘肃的陇南、山东等地。本茶区气温较低，积温少，年平均气温为15～16 ℃，年降水量约800 mm，且分布不均，茶树较易受旱。江北茶区土壤多为黄棕壤或棕壤，茶树大多为灌木型，以产绿茶为主。

老师的叮嘱

中国是世界上最早发现茶、利用茶和种植茶的国家，如今世界各地的茶树栽培技术、茶叶加工方法、饮茶文化和方法都是直接或间接源于中国。中国的茶叶通过各种途径传播到世界各地，使茶成为风靡世界的健康饮品。中国的茶文化也随之不断地在世界各地传播，并与当地的生活、文化、习俗相融合，形成各国各民族多姿多彩的茶文化。

虽然茶文化起源于中国，但是其他各国在传播过程中也融入了各自的特色文化。我们应时刻保持接纳和学习的心态，继续在传播和弘扬中华优秀传统文化、推动不同文明交流互鉴的道路上稳步前行。

任务二　茶叶分类及品鉴

中国茶种类繁多，在世界上是独一无二的。同种茶类中也有数不胜数的茶叶品名，茶业界有句行话："茶叶学到老，茶名记不了。"说的就是这些琳琅满目的茶叶品名。

绿茶是中国茶种历史最久、产地最广、产量最高、品种最多的茶类。中国产茶省（区）均产绿茶，产量较多者为浙江、安徽、四川、湖南、江西、江苏、湖北、贵州等省。中国绿茶产量占全国茶叶总产量的一半以上，绿茶消费量占到茶叶总消费量的70%以上，是主要的出口茶类。

我国传统绿茶——眉茶和珠茶，向以香高、味醇、形美、耐冲泡而深受国内外消费者的喜爱，每年出口数万吨，占世界茶叶市场绿茶贸易量的80%左右。销往世界五大洲的120个国家和地区，市场比较集中，主要是在非洲、亚洲和欧洲，其中亚洲和非洲地区占总销量的80%。摩洛哥为我国绿茶出口第一大市场。

一、认识茶类

我国茶区辽阔，种茶、制茶、饮茶历史悠久。经过几千年不断革新和演变，产生了各式各样、丰富多彩的茶叶品种，品质也各有差异。为了更好地区分和了解其特性，我们往往会对茶叶进行分门别类，合理排列，以便于在混杂中能建立有条理的系统，更好地识别其品质和差异。

茶叶分类方法

中国茶从古至今有多种不同的分类方法。比如唐代陆羽把茶大致分为粗茶、散茶、末茶、饼茶；元代分为芽茶和叶茶。到目前为止，中国尚无完全统一的茶叶分类，下面我们列举几个生活中被人们常用到的分类方法。

1. 按产地分类

我国有20个省、区产茶，可将不同省、区所产茶叶分为浙茶、闽茶、川茶、滇茶、徽茶、台茶等。

2. 按照采制季节分类

按季节不同可将茶叶分为春茶、夏茶、秋茶和冬茶。

（1）春茶采制时节为惊蛰、春分、清明、谷雨。春季温度适中，雨量充沛，加上茶树经去年冬季的休养生息，使得春梢芽叶肥硕，色泽翠绿，叶质柔软，特别是芽叶内含物质氨基酸及相应的全氮量和多种维生素，使春茶滋味鲜活，香气扑鼻，更富保健作用。

（2）夏茶采制时节为立夏、小满、芒种、夏至、小暑、大暑。夏季天气炎热，茶树新梢芽叶生长迅速，使得能溶解茶汤的水浸出物含量相对减少，特别是氨基酸及全氮量的减少，使得茶汤滋味、香气多不如春茶强烈。由于带苦涩味的花青素、咖啡碱、茶多酚含量比春茶高，不但使紫色芽叶增加，色泽不一，而且滋味较为苦涩。

（3）秋茶采制时节为立秋、处暑、白露、秋分。秋季气候条件介于春夏之间，茶树经春夏二季生长、采摘，新梢芽内含物质相对减少，叶片大小不一，叶底发脆，叶色发黄，滋味、香气显得比较平和。

（4）冬茶采制时节为寒露、霜降、立冬、小雪。冬茶在我国东南茶区甚少采制，仅云南、台湾因气候较为温暖，尚有采制。秋茶采完气候逐渐转凉，冬茶新梢芽生长缓慢，内含物质逐渐堆积，滋味醇厚，香气浓烈。

3. 按质量等级分类

茶叶不同，品质等级也不尽相同，通常各茶叶生产企业会根据所制茶叶品质差异而分为特级、一级、二级、三级等。一般级别会印在相应产品外包装上，方便消费者辨别。

4. 按照茶叶外形分类

茶叶外形差别较明显，有单芽形茶，如蒙顶黄芽；针形茶，如安化松针；扁形茶，如西湖龙井；卷曲条形茶，如洞庭碧螺春；片形茶，如六安瓜片；兰花形茶，如舒城兰花；尖形茶，如太平猴魁；珠形茶，如涌溪火青等。

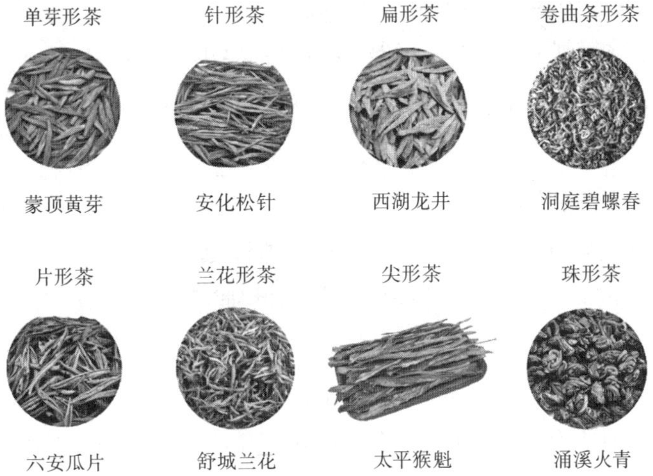

图2.12　按外型分类的茶叶

5. 按照销路分类

一般分为内销茶、外销茶、边销茶和侨销茶。

6. 按加工工艺分类

在茶学界认可度最高的就是把茶叶分为基本茶类和再加工茶类，还有的将非茶茶类也归为一类。

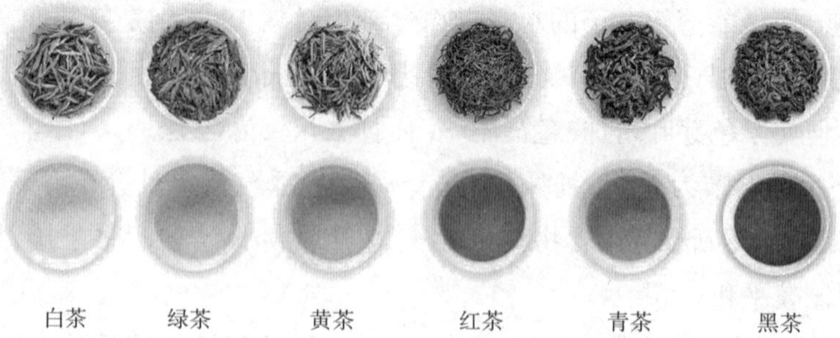

图2.13　基本茶类

（1）基本茶类包括绿茶、黄茶、黑茶、白茶、青茶和红茶。其基本制法是分别在杀青、萎凋、揉捻、“发酵”或做青、渥闷和干燥等六道工序中，选取几道工序组成，工序组合不同，形成的茶类也不同。虽然工序类同，但由于某道工序的技术措施不同，做出的产品品质也有差异。

杀青，是制茶技术的关键工序之一。青指鲜叶，杀青的含义是破坏鲜叶的组织。杀青过程即采取高温措施，彻底破坏酶的活化，不影响叶绿素的显性，并且使叶绿素从叶绿体中解放出来，便于开水冲泡后溶解于茶汤中，保持汤色碧绿，叶底嫩绿。同时除去鲜叶的青草气，散发良好香味，并让叶片失去一部分水分，从硬变软，便于揉捻造型。

萎凋，是在通常的气候条件下将鲜叶薄薄摊开，叶片水分丧失，面积萎缩，叶质由硬变软，叶色由鲜绿转变为暗绿，香味也相应地改变。

揉捻，就是作用于叶片使之变形。揉捻质量首先决定于揉捻叶的物理性能。要求揉捻叶柔软性好，受力容易变形；韧性好，受力变形而不折断；可塑性好，受力变形后不容易恢复原来形状。

“发酵”，为什么要把“发酵”这个词作引号呢？1890年日本古在油泽首先提出制茶的绿变红过程是微生物作用，与工业发酵相同，所以定名为“发酵”，但这种学说后来为许多科学实验所否定。红茶“发酵”的实质是鲜叶细胞组织损伤，引起多酚类化合物的酶促作用，并产生一系列的鲜叶内含物质的氧化、聚合、缩合，形成有色物质，如茶黄素、茶红素等，还有具有特殊香味的物质。既不是微生物发酵，也不是单纯的氧化过程。中国劳动人民发明红茶制法后，叶色由绿变红的过程，其实称为渥红。但因“发酵”这个词长久以来替代了渥红，广为流传，所以后来人们对其加引号以区别与工业发酵的不同。而演变到如今普遍则以“发酵”作为变色工艺的称号。因此，现在还可以根据发酵程度分类，分为不发酵茶，如绿茶；轻发酵茶，如黄茶、白茶；半发酵茶，如青茶；全发酵茶，如红茶；后发酵茶，如黑茶。

做青，是青茶变色的主要工序。从传统上讲，做青是指摇青、晾青的过程。主要目的是使叶片边缘与其他叶片互碰，破坏叶缘细胞，多酚类化合物因酶促作用氧化或自动氧化，叶缘出现红褐色，而叶面细胞组织未被破坏部分显现青色，因而叫“青茶”。

渥闷，可以分为渥堆和闷黄两种工序。渥堆是黑茶类制作技术的重要工序，闷黄是黄茶类制作技术的重要工序，两者原理基本相同，所以可以简称为渥闷。渥闷是湿热作用，在水和氧的参与下，以一定热量，经杀青和揉捻后的叶片的内含物便发生一系列热化学反应，叶片由绿变黄，或变黄褐（或黑褐），产生与其他茶类截然不同的色、香、味品质。

干燥，即使茶叶进一步失去大部分水分，是制造各种茶类的最后一道工序，与制茶品质有密切关系，是很重要的工序之一。干燥过程除了去水分达到足干，便于贮藏，以利于长期饮用外，还有在前几道工序基础上，进一步形成茶叶特有的色、香、味和形状的作用。而在干燥过程中，因烘焙温度不同，还可分类为轻焙茶、中焙茶和重焙茶。轻焙茶，烘焙温度低，主要是为了保留茶坯原有的清香口味。中焙茶，烘焙温度较高，烘焙的茶为浓香口味。重焙茶，长时间高温烘焙，以改变部分茶性，其口味为熟果香。

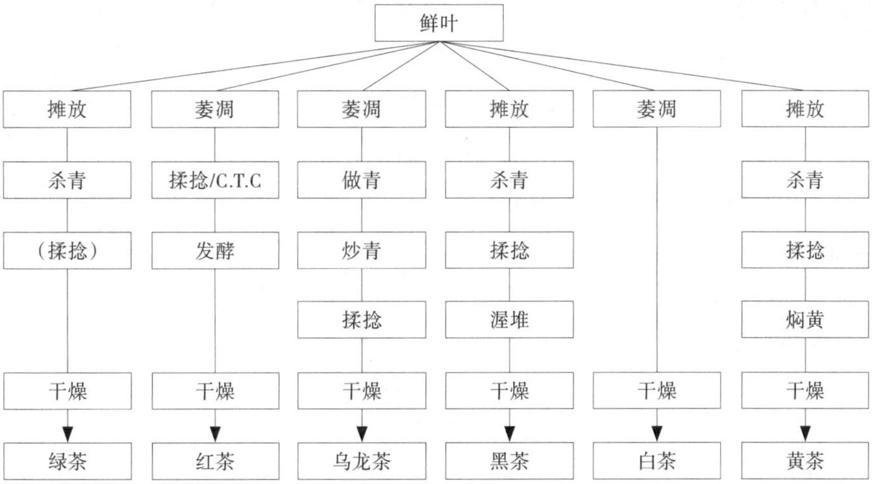

图2.14　六大基本茶类加工工艺流程

（2）再加工茶类是以基本茶类为原料，经过进一步的加工，在加工过程中茶叶的某些品质特征（比如形态、饮用方式、饮用功效等）发生了根本性变化的茶叶统称为再加工茶类。包括花茶、紧压茶、萃取茶、茶饮料、茶食品、茶日用品和茶药品等。

（3）非茶茶类主要是指不属于茶叶范畴，但却借“茶”字来体现其保健作用的花草茶。

图2.15　非茶茶类

拓展阅读

广东凉茶

凉茶，流行于中国广东省、香港特别行政区、澳门特别行政区，以广东凉茶为代表，属于国家级非物质文化遗产之一。

虽然叫凉茶，但实际上该饮料里面是没有茶叶成分的。凉茶也不一定凉，热着喝效果更好。而所谓“凉”，是指当地人民以中医养生理论为指导，将药性寒凉和能消解人体内热的中草药煎水做饮料喝，为的是适应当地气候、水土特征，以消除夏季人体内的暑气，或治疗冬日干燥引起的喉咙疼痛等疾患。

历史最早的广东凉茶是由广东鹤山人王泽邦于1828年创始的王老吉凉茶。王泽邦，号吉，人称吉叔，初时以务农为生。有一年，广州城疫病蔓延，王泽邦协同妻儿上山避疫，巧遇一道士赠与他凉茶药方，上面有10多种药材的名称，并告诉他此方可治百病。于是王泽邦不再从事农耕，将所煲凉茶命名为“吉叔凉茶”推车出城售卖。而药方效果极佳，“吉叔凉茶”可以治病的消息很快传了出去，惊动了朝廷，于是吉叔被召进紫禁城为皇家和文武百官煲制凉茶，预防时疫。半年后，时疫威胁解除，吉叔衣锦还乡，并开了一间凉茶铺，命名为“王老吉”。后来王老吉凉茶漂洋过海，在世界各地的华人中流行至今，可算是清热、解毒、美颜饮品的先驱。

二、茶叶品鉴

中国是产茶大国，有各种各样的茶，作为一名茶艺人员，要学会对各类茶进行审评，我们不可能将春天产的茶和红茶来比较，看哪个品质好，也不可能把绿茶和乌龙茶来比较，因为二者本来表现的就是完全不同的品质。审评茶叶应该在同类茶、同款茶之间进行评比。

图2.16　茶叶审评

在我们日常生活中，茶叶品质鉴别基本上都采用的是感官审评，也就是直接利用我们的视觉、嗅觉、味觉和触觉等根据茶叶的外形和内质来判断茶叶品质的高低。

进行茶叶感官审评时，最好选择环境清静、空气清新、室内光线均匀的地方，并且审评人员不能擦拭气味过重的护肤品、化妆品等，审评前不吸烟、不吃气味过重的食物，保持口气清新，以免影响审评结果。

图2.17　茶叶审评用具

一般来说，茶叶品质等级的判断可以从五个方面入手，也就是选茶五步骤，即：

鉴干茶 → 嗅茶香 → 观茶汤 → 品茶味 → 看叶底

图2.18　选茶五步骤

（1）鉴干茶，就是看茶叶的外形。平时我们买回来的茶叶，看一看它的色泽、条索、嫩度、匀整度和净度。色泽就是干茶的颜色和光泽度，以新鲜明亮为佳；条索是茶叶揉成的形状，同款茶一般以紧结、壮实、沉重的为好，以粗松、扁瘦、轻飘的为差；嫩度即制作这批茶的鲜叶老嫩程度，即芽头嫩叶比例与叶质老嫩，有无锋苗和毫等；匀整度就是看茶叶的大小、粗细、长短是否比较一致，断碎的茶叶多不多；净度则是看茶叶里是否含有非茶叶类物质，例如沙石、杂草、棕毛等。虽然不同种类的茶对其外形要求不一样，但是茶叶匀整、净度高是茶叶品质好的必备条件。

（2）嗅茶香，就是闻干茶的香气，检查是否有异味。异味包括霉味、酸馊味等。如果干茶闻过没有异味的话，就进行开汤过程，也就是泡茶。审评茶叶是通过沸水冲泡后来鉴定的，而评茶用水的软硬清浊，对茶叶品质影响极大，尤其是对色泽和香味的影响更甚。因此，我们一般以水温达到100 ℃的饮用矿泉水或纯净水来冲泡。滚沸过度的水或者不到100 ℃的开水用来泡茶，都不能达到评茶的良好效果。

用称茶器称取标准重量的干茶到相应容量的审评杯里，按照从左至右的顺序依次用沸水冲泡茶叶，冲泡同时开始用计时器计时。这些多为专业用具，为了方便大家日常操作，生活中我们可将审评杯用同款盖碗代替，审评碗用同款白瓷碗代替。并且为了让开汤等待的时间不枯燥，我们可以选用沙漏等增添情趣的计时器，让审评这样一板一眼的过程也变得更灵动有生气。

审评规定开汤分钟数后，把杯里的茶汤倒入审评碗里，滴尽最后一滴茶汤，然后揭开审评杯杯盖嗅茶香。这时嗅香气称为热嗅，吸气前应呼尽口鼻内的浑浊之气，然后立马揭盖闻香2~3秒后盖上杯盖，感觉茶的香气类型，再向一侧呼气，该过程持续重复1~2次。这时茶香会比闻干茶时强烈很多。热嗅主要是闻一闻茶叶有没有异味，比如制茶过程中火温过高导致的焦烟味、高火味，或者保存不当吸收了水汽变质导致的酸馊味、霉陈味，干燥和杀青不到位导致的水闷味、青草气等。

（3）观茶汤，就是观看审评碗内茶汤的颜色、明暗度、清浊度。若汤内有未滤尽的茶渣，应用网匙再过滤一遍，以免影响汤色判断。

观茶汤时动作要快，因为茶汤容易因为氧化而变色，冷却后茶汤颜色会变暗，不利于我们正确判断茶汤品质等级。由于绿茶、红茶茶汤受温度影响比较大，冷却后茶汤会较快变暗，所以鉴别绿茶、红茶时，应先快速观看茶汤后再嗅香气。其他茶类即便汤色变化不快，也应在嗅香前看一遍汤色，做到心中有数，最好在嗅香时把汤色结合起来看。

虽然不同茶叶的茶汤颜色不尽相同，但是却有一个共同原则，那就是清澈明亮才是好茶汤应该具备的条件。看了茶汤后，叶底温度约为55 ℃时再揭开杯盖嗅茶香称温嗅，温嗅主要是嗅茶的香气类型，辨别香气的优次。

（4）品茶味，虽然是鉴别茶不是欣赏茶，但同样不能一饮而尽，仍然要用茶匙小口小口把茶汤吸入嘴里，在舌头上微微滚动回旋。因为舌头是辨别口味好坏的味觉器官，舌尖感受甜味，舌根感受苦味，舌头两侧前端感受咸味，后端感受酸味，舌心感受鲜味和涩味。所以将茶汤在舌头上来回滚动，如此品味三四次就可以辨别出茶汤的滋味了。每品一份茶汤后都应用汤杯内的开水漱口，以免影响品鉴下一份茶汤的口感。一般好的茶汤喝起来甘醇浓厚，灵活鲜爽，而且喝完后，喉头甘润的感觉可以持续较久。

（5）看叶底，就是看茶渣。把审评杯里的茶渣拨到叶底盘或审评杯盖里铺开，可参点清水。不同种类的茶叶对叶底要求还是不一样，主要看叶底的颜色、净度、匀整度和老嫩程度。颜色是指色度和亮度，以新鲜明亮为好；老嫩程度可从软硬、厚薄来区别，叶底厚软者更优。看过叶底以后我们还可以再闻一闻茶叶香气，这时叶底已基本冷却，因此叫冷嗅，主要是嗅茶香的持续时间长短，这时茶香香味仍比较浓的茶叶品质较好。

图2.19　茶汤

图2.20　叶底

总的来说，我们审评茶叶品质，主要是指茶叶的外形、色泽、香气、滋味和叶底。其中，茶叶的色泽包括干茶色泽、汤色和叶底色泽三个方面；茶叶的香气包括香气高低、香气类型和香气持久性。

根据上面讲的这五个方面来鉴别茶叶，我们就能够选出品质等级较高的茶叶，再以其贯穿整个茶艺过程。茶叶审评是理性的鉴别茶叶品质的好坏，而在感性方面，每个人的口味都不一样，在以茶待客时，我们自然应该以客人的喜好为主。

老师的叮嘱

张大复曾在《梅花草堂笔谈·茶说》中述："世人品茶而不味其性，爱山水而不会其情，读书而不得其意，学佛而不破其宗……"他想告诉我们的是，品茶不必计较其水其味之表象，而要求得其真谛，即通过饮茶达到一种精神上的愉悦，一种心灵清净的境界。

因此，希望大家带着愿意研究茶但不纠结茶、讨论茶而不争论茶的心境，对所见所闻广而纳之，择其适之。怀揣着对茶的这份喜爱，让身边更多的朋友了解茶、认识茶、爱上茶、传播茶。愿大家都能以茶养生、以茶明志、以茶礼仁、以茶行道。

任务三　茶与健康

茶叶，被西方称为"神奇的东方树叶"，为何神奇？其原因就在于这样一片小小的叶子，水分大约占了75%～78%，干物质只占22%～25%，而这仅占1/4比例的干物质当中，迄今为止分离、鉴定出的已知化合物竟多达700多种。

一、茶叶的化学成分

茶叶中的内含物质非常丰富，其中包括维持生命所必需的营养元素，如蛋白质、氨基酸、糖类、脂肪酸、维生素类、叶绿素、胡萝卜素以及各种矿物质元素。还有可调节人体生理活动，恢复、维持、增进健康机能，强化免疫、抑制衰老、预防疾病、恢复健康、调节体内生物节奏的生物活性成分，包括茶多酚、茶氨酸、生物碱、芳香物质、茶色素等。

（一）蛋白质和氨基酸

蛋白质是生物体细胞和组织的基本组成成分，是各种生命活动中起关键作用的物质，且在遗传信息的控制、高等动物的记忆和识别等方面具有十分重要的作用。可以说没有蛋白质就没有生命。

茶叶中的蛋白质含量非常丰富，占茶叶干重的20%～30%，与茶树的新陈代谢、生长发育及茶叶中的自然品质形成密切相关。同时，蛋白质的含量与原料的老嫩度、成品茶品质的优劣也有关系。而组成人体蛋白质的20种氨基酸中，赖氨酸、亮氨酸、异亮氨酸、蛋氨酸、苏氨酸、缬氨酸、色氨酸和苯丙氨酸这8种氨基酸是人体自身不能合成或合成速度远不能满足机体需要的，必须从食物中获得，为人体必需的氨基酸，在茶叶中均含有。

茶叶中的氨基酸不仅是组成蛋白质的基本单位，也是活性肽、酶及其他一些生物活性物质的重要组成部分。除组成蛋白质的20种氨基酸外，茶叶中还有6种非蛋白质氨基酸，其中茶氨酸含量非常高，占氨基酸总量的50%以上。

氨基酸，尤其是茶氨酸是形成茶叶香气和鲜爽度的重要成分，对形成绿茶香气关系极为密切。茶氨酸对人体还具有以下功能：

（1）可以显著提高人体免疫力，抵御病毒的入侵，所以多喝茶可预防感冒。

（2）具有抗疲劳效果，可以起到延缓运动性疲劳的作用。

（3）具有神经保护作用，免受帕金森氏症相关神经毒素的伤害，临床上可以预防该疾病，也有助于脑健康，可以增强记忆力，促进智力。

（4）具有镇静作用，可抗焦虑、忧郁，具有精神放松的功效。所以也有人把茶氨酸叫做“21世纪新的天然镇静剂”。

（5）能改善女性经期综合征，增强肝脏排毒功能，减轻酒精引起的肝损伤等。

（二）糖类

糖类，也称碳水化合物，是自然界中广泛分布的一类重要的有机化合物，在生命活动过程中起着重要的作用，是一切生命体维持生命活动所需能量的主要来源。

茶叶中的糖类含量为20%~25%，泡茶时能被沸水冲泡溶出的糖类为2%~4%，因此，茶叶有低热量饮料之称，适合于糖尿病和其他忌糖患者饮用。茶叶中的糖类主要有单糖、双糖和多糖，它们是构成茶叶可溶性糖的主要成分，具有甜味，是茶叶滋味物质之一。茶多糖还具有降血压、减缓心率、抗血凝、抗血栓、降血脂、降血压、降血糖、改善造血功能、帮助肝脏再生等功能。

（三）维生素类

维生素是维持人体正常生理功能所必需的营养素。这类物质在人体内的含量很少，不能为人体提供能量，也不是构成机体组织和细胞的组成成分，但它们却在人体生长、代谢、发育过程中发挥着重要作用，人体一旦缺乏维生素就会出现维生素缺乏症。

茶叶中含有多种维生素，其含量占干物质总量的0.6%~1%，目前已知的20多种维生素中，茶叶中被证实的就有10多种。根据其溶解性不同，可分为水溶性维生素和脂溶性维生素两大类。其中，水溶性维生素主要有维生素C和维生素B族，可以通过饮茶直接被人体吸收利用；脂溶性维生素主要有维生素A、维生素D、维生素E和维生素K等。

1. 维生素C

维生素C，又名抗坏血酸，带有明显的酸味，具有很高的抗氧化能力，有防癌、抗衰老等功能；能促进胶原的生物合成，有利于组织伤口的愈合；增强机体对外界环境的抗应激能力和免疫力，预防感冒；促进铁和叶酸的吸收，预防贫血；改善钙的吸收利用，促进牙齿和骨骼的生长；能抑制肌肤上色素的沉积，有预防色斑生成等美容效果；可以改善脂肪和胆固醇的代谢，预防心血管疾病等。

茶叶中的维生素C含量较高，一般每100 g绿茶中含量可高达100~250 mg，而高档名优绿茶可高达500 mg/100 g，比柠檬、柑橘等水果含量还要高。成人每日只需喝10 g高档绿茶，就能满足人体对维生素C的日需要量。

2. 维生素B族

维生素B族包括维生素B_1、B_2、B_3、B_5、B_{11}等。

（1）维生素B_1又称硫氨酸，能维持神经、心脏和消化系统的正常功能。

（2）维生素B_2又称核黄素，是机体组织代谢和修复的必须营养素，可以增进皮肤的弹性和维持视网膜的正常功能，每天饮用5杯茶即可满足人体每天需要量的5%～7%。

（3）维生素B_3又称烟酸，其含量是B族中最高的，约占B族中含量的一半，可影响造血过程，促进铁吸收和血细胞的生成；维持皮肤的正常功能和消化腺的分泌，预防癞皮病等皮肤疾病。

（4）维生素B_5又称泛酸，是大脑和神经必需的营养物质，在茶叶中的含量比糙米、杂粮、瓜果、蔬菜等食物还多，可加强脂肪代谢，帮助细胞形成，维持正常发育和中枢神经系统的发育等。

（5）维生素B_{11}又称叶酸，是人体新陈代谢必不可少的稀有维生素，能预防胎儿先天性畸形。

3. 维生素A

天然的维生素A多由鱼肝油提取，植物组织中尚未发现维生素A，但植物中存在一些维生素A原，如类胡萝卜素，它在人体内能形成维生素A。茶叶中含有丰富的维生素A原——类胡萝卜素，比胡萝卜中的含量还要高。它能促进骨骼生长，维持人体正常发育；增强对传染病的抵抗力；维持上皮细胞正常机能，防止其角化；有抗氧化作用，可防止脂质过氧化，延缓衰老。同时还是维持正常视觉功能所不可缺少的物质，有“明目”的作用，可预防夜盲症。

4. 维生素E

维生素E是著名的抗氧化剂，具有防衰老和美容的作用。同时它也称生育酚，能提高生育能力，促进生殖。另外还能增强机体免疫功能，维持中枢神经和血管系统的完整，有抗动脉粥样硬化、抗癌等功能。

茶叶中的维生素E含量一般为50～70 mg/100 g，高的可达200 mg/100 g，比一般蔬菜、水果的含量高，可以与柠檬媲美。

（四）矿物质元素

茶叶中含有多种矿物质元素，如磷、钾、钙、铁、镁、锰、硫、锌、氟和硒等，这些矿物质元素中的大多数对人体健康是有益的。例如磷和钙是骨骼生长的重要物质。铁元素是人体血红素的组成成分，铁元素不足则会导致缺铁性贫血。锌能促进细胞生长、提高智力和免疫力，缺锌可导致儿童智力发育不良、抵抗力弱、生长缓慢。硒元素则对人体抗氧化、抗衰老具有十分重要的作用。此外，茶叶是富含氟的植物，比一般植物高十倍乃至几百倍，氟对儿童常见的龋齿和老年常见的骨质疏松症的防治非常有利。

（五）茶多酚

茶多酚是茶树中多酚类化合物的总称，是茶树科植物独有的一种化学生物成分，它含量高、分布广、变化大，与茶树的生长发育新陈代谢密切相关，对茶叶品质影响最明显。

茶多酚对人体最主要的健康功效就是抗氧化，也就是防衰老。还可以降血脂、降血糖、降低胆固醇吸收。另外，茶多酚还可以杀菌抗病毒，因为病毒和细菌的主要组成部分就是蛋白质，茶多酚能跟蛋白质结合，使其沉淀下来，所以它能够抑菌、杀菌、抗菌、抗病毒。最后，茶多酚还可以防癌、抗癌、抗突变、抗过敏，保护心脑血管、保肝护肾等。

（六）咖啡碱

咖啡碱也叫咖啡因，因为最早是在咖啡中被发现的，所以被叫作咖啡碱。其对人体的影响主要表现在以下几个方面：

（1）兴奋神经中枢。咖啡碱主要作用于大脑皮层，能提神醒脑，驱除睡意。

（2）强心解痉。咖啡碱能松弛平滑肌，促进冠状动脉的扩张，增加心肌的收缩率，增加心血输出量，能够改善血液循环，加快心跳。

（3）利尿排毒。咖啡碱的利尿作用是通过促进尿液中水的滤出和刺激膀胱而实现的。喝同样的茶水和白开水，喝茶时的排尿量约为喝水时的1.5倍。通过排尿就能排毒，对肝脏也起到保护作用。利尿还有利于结石的排出。

（4）影响内分泌。咖啡碱能影响葡萄糖的吸收利用，调节新陈代谢，影响我们的内分泌。

（5）抗肥胖作用。咖啡碱能促进体内脂肪代谢，使其转化为能量，产生热量，提高体温，促进出汗等。

（6）助消化。咖啡碱可以刺激肠胃，促进消化液的分泌，有助于食物的消化。

上述这些物质成分对人体的生理功能有着重要作用，因此，经常饮茶，科学饮茶，是获得这些物质的重要渠道之一。

二、茶叶保健功能

陆羽《茶经》中有述：“茶之为用，味至寒，若热渴、凝闷、脑疼、目涩、四支烦、百节不舒，聊四五啜，与醍醐、甘露抗衡也。”作为“养生之仙药，延龄之妙术”的茶，其药用功效之广，被古人称为“万病之药”。

茶作为一种饮料，在我国已经有千百年的传承和记载，在营养和药用价值上，都得到了历史的认可和证明。古代生活实践和现代科学验证一致认为，饮茶有利身心健康。据不完全统计，自唐至清，有专门论茶古籍著作180余部，都谈到饮茶的健康养生功效。而有关茶的药理功能的最早记载出现在秦汉年间《神农本草·木部》：“茗，苦荼，味甘苦，饮之使人益思、少卧、轻身、明目。”

（一）提神醒脑

茶叶早期是寺庙中的饮料，因为茶能兴奋神经中枢，驱除睡意，使僧侣在打坐时能保持较好的精神状态。所以日常饮茶能使人集中注意力，保持大脑思维活动清晰，感觉灵敏，记忆力加强。

（二）提高免疫力

人体一般依靠自身的免疫系统来抵御外来病原体的攻击。这种免疫机制包括血液淋巴系统和肠道的免疫作用。饮茶可提高人体内围歼入侵病原的白细胞和淋巴细胞的数量及活性，同时可以抑制肠道有害细菌的繁衍，促进有益细菌的生长和繁殖，因而改善肠道微生物结构，提高肠道免疫力，增强人体健康。

（三）美容养颜、预防衰老

如何容颜常驻、延缓衰老，一直是人们关心的话题之一。人体中脂质过氧化和自由基过量形成已经证明是人体面部和手部出现色斑、机体衰老的重要原因，而茶叶中的茶多酚具有明显的抗氧化作用，其活性强度大大超过了维生素C和维生素E，同时还能在与维C和维E同时服用时对二者有增效作用，因此，饮茶具有比一般食品更强的抗氧化作用。在我国、日本和韩国已先后将茶叶中的茶多酚提取压制成片，作为人体的防衰老剂供人们服用。

（四）明目、预防眼疾

茶的明目功效，自古以来就为人所乐道。研究表明茶的明目功能主要是因为茶含有丰富的维生素及茶多酚类物质。维生素C是人眼晶状体的重要营养物质，维C摄入不足容易导致晶状体混浊而患白内障。另外，夜盲症是我国农村发生比较普遍的眼科疾病，主要和缺乏维生素A有关。而绿茶中的维生素C以及维生素A原——胡萝卜素的含量都很高，因此多饮茶，特别是绿茶，能起到明目、预防眼疾的作用。

（五）坚齿防龋、除口臭

龋齿是人类常见病之一，特别是儿童。茶叶防龋作用机制除了之前讲过的氟元素作用以外，茶多酚还可杀死在齿缝中存在的乳酸菌和其他龋齿细菌。茶叶还能增强牙齿抵抗力，因为茶本身是碱性物质，能抑制钙质的流失，起到保护牙齿的作用。另外，人们在进食后残留在牙缝中的蛋白质食品会成为腐败细菌繁殖的温床，而茶多酚具有杀菌作用，茶叶中的茶皂素的表面活性作用也具有清洗的效果，因此饮茶也能清除口臭。

（六）减肥、助消化

肥胖是机体内脂肪沉积过多，造成体重增加，导致机体发生一系列病理变化的疾病。现代研究表明，茶叶具有良好减肥功效是由于它所含的多种有效成分的综合作用。尤其以茶多酚、茶黄素、咖啡碱等最为重要。

茶多酚中的EGCG是一种天然的脂肪酸合成酶抑制剂，能抑制食物中脂肪物质的分解被机体吸收。咖啡碱能促进体内脂肪分解，使其转化为能量，产生热量以提高体温，促进出汗等。同时，咖啡碱和黄烷醇类化合物还能增强消化道蠕动，有助于食物的消化。

（七）降三高、预防心脑血管疾病

随着生活水平的提高和生活节奏的改变，被称为人类致命“头号杀手”的“三高症”屡见不鲜。“三高”分别是高血脂、高血压和高血糖。高血脂是指血液中胆固醇或甘油三酯过高，会损害血管并使血管变狭窄，影响正常的血液循环，严重的会导致动脉粥样硬化、高血压、冠心病、心肌梗死等病变。高血压通常指体循环动脉血压增高，可引起脑血管破裂。高血糖是机体血液中葡萄糖含量高于正常值，可导致糖尿病。而茶叶中的茶多酚、茶色素、茶多糖等，有助于血液中胆固醇的代谢，促进脂类化合物从粪便中排出。茶多酚、咖啡碱等可扩张血管，使血液不受阻碍更易流通，从而直接降低血压。另外，茶多酚对人体的糖代谢障碍有调节作用，降低血糖水平。茶多糖更是粗老茶治疗糖尿病的主要成分。

（八）防癌抗癌、抗辐射、抗突变

茶叶的防癌抗癌、抗辐射、抗突变作用一直是茶叶药理学研究最活跃的领域。流行病学研究也表明，某些肿瘤的发生与茶叶的饮用呈明显负相关。其中，最为关键的成分就是茶多酚。人体内的许多代谢反应都可以产生自由基，而这些自由基都可造成细胞DNA结构和功能的破坏，最终使细胞发生突变、癌变或病变死亡。而茶多酚及其氧化物具有极强的抗氧化和清除自由基作用，能有效避免辐射产生的过多自由基对机体的损伤，抑制致癌物的代谢活化，还能抑制肿瘤细胞的生长等。

（九）利尿排毒

咖啡碱的利尿作用能增强肾脏的功能，防治泌尿系统感染。通过排尿，能促进许多代谢物和毒素的排泄，其中包括酒精、钠离子、氯离子等。而茶多酚能减轻多种重金属离子以及烟碱对人体的毒害。

（十）消炎、杀菌、抗病毒

早在神农时期，茶就被用于杀菌消炎。现代研究表明，茶具有消炎、杀菌、抗病毒作用是由于茶所含的茶多酚、茶皂素等成分。茶多酚及其氧化物对自然界中几乎所有的动植物病原细菌都有一定的抑制能力，同时能维持正常菌群的平衡，且对某些有益菌的增殖有促进作用。茶多酚及其氧化物对某些真菌也有抑菌活性，因此，利用浓茶水洗脚来治疗脚气，就是利用茶叶中的茶多酚、茶皂素等来对抗皮肤病的病原真菌。茶多酚及其氧化物还对流感病毒、人类免疫缺陷病毒、腺病毒、人轮状病毒等均有抗病毒活性。

（十一）防治心理疾病

随着茶对人体保健功能研究的深入，人们开始关注茶的心理保健作用。其中，有研究发现，茶叶中的茶氨酸能促进脑波中α波产生，一般α波只在人清醒、安静、闭目时出现，激动、恐惧、愤怒时，大脑中则没有α波。所以茶氨酸能让人们精神放松，从而产生舒畅、愉快的感觉。

三、科学饮茶

虽然我们之前讲过，茶是对人体有生理调节作用的兼具营养、嗜好及保健功能的饮品或食品，通过饮茶可以提高人体对疾病的免疫力，预防许多对人体有很大威胁的疾病且有一定的治疗效果，但是如果不科学的饮茶仍会对身体带来伤害。下面列举一些日常生活中常出现的不正确的饮茶方式及饮茶的禁忌。

（一）新茶忌急饮

新茶是指刚刚加工好的茶叶。由于放置时间较短，含有较多的未经氧化的多酚类、醇类等物质，对人体的胃肠道黏膜有较强的刺激作用，容易诱发胃病。所以，新茶最好存放半个月到一个月以上再饮用。

（二）忌饮茶过度

虽然饮茶有益身体健康，但也不是多多益善，而应适度。饮茶过量，特别是过度饮浓茶，茶中的咖啡碱会使人兴奋过度，强心作用还会增加心、肾负担，对健康非常不利。高浓度的茶多酚类物质会影响人体对食物中铁离子的吸收。一般来说每天饮茶不超过15~30 g为宜。这个数据是根据氟元素的摄入量来计算的，氟是一种有益的微量元素，但是摄入过多会导致氟中毒，患氟骨症。

（三）忌饮不适时

茶有提神醒脑的作用，早上和午后饮茶可以提高工作效率，神思清明。同时胃肠功能较好的人，早上一杯淡茶，可以补充身体所需水分，清理肠胃，预防便秘。但是饭前饭后一小时内最好不要饮茶，这样会冲淡胃液，影响食物消化，还可能影响食物中营养成分的吸收。特别是空腹饮茶时，咖啡碱会使部分人出现头晕、心慌、手脚无力、恶心呕吐等症状，被称为“醉茶”现象，此时可吃一些含糖食物缓解。另外，对咖啡碱兴奋作用特别敏感的人，睡前甚至下午三四点后也不适合饮茶，否则容易引起失眠。

（四）忌饮隔夜茶

所谓隔夜茶一般是指茶叶浸泡超过12小时的茶。冲泡好的茶水放置时间过久，其所含的茶多酚、维生素等物质会发生氧化作用，导致茶水的营养和保健功能降低，且品饮后的茶叶容易被细菌污染，发霉、发馊，胃肠功能较弱的人饮用隔夜茶还可能导致腹泻，所以品尝茶的真味，即泡即饮为佳，不要喝隔夜茶。

但是未被污染变质的隔夜茶如果使用得当，也有不少好处。例如防止毛细血管出血，还能起到杀菌消炎的作用。如患口腔炎、湿疹、牙龈出血等，均可用隔夜茶漱口缓解，疮口脓疡、皮肤出血也可用其洗浴。每天晨起刷牙或吃饭以后，用隔夜茶含漱，还能清除口臭，坚固牙齿等。

（五）忌茶水服药

从中医的角度来看，茶本身就是一味中药。茶中所含的多酚类、咖啡碱、茶氨酸、茶多糖等多种成分都具有药理作用，但是这些成分也可与体内其他药物或化学成分发生反应，影响药物疗效，甚至产生毒副作用。所以除非医生特别嘱咐的茶疗方法外，最好不用茶水服药。

（六）忌发烧饮茶

民间曾有感冒发烧多饮茶的习俗，但其实发烧饮茶对身体伤害较大。茶叶中所含咖啡碱能加强血液循环及心跳加速，茶碱会起到调节体温的作用。因此，发烧病人饮茶，不但会使自身体温升高，还会降低退烧药物的药效，因此发烧饮茶无异于“火上浇油”。

（七）妇女“三期”忌饮浓茶

处于“三期”，即月经期、孕期和哺乳期的妇女最好少饮茶。

首先，月经期妇女本就需要补充身体流失掉的铁元素，而茶叶中的多酚类物质对铁离子会产生络合作用，使铁离子失去活性，产生痛经、经期延长和经血过多的现象，导致缺铁性贫血。

其次，孕期妇女饮浓茶，不仅会导致缺铁性贫血，还会因为咖啡碱的因素而加剧心跳和排尿，增加孕妇心肾负担，诱发妊娠中毒，损伤母体和婴儿的健康。

最后，哺乳期妇女饮浓茶，茶中的鞣酸不仅能抑制肠液的分泌，还会抑制乳腺分泌，影响哺乳。同时浓茶中的咖啡碱会通过母乳进入婴儿体内，导致婴儿肠痉挛。

因此，“三期”妇女最好少饮茶，即使偶尔饮用，也应清淡少许为宜。

（八）忌一成不变

一年四季，时令气候不同，饮茶的种类也应做相应调整。一般，春季宜喝花茶，花茶可以发散整个冬天体内的寒邪之气，促进人体阳气生发。夏季宜喝绿茶，绿茶性味苦寒，能清热消暑、生津止渴。秋季宜喝青茶，青茶性平，不寒不热，能使人神清气爽，去烦躁。冬季宜喝红茶，红茶味甘性温，含丰富的蛋白质，有一定的滋补功能。

另外，不同的人群所饮用的茶类和茶量也不同。惧热的人适合饮绿茶；惧寒的且胃寒虚弱的人适合饮红茶；身体肥胖的人适合饮乌龙茶、黑茶。年轻人阳气足、活力强盛，适当饮茶是有益的；儿童饮茶量不宜过多，清淡即可；老年人新陈代谢放缓、抵抗力下降、生理功能下降，喝茶宜早、少、淡。

老师的叮嘱

唐代刘贞亮平生喜欢饮茶，并将茶事好处归纳为“饮茶十德”，即“以茶散郁气，以茶驱睡气，以茶养生气，以茶除病气，以茶利礼仁，以茶表敬意，以茶尝滋味，以茶养身体，以茶可行道，以茶可雅志”。由此可见，以身事茶，健康身心。

希望大家能在日常生活中，摒弃不良的嗜好和饮茶习惯，通过学习茶文化与茶艺知识，能做到长饮茶、适饮茶、饮对茶。在净化心灵、强身健体的同时，也可以美化生活、丰富人生。

课后练习题

一、单项选择题

1. 我们将从茶树上采摘下来的未经加工的叶片称为 ______。

A. 茶青　　B. 干茶　　C. 叶底　　D. 茶梗

2. 茶树适合在年平均气温在 ______ 之间的地区栽培。

A. 10～18 ℃　　B. 18～25 ℃　　C. 10～25 ℃　　D. 25～35 ℃

3. ______ 茶树是较原始的茶树类型，分布于和茶树原产地自然条件较接近的自然区域。

A. 灌木型　　B. 小乔木型　　C. 半乔木型　　D. 乔木型

4. ______ 是茶树的发源地，是世界上最早发现茶、利用茶的国家。。

A. 中国　　B. 印度　　C. 印尼　　D. 斯里兰卡

5. 下面不属于茶树叶片特征的是 ______。

A. 叶片边缘锯齿化　　B. 叶片侧脉呈圆弧状包裹

C. 叶片为对生状　　D. 叶片背部附着白色茸毛

6. 茶树适合生长在年降水量 ______ 左右的地区。

A. 800 mm　　B. 1 500 mm　　C. 2 500 mm　　D. 3 000 mm

7. ______ 茶树是我国目前种植面积和数量最大的茶树。

A. 灌木型　　B. 小乔木型　　C. 半乔木型　　D. 乔木型

8. 土壤酸碱度pH值在 ______ 条件下的茶叶品质更佳。

A. 3～4　　B. 3.5～4.5　　C. 4.5～5.5　　D. 5～6

9. 陆羽在《茶经·八之出》里详细记述了唐朝开元年间中国分为 ______ 个茶区。

A. 4　　B. 6　　C. 7　　D. 8

10. ______ 是中国名茶最多的茶区，也是历史最悠久的茶区之一。

A. 西南茶区　　B. 江南茶区　　C. 华南茶区　　D. 江北茶区

11. ______ 过程即采取高温措施，破坏鲜叶组织，阻止酶的活化。

A. 杀青　　B. 揉捻　　C. 萎凋　　D. 干燥

12. ______ 烘焙温度较高，烘焙的茶为浓香口味。

A. 轻焙茶　　B. 中焙茶　　C. 重焙茶

13. ______ 主要目的是使叶片边缘与其他叶片互碰，破坏叶缘细胞，促进多酚类化合物氧化，叶缘出现红褐色。

A. 杀青　　B. 做青　　C. 渥红　　D. 渥堆

14. 下面不属于基本茶类的是 ______。
A. 舒城兰花　B. 蒙顶黄芽　C. 茉莉花茶　D. 龙井茶

15. 下列哪种加工工序不会使茶树叶片变色 ______。
A. 杀青　B. 发酵　C. 做青　D. 渥闷

16. 黄茶属 ______ 茶。
A. 不发酵　B. 轻发酵　C. 半发酵　D. 全发酵

17. 青茶加工工艺包括 ______。
A. 杀青　B. 渥红　C. 渥堆　D. 做青

18. 渥堆是 ______ 类制造技术的重要工序。
A. 黄茶　B. 白茶　C. 红茶　D. 黑茶

19. ______ 主要是闻一闻茶叶有没有什么异味。
A. 热嗅　B. 温嗅　C. 冷嗅

20. 舌头是辨别口味好坏的味觉器官，______感受苦味。
A. 舌尖　B. 舌头两侧　C. 舌根　D. 舌心

21. ______ 是茶叶中的最主要的非蛋白质氨基酸。
A. 赖氨酸　B. 茶氨酸　C. 胱氨酸　D. 丝氨酸

22. 茶叶中的 ______ 是粗老茶治疗糖尿病的主要成分。
A. 咖啡碱　B. 维生素E　C. 氟　D. 茶多糖

23. 茶叶中具有兴奋神经作用的成分是 ______。
A. 氨基酸　B. 茶多酚　C. 咖啡碱　D. 维生素

24. ______ 被称为21世纪新的天然镇静剂。
A. 茶氨酸　B. 咖啡碱　C. 茶多糖　D. 茶多酚

25. 茶叶中的水分占到了整体的 ______ 左右。
A. 25%　B. 45%　C. 75%　D. 95%

26. 茶叶中 ______ 含量是B族中最高的，约占B族中含量的一半。
A. 维生素B_2　B. 维生素B_3　C. 维生素B_5　D. 维生素B_{11}

27. ______ 是维持正常视觉功能所不可缺少的物质，有“明目”的作用，可预防夜盲症。
A. 茶皂素　B. 氨基酸　C. 糖类　D. 维生素A

28. 矿物质元素 ______ 对儿童常见的龋齿和老年常见的骨质疏松症的防治非常有利。
A. 铁　B. 磷　C. 氟　D. 钙

29. 茶叶中的 ______ 对人体最主要的健康功效就是抗氧化、杀菌抗病毒。
A. 茶氨酸　B. 茶多糖　C. 茶皂素　D. 茶多酚

30. 有关茶的药理功能的最早记载出现于 ______。
A. 《神农本草》　B. 《茶经》　C. 《本草纲目》　D. 《黄帝内经》

二、判断题

______ 1. 茶树枝条从顶端的芽开始，越往枝条下端采摘，原料越老。

______ 2. 华南茶区是中国四大茶区中最南部的茶区，主要出产绿茶。

______ 3. 小乔木型茶树在树高和分枝上都介于乔木型茶树和灌木型茶树之间。

______ 4. 灌木型茶树叶片适合制作绿茶。

______ 5. 茶树适合生长在潮湿的地区，降雨量越充足越有利于茶树的生长发育。

______ 6. 华南茶区主产绿茶、花茶和白茶。

______ 7. 茶树的根、茎、叶执行着养料及水分的吸收、运输、转化、合成和贮存等功能，但不能作为繁殖新个体的材料。

______ 8. 我国茶树原产地中心是云南、贵州、四川地区。

______ 9. 茶树适合种植于土质疏松、土层深厚、排水透气良好的微酸性黄黑土壤中。

______ 10. 我国有20多个省、自治区、直辖市，近千个县（市）全都产茶。

______ 11. 渥堆工序使得在湿热的条件下茶叶中的茶多酚等物质进行氧化，并促使叶绿素降解，形成了黄茶“黄汤黄叶”的品质特点。

______ 12. 夏季茶树新梢芽叶生长迅速，制成的茶叶茶汤滋味、香气多不如春茶强烈。

______ 13. 唐代陆羽把茶大致分为芽茶和叶茶。

______ 14. 在我们日常生活中，基本上都采用理化审评来进行茶艺的茶叶品质鉴别。

______ 15. 茶叶审评人员不能擦拭气味过重的护肤品、化妆品等，审评前不吸烟、不吃气味过重的食物，保持口气清新，以免影响审评结果。

______ 16. 虽然不同种类的茶对其外形要求不一样，但是茶叶匀整、净度高是茶叶品质好的必备条件。

______ 17. 审评茶叶是通过温水冲泡后来鉴定的。

______ 18. 开汤后揭开审评杯杯盖嗅茶香时，应靠近审评杯反复呼吸嗅闻香气。

______ 19. 萎凋，是在通常的气候条件下将鲜叶厚厚堆积，叶片水分丧失，面积萎缩，叶质由硬变软，叶色由鲜绿转变为暗绿，香味也相应地改变。

______ 20. 鉴别绿茶、红茶时，应先快速观看茶汤后再嗅香气。

______ 21. 为避免浪费，未被污染变质的隔夜茶可以继续饮用。

______ 22. 新茶最好存放半个月到一个月以上再饮用。

______ 23. 维生素C是著名的抗氧化剂，具有防衰老和美容的作用。同时它也称生育酚，能提高生育能力，促进生殖。

______ 24. 冬季宜喝绿茶，绿茶味甘性温，含丰富的蛋白质，有一定的滋补功能。

______ 25. 除非医生特别嘱咐的茶疗方法外，最好不用茶水服药。

______ 26. 对咖啡碱兴奋作用特别敏感的人，睡前甚至下午三四点后也不适合饮茶，否则容易引起失眠。

______ 27. 一般来说成人每天饮茶不超过50 g为宜。

______ 28. 茶多酚中的ECG是一种天然的脂肪酸合成酶抑制剂，能抑制食物中脂肪物质的分解被机体吸收。

______ 29. 身体肥胖的人适合饮乌龙茶、黑茶。

______ 30. “三期”妇女最好少饮茶，即使偶尔饮用，也应清淡少许为宜。

三、简述题

1. 你知道世界上除我国以外还有哪些国家产茶？有哪些名优茶代表？
2. 你认为日常购买茶叶时，是越贵的茶叶越好吗？你知道如何鉴别新茶和陈茶吗？
3. 根据个人体质情况，谈谈自己的用茶建议。

学习项目三　传扬中华茶礼仪

传承大师文化，弘扬匠人精神——鲍丽丽

躬身必做静雅之行

鲍丽丽，中国茶文化形象代言人，人称“茶仙子”。先后担任上海世博会茶文化推广大使、米兰世博会茶文化推广大使。2010年上海世博会期间，她受邀出任世博会茶文化推广大使，在历时半年的盛会中，她用中英文向全球宾客尽展博大精深的中国茶文化，组委会授予她“茶仙子”称号，并由时任联合国秘书长潘基文亲自颁发。

上海世博会结束后，怀揣着“茶仙子”文化使者的情怀，鲍丽丽决心延续世博会的文化传播精神，更深入地推广和研究茶文化。2011年，她被任命为“中国茶文化推广大使”，负责欧洲区17个孔子学院的中国茶文化讲授，并担任国内“茶文化进高校”的教学任务，在高校开设茶文化选修课程，足迹遍布复旦大学、同济大学、上海中医药大学、华东理工大学、上海师范大学等数十所高校。2015年，她远赴意大利，担任米兰世博会“中国茶仙子”角色。她更是利用所有业余时间学习中国传统文化，举办各种茶事沙龙活动，以期用“一杯活着的中华文明，涵养更多人的精神世界”。鲍丽丽开设的“静雅之行”茶艺培训班，邀请海外名师一同讲授茶文化，她说：“这些年我一直在坚持做一件事情，就是‘静雅之行’。我希望把中国静雅的传统文化，通过体验的方式让大家来感受。”“‘静雅之行’的‘行’正好是多音字，既表达行当，又表示身体力行。”“中国传统文化有很多，而与茶匹配的，都是静的和雅的。”

为了让年轻人也爱上茶，2017年，鲍丽丽出版了《喝茶趣》和《品茶语》两本书，以漫画的形式、轻松的语言向读者介绍茶叶的品种、不同茶叶的冲泡方式、饮茶技巧等，以更好地“弘扬中国茶文化，体验中式茶生活”。

教学目标

知　(1)掌握茶礼仪的内涵与特征；
(2)掌握茶艺人员个人礼仪规范；
(3)掌握茶事服务要求及礼仪规范；
(4)熟悉中国民俗茶礼仪。

行　(1)具备塑造个人健康良好形象的基本能力；
(2)能自觉将茶礼仪规范运用到工作中；
(3)具备对客服务的能力；
(4)能在接待不同民族人群时遵循其相应的茶俗茶礼。

德　(1)引导学生在茶艺礼仪规范学习中树立知礼、懂礼、行礼的意识观念；
(2)通过对茶艺礼仪规范的学习，学生积极地提升审美意识和审美能力；
(3)培养学生维护个人及国家良好形象的意识。
(4)激发学生对茶文化所传承的中华文化礼仪的热爱，培养民族自豪感；
(5)引导学生树立对不同民族茶礼仪的文化认同，增强民族团结，促进民族融合。

任务一　知礼行礼

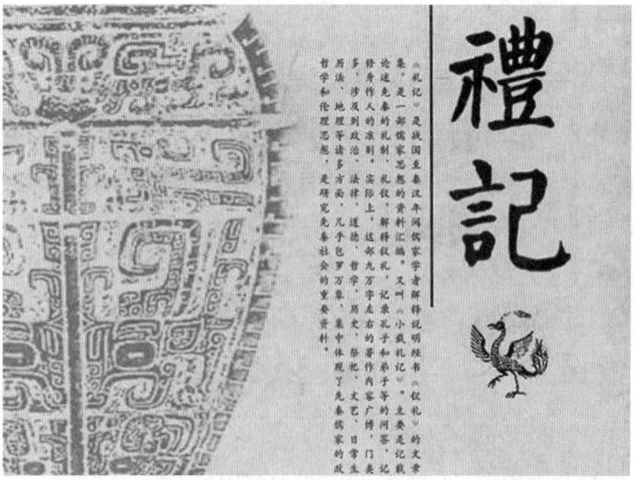

古老的中华民族在五千年的历史长河中，创造了灿烂的文化，形成了高尚的道德准则、完整的礼仪规范和传统美德，被世人称为“文明古国”“礼仪之邦”。

图3.1　《礼记》

古语云：“不学礼，无以立。”我们常说要明白道理，道理即道礼，万物皆有道，诸道皆循礼。作为已有几千年历史的中国茶，更是蕴含着深厚的礼仪文化。所谓礼仪，就是人们在各种社会交往中，为了相互尊重，在仪容、仪表、仪态、言谈举止等方面约定俗成的、共同认可的规范和程序。

一、茶礼含义

早在南北朝时，茶就已经用于祭祀，唐及以后的历代朝廷皆以茶来荐社稷、祭宗庙，包括朝廷进退应对之盛事，皆有茶礼仪。而后，茶礼仪便广为流传，成为茶道中不可或缺的一部分。现今“茶”更是成为“礼仪之邦”的“名片”，架起中国沟通世界的桥梁。

在茶道中，茶礼仪是与茶艺联系最为紧密的部分之一。茶界泰斗陈香白先生说茶道有“七义一心”，茶礼是其诸义理之一。中国人饮茶，不仅追求美的享受，还以茶培养、修炼自己的精神道德，在各种饮茶活动中去融洽人际关系，求得自己思想的自洁、自省，沟通彼此的情感。以茶雅志、以茶交友、以茶敬宾等，都属于这个范畴。

所以，“茶礼仪”即是敬茶的礼节仪式，是在茶事活动中形成的，并得到共同认可的一种礼节、礼貌和仪式，是对进行茶事活动中所形成的一定的礼仪关系的概括和反映。

二、茶礼原则

为了能够体现出茶叶的灵性、展示茶艺之美，演绎茶文化的丰富内涵，在行茶礼时应遵循“敬、净、静、精、柔、雅”的原则。

“敬”是礼的核心。“礼者，敬人也”。有礼仪素养的人，在人际交往过程中往往会以他人为尊。而尊重他人的前提，首先应该尊重自己，做到举止庄重、进退有礼、执事谨敬、不卑不亢。

“净”是基本要求。茶、器、水、境以及事茶者的操作过程都应洁净。

“静”是基本状态。主要体现在境静、器静、心静等方面。茶艺馆最忌喧哗嘈杂之声，音乐要柔和，交谈声音不能太大；行茶事过程中使用茶具时要轻拿轻放，尽量不使其发出声音；静能生慧，茶事服务过程中我们也要心平气和，带领客人进入到心旷神怡的品茶境界。

“精”是基本态度。“精益求精”，以精湛的技艺贯穿茶事活动的整个过程。

“柔”是基本表现。行茶事过程中的动作要连绵柔和，代之以美感，对客人而言也是一种享受。

“雅”是基本意识。茶乃大雅之物，尤其在茶艺馆的氛围中，茶事人员在容貌、衣着、言行举止等方面都应该有符合高雅要求的意识。

三、茶礼功能

（一）塑造良好形象，营造和谐氛围

整洁大方的个人仪表，从容得体的言谈举止，必定会给对方留下深刻而美好的印象，从而有利于建立友好关系。同时，良好的礼仪能帮助人们规范彼此的行为，更好向对方

表达自己的尊重、敬佩、友好与善意，增进彼此的了解与信任。

（二）提升民众素养，促进社会文明

对孩子而言，从泡一杯茶开始，学会尊敬长辈，学会待客礼节。对于当代大学生及广大民众而言，以茶为媒，培养高尚的道德情操，形成正确的道德观、价值观、世界观，可以有效加强德育的实践性和可操作性，做到知与行相统一，学与做相统一。

（三）弘扬优秀文化，增进睦邻友好

以茶入“冠（笄）礼”，以明成人之责；以茶入“婚礼”，以成男女之别，立夫妇之义；以茶入“丧礼”，以慎终追远，明死生之义；以茶入“祭礼”使民诚信忠敬，其中祭天为报本反始，祭祖为追养继孝。通过茶礼仪搭建友好邦交的桥梁，让茶文化成为“中国更好地了解世界，世界更好地了解中国”的窗口。

（四）增强文化自信，推动民族复兴

茶文化脱胎于中国传统文化，是中国优秀传统文化的重要组成部分，以茶施礼，不仅能让仪态举止变得优雅，更能在潜移默化中了解和把握中华民族优秀的礼仪文化传统，加强对中国文化的理解和领悟，增强民族自尊、自信、自强的精神，从而推动民族复兴的伟大梦想的实现。

趣味故事

以茶代酒

晋代陈寿在《三国志·吴志·韦曜传》记载：“（孙）皓每飨宴，无不竟日，坐席无能否，率以七升为限，虽不悉入口，皆浇灌取尽。（韦）曜（yào）素饮酒不过二升，初见礼异时，常为裁减，或密赐荈以当酒。”

这里的皓即孙皓，三国时代东吴的第四代君主，也是东吴的最后一个皇帝。孙皓好酒，经常摆酒设宴，要群臣作陪。他的酒宴有一个规矩：每人以七升为限，不管会不会喝，能不能喝，七升酒必须见底。群臣中有个人叫韦曜，酒量只有二升。他字弘嗣，原名韦昭（陈寿为了避晋武帝之父司马昭的讳，所以改为韦曜），以博学多闻而为孙皓所器重。他原是孙皓的父亲南阳王孙和的老师，也就是太傅，故孙皓对韦曜格外照顾。所以，每当韦曜难以下台

图3.2 《三国志》

时，他便“密赐荈以当酒”，也就是说在他的杯子里暗中换上清茶。韦曜也心领神会，以茶代酒，不至于因喝不下酒难堪失态。

这便是“以茶代酒”最早的记载。想必在三国时期，茶也慢慢成为和酒相提并论的饮料了。现在，很多人为了健康不喝酒，茶就自然而然地成为替代品。

任务二　形象礼仪

茶已成为当今最普遍的社交媒介，茶礼仪讲究和谐，重视内在美和外在美的统一。其在行为美学方面自然而然地营造出安宁、舒适的社交氛围，令人身心放松，超凡脱俗，最适宜用于建设和谐的人际关系。而于茶事中注意服饰容貌举止，就是塑造良好形象的开始。

一、仪容

仪容，是指人的容貌，包括面部、头发、肢体等。

（一）面部

茶艺人员面部平时要注意清洁、护理和保养，保持干净卫生的皮肤和清新健康的肤色。在为客人泡茶时，表情要平和放松，面带微笑。女士为给人精神奕奕的感觉可着淡妆，切勿浓妆艳抹，原则是简洁、适度、庄重。同时也不要喷味道浓烈的香水。男士则应将面部修饰干净，尽量不留杂乱无章的胡须。另外，泡茶过程中会与人交流，因此泡茶前应清洁口腔，保持口气清新。

图3.3　面部仪容

（二）头发

泡茶前，茶艺人员还应将头发梳洗干净整齐，发色以自然色为好，发型按泡茶风格要求进行梳理，美观大方。男士发型应做到三不：“前发不覆额，侧发不遮耳，后发不触领。”女士不论头发长短，都应避免头部或身体向前倾时，头发散落到前面，挡住视线影响操作，以及掉落或触碰到茶具或操作台，让客人感觉不卫生。

（三）肢体

可能让客人感觉不卫生的还有茶艺人员的肢体。作为茶艺人员，不求有一双纤细的手，但应注意适时保养，随时保持清洁、干净。在泡茶的过程中，客人的目光时常停留在茶艺师的手上，因此，作为茶艺师的第二张脸——手极为重要。为了给人简洁、卫生的感觉，茶艺师双手不要戴太醒目的首饰，否则会给人喧宾夺主的感觉，而且体积太大的饰品也容易敲击到茶具，发出不协调的声音。手指甲要及时修剪整齐，不留长指甲，不涂艳丽的指甲油。特别要注意的是，手上不能残存化妆品的气味，以免影响茶叶的香气。同时，下肢也应作适当遮掩。女士着裙装应长于膝盖，男士最好穿长裤，另外选择鞋子时，最好不要让脚趾露在外面，以示对他人的尊重。

图3.4　肢体仪容

二、仪表

仪表，是指一个人的外表，在这里主要指服饰。服饰通过形式美的法则来实现，主要是通过色彩、形状、款式、线条、图案的修饰，以达到改变或影响人体仪表的目的，使人体趋向完美。茶艺人员的着装应整洁端庄、得体大方，与年龄、时节、体型、场合和茶事类别相吻合，表现出一种和谐的美感。

（1）年轻者可穿着颜色更清丽、款式更活泼的服装以体现活力；年长者可穿着颜色更雅致、款式更庄重的服装以体现稳重。

（2）春夏季穿着新鲜的淡色衣服，让人视而清爽；深秋和严冬，则穿看起来暖暖的深色衣服，让人不会望而生寒。

（3）茶艺服装不可过于紧身或宽大，以免不便行茶操作。

（4）生活类茶艺、经营类茶艺和表演类茶艺的着装应按顺序渐趋隆重、正式。

（5）现代泡茶和古代泡茶、汉族泡茶和少数民族泡茶的服装都应与之相匹配。

三、仪态

仪态，是指人的姿态。在茶事活动中，茶艺人员应站姿挺拔、坐姿端庄、蹲姿优美、走姿潇洒。

（一）站姿

图3.5　站姿仪态

优美而典雅的站姿，是体现茶艺人员仪态美的基础。正确优美的站姿会给人以精神饱满、气质高雅、庄重大方、礼貌亲切的印象。标准站姿的动作要领：

（1）身体舒展挺直，重心线穿过脊柱，落在两腿中间，尽量上提。

（2）头正肩平，双肩放松，下颌微收，双目平视，面带微笑，自然亲切。

（3）挺胸收腹，略微收臀，两腿肌肉收紧直立。

（4）女士双脚呈“V”字或“丁”字形站立，右手在上，双手虎口交握置于腹前，双臂自然展开。男士双脚微呈外“八”字分开，但不能超过肩宽，左手握拳在内，右手在外，交握置腹前、身后或自然垂下位于身体两侧。

（5）站累时，可变换为调节式站立，即身体重心偏移到左脚或右脚上，另一条腿微向前屈，脚部要放松。

拓展阅读

站姿训练小技巧

顶书训练。把书本放在头顶中心，为使书不掉下来，头、躯体自然会保持平稳，否则书本将滑落下来。这种训练方法可以纠正低头、仰脸、头歪、头晃及左顾右盼的毛病。

背靠背训练。两人一组，背靠背站立，两人的头部、肩部、臀部、小腿、腿跟紧靠，并在两人的肩部、小腿部相靠处各放一张卡片，不能让其滑动或掉下。这种训练方法可使学生的后脑、肩部、臀部、小腿、脚跟保持在一个水平面上，使之有一个比较完美的后身。

对镜训练。每人面对镜面，检查自己的站姿及整体形象，看是否歪头、斜肩、合胸、驼背、弯腿等，发现问题及时调整。

站姿训练每次应控制在20~30分钟，训练时最好配上轻松愉快的音乐，用以调整心境，既可以防止训练的单调性，又可以减轻疲劳感。

（二）坐姿

茶艺人员进行茶水冲泡时多为坐着进行。端坐时应端庄稳重、娴雅自如。其动作要领为：

（1）入座时，背向无扶手的椅凳，双脚并拢，女士着裙装时可用手抚裙摆后轻稳和缓地坐下，双膝并拢将身体转向正面；入座有扶手的椅子，可轻跨一小步于椅子前方，女士将裙向前收拢再坐下，男士落座前可稍稍将裤腿提起，视凳面大小坐椅凳的1/2～2/3。

(2)坐定后，双手不操作时，女性自然交叉双手相握放于腹前，或手背向上四指自然合拢呈“八”字形平放在操作台上，双腿并拢；男性双手可分搭于左右两腿侧上方，或是在操作台上自然半握分放两侧，双腿分开，与肩同宽。

图3.6　坐姿仪态

(3)行茶时，挺胸收腹，头正臂平，双肩放松，操作时不能因动作的改变而左右倾斜。下颌微敛，目光平视或微垂视，面部表情自然。双手自然重叠放于茶巾或茶席上，或双手分开与肩同宽半握拳放于茶桌上，为保持双手洁净，操作时切不可拿取不洁之物或放于腿上。

(4)离座时，应让身份高者先离座，身份相当者可同时离座。离开座位时动作轻缓，不能用力过猛，更不宜发出声响。

(三)蹲姿

在茶事活动中蹲姿可采用高低式或交叉式。

(1)高低式蹲姿，即上身保持直线，匀速起落。左脚完全着地，小腿基本垂直于地面；右脚前脚掌着地，脚跟提起。形成左膝高、右膝低的姿态。反之亦然。

图3.7　蹲姿仪态

(2)交叉式蹲姿,下蹲时,左脚在前,脚掌完全着地,右脚在后,脚掌着地、脚跟提起。屈腿下蹲后,左小腿基本垂直于地面,右腿从左腿下方伸向左侧,两腿交叉重叠,合理支撑身体,腰背挺直、略向前倾。这种蹲姿的造型优美典雅,适用于女性。采用这种蹲姿时,可左、右腿互换姿势。

(四)走姿

稳健优美的走姿可以使一个人气度不凡,呈现一种动态美。走姿的基本方法和要求:提气沉肩,内紧外松,步履均匀,自然摆臂,表情自然。行走时身体重心平稳,步伐轻盈,步幅适度,尽量循一条直线行走。

(1)步态端正:昂首挺胸,收腹提臀,双肩放平、下沉,双目平视,重心稍向前倾,双臂以肩关节为轴自然地前后摆动,摆幅为30~40 cm,前摆幅大于后摆幅。掌心朝内,手指自然弯曲,脚尖伸向正前方,脚跟先于脚掌着地,依靠后腿将身体重心移到前脚脚掌,脚尖推动不断前行。

图3.8　走姿仪态

(2)步位平直:男士两脚内侧着地的轨迹应为两条平行线,女士的步位路线应尽可能为一条直线。若托盘行走,则应减少上半身的晃动,保持所持物品的平稳。

(3)步幅适中:步行时双脚中心间的距离应适中,一般应为前脚跟与后脚的脚尖相距为一脚或一脚半长。但因性别和身高不同会有一定差异。着不同服装,步幅也不同。

(4)风格有别:男士应步伐矫健、稳重,展现阳刚之美;女士应步伐轻盈、娴雅,展现阴柔之美。

(五)跪姿

唐代以前,席地而坐是日常起居习俗。坐时双膝着地,脚面朝下,身子的重心落在脚后跟上,若臀部抬起上身挺直,就叫跽,又称长跪,是将要站起来的准备姿势,也是对别人尊敬的表示。

茶席中的“跪”,正是沿用了古人的礼仪,一般的跪姿都是双膝着地并拢与头同在一线,上身(腰以上)直立,臀着于足踵之上,袖手或手自然垂放于身体两膝上,抬头、肩平、腰背挺直,目视前方,女士双手交握放于大腿上。男士可以与女士略有不同,将双膝分开与肩同宽。

在茶艺中,一个人的仪容、仪表、仪态不但可以体现他的文化修养、精神气质,还可以反映出他的志趣品位。庄重大方、礼貌亲切、穿着得体,不仅能赢得他人的信赖,给人留下良好的印象，还能够提高与人交往的能力。相反，穿着不当、举止不雅，往往会降低自己的身份，损害自身形象。

图3.9　茶事服务礼仪

任务三　茶事服务礼仪

茶事服务人员除个人应该遵守的仪容、仪表、仪态等礼仪法则以外，在长期的茶事活动中更是形成了不少以人为本、从茶性出发的与茶艺有关的形式与成规，它是无须用语言表述的。这些约定俗成的礼仪之规，既符合冲泡和品饮的要求，又可引发饮茶者品茶的情趣，还可密切联系主宾双方的关系。其中最为关键的就是言谈礼仪和举止礼仪。

一、言谈礼仪

言谈礼仪，是运用语言进行交际、交流时应具有的礼仪规范，是个人文明的标志，也是个人文化、学识、修养、道德、情操、能力、才华等素质的综合体现。言谈又称为口头语。

俗话说："好语一句三冬暖，恶语一句三伏寒。"要想做到语言美，首先要做到待客六声：来有问候声；坐有招呼声；问有应答声；赞有致谢声；错有致歉声；去有道别声。

而这些都是最基本的礼仪，要想达到"美"的效果，还应做到"话有三说，巧说为妙"。美学家朱光潜曾说："话说得好就会如实的达意，使听者感到舒适，发生美的感受，这样的话就成了艺术。"

（1）达意是指语言准确、吐字清晰、用词得当；不夸大其词，也不可含糊其词。

（2）舒适则是声音柔和悦耳、吐字娓娓动听、抑扬顿挫、风格诙谐幽默、表情真诚、表达流畅自然。

二、举止礼仪

举止礼仪，是个人在同他人进行交际、交流时的表情、动作和行为应具有的礼仪规范。举止是一种无声的语言，是反映个人涵养的一面镜子，也是构成个人外在动态美的主要因素。因此，举止又被称为体态语。体态语包括面部表情和行为。

（一）面部表情

眼神作为面部表情的核心，能表达我们的思想感情和对人及事物的倾向性，而且人们普遍对眼神具有一定的解读能力。因此，对客交流时，我们应采用“平视”这种代表平等、理性的眼神。并且茶事活动属于社交活动，因此我们与人交谈时，眼神应尽量停留在社交注视区，也就是以双眼连线为底边，嘴唇中心为顶点的倒三角形区域。

微笑是“人与人之间的最短距离”，也是“被人喜爱的六个秘诀之一”，能有效地缩短双方的心理距离，传达亲切温馨的情感，给对方留下美好的心理感受，从而营造出融洽的交往氛围，不但可以反映本人高雅的修养，待人的至真至诚，也增强了交际效果。

图3.10　微笑礼仪

（二）行为

在我们口头表达配以手势时，手势一定是精炼、明确并且符合行为规范的。在我们指路、引座或进行大范围指示时，我们的手势应是四指并拢、大拇指微微上扬，指示“请看、请坐、请这边走”。而小范围的指示，在手部健全的情况下，只能用食指进行指示。

茶事活动中一些无声的行为，更让人感觉蕴含深意。

1. 鞠躬礼

即弯腰行礼，源于中国的商代，是一种古老而文明的表达对他人尊敬的郑重礼仪。一般用在茶事活动迎宾、送客或开始、结束表演时。根据鞠躬的弯腰程度可分为真、行、草三种。

（1）“真礼”用于主客之间，需将相搭的两手渐渐分开，贴着两边大腿下滑，手指尖触至膝盖上沿为止，同时上半身由腰部起向前倾斜，头、背与腿呈近90°。

（2）“行礼”用于客人之间，要领与“真礼”同，仅双手下滑至大腿中部即可，头、背与腿约呈120°。

（3）“草礼”用于说话前后，只需将身体向前稍做倾斜，两手搭在大腿根部即可。

现代行礼时也可男士双手在身体两侧自然下垂，女士可双手交握于前腹，立正后根据行礼对象弯腰呈约30°、60°或90°鞠躬。跪与坐时行鞠躬礼，背、颈部保持平直，上半身向前倾斜即可。

图3.11　鞠躬礼

2. 伸掌礼

伸掌礼是在茶事活动中使用频率最高的礼节，主要在向客人敬茶时行礼对答所用，表示“请”与“谢谢”。行礼时右手五指自然并拢，手掌略向内凹，手心向斜上方，手指指向要指示的物品或方向。手腕要含蓄用力，不要显得轻浮。行伸掌礼的同时应欠身点头微笑，讲究一气呵成。面对面时皆伸右手，并排时，左边伸左手，右边伸右手。

图3.12　伸掌礼

3. 寓意礼

表示美好寓意的礼仪。在行茶过程中，常见的有以下几种：

（1）字画的方向：如果茶盘、茶席铺垫、杯托等物品上面有字画，应将字画的正面朝向客人，表示对客人的重视。

（2）净手、温杯洁具：茶艺师在泡茶之前用清水洗净自己的双手并用开水烫洗本来就已经干净的茶具，以此表达对客人的尊重，为客人接风洗尘。

（3）茶壶的摆放：壶嘴等尖锐部位朝向他人，如同用手指直指对方，表示请人快点离开。因此，壶嘴或公道杯出水口等应水平朝向或朝向自己，切忌对着客人。

（4）双手内旋：在进行注水、温杯洁具等一些回旋动作时，手的旋转方向应该向内，即左手顺时针，右手逆时针。这个动作寓意欢迎对方“来、来、来”，反之则有驱赶客人“走、走、走”的意思。

（5）凤凰点头：提高水壶向玻璃杯内注水，三起三落称为“凤凰三点头”；将茶汤从茶壶或公道杯内依次倒入品茗杯中，手势一高一低称为“凤凰点头”。这些动作都表示向在座宾客点头致意，以示欢迎。

(6)龙凤呈祥、鲤鱼翻身：即将闻香杯倒扣在品茗杯上并迅速翻转，借助这道程序寓意在座宾客家庭幸福美满、事业有成。

(7)浅茶满酒：倒茶时不可像倒酒一般将杯子倒满，应该至茶杯七分满即可。正所谓"茶倒七分满，留下三分情""茶满欺人、酒满敬人"，一般茶为热饮，斟得太满奉茶时容易烫手，甚至洒落在品饮者身上，给客人带来不便。

4. 奉茶礼

给客人敬茶时的礼节，在奉茶时要求双手敬上，以表示对客人的尊敬、对茶的尊敬和对自然的尊敬。

图3.13　奉茶礼

5. 叩手礼

对于喝茶的客人，在奉茶时，应以礼还礼，要双手接过点头致谢，或者将拇指、中指和食指稍微靠拢，在桌上轻扣数下，称为叩手礼，以此表示感谢。一般长辈或上级在晚辈或下级斟茶时，晚辈或下级必须用双手指作跪拜状叩击桌面；晚辈或下级给长辈或上级斟茶时，长辈或上级只需单指叩桌面两三下表示谢意。

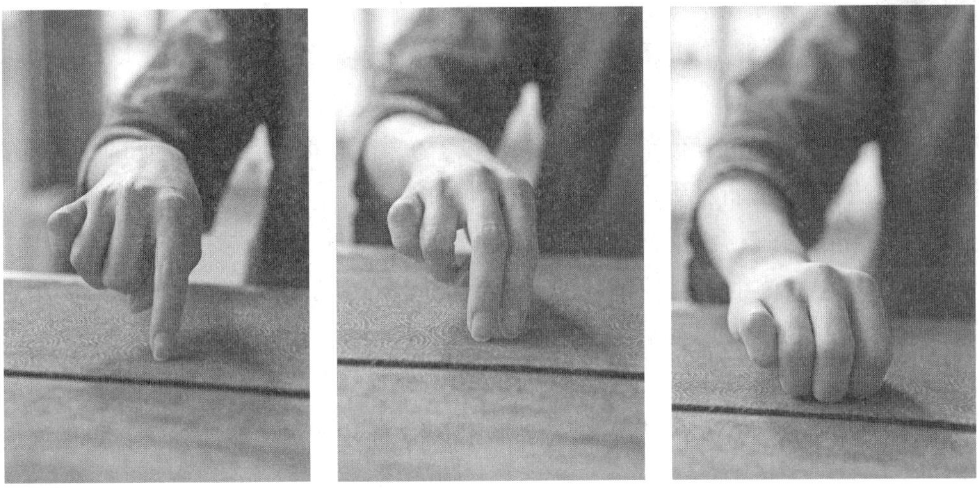

图3.14　叩手礼

趣味故事

叩手礼的由来

叩手礼起源于清代，传说乾隆微服下江南，有一次，到松江"醉白池"游玩，与随从在附近一家茶馆坐下歇脚。茶馆伙计先端上茶碗，随着退后，离桌几步远，拿起大铜壶朝碗里冲茶，只见茶水犹如一条白练自空而降，不偏不倚，不溅不洒地冲进碗里。乾隆好奇，忍不住走上前，从伙计手里拿过大铜壶，也站在几步开外，学伙计的样子，向其余的茶碗里冲茶。随从见皇上为自己冲茶，这在正常情况下是需要跪谢行礼的，但是微服私访又不能行礼，情急之下灵机一动，随从弯起食指、中指和无名指，在桌面上轻叩三下，叩“手”通“首”，也就是磕头的意思，权代行了三跪九叩的大礼，既保了密又不失礼数，于是这一习俗就这么流传下来，民间也开始流行以手指叩桌的谢礼风尚。

最后，在茶事活动过程中，冲泡者的动作也要轻灵、连绵、圆合，一气呵成，走线温润流畅，使品饮者真正感受到饮茶也是一种高雅舒心的享受。

三、茶会服务礼仪

有客来访，待之以茶，以茶会友，情谊长久。这是我国传统的待客方式。茶会在我国有着悠久的历史。最早的茶会是为了进行交易和买卖。后来，茶会推而广之，成为一种用茶点招待宾客的社交性聚会形式。茶会既属于宴请的一种形式，又属于会议的一种，因而它兼具宴请和会议二者的特点，在形式上较为自由，在气氛上更为融洽。

茶会服务礼仪包括准备、迎接、泡茶、奉茶、品饮、恭送等茶事活动过程中的一系列礼仪。

（一）准备

茶艺馆在开门营业前，或主人在举办茶会前，应做好各项准备工作，以迎接客人的光临。

首先，应对茶会场所进行布置，为客人提供一个幽静、雅致且富有情调的品饮环境。总体做到整洁卫生、清新雅致，给人以宾至如归的感觉。

其次，要准备好茶会进行时所需要的各类用品，熟悉茶单、茶叶、茶点及茶具。掌握茶单上或茶会冲泡中每一种茶叶的产地、品质特点及价格；了解主要供应的茶点品种、口味特点和烹调方法；知晓每一种茶具的材质、名称及用途，并确保茶具干净、整齐、无破损。

最后，要了解重要宾客的情况和注意事项等，这样才能尽可能地为宾客提供优质的服务。

（二）迎接

一般情况下，主人应在门口迎接客人，或安排专人在门口迎宾。客人如带有礼物，主人要欣赏并致谢。进门后，主人应安排客人入座，通常将宽敞舒适的位置留给客人，方便进出的位置留给自己，以免走动时打扰到客人。当客人落座后要及时奉上迎客茶水。

（三）泡茶

冲泡前选择茶品要因时不同、因人而异，应根据时节以及客人喜好、年龄与体质等为客人推荐、冲泡相应的茶叶。

(1) 沏茶前须净手洁具，以表达礼敬。

(2) 置茶时切忌用手抓茶叶，应使用茶匙，投茶量适宜，茶叶不要洒落。

(3) 注水应做到急缓适中，水流不断，水花不外溅。

(3) 分茶也应避免茶水溅出，茶汤量以品茗杯中七分满为宜。尽量做到每杯茶水量、浓度均匀一致，并保持茶席的干净整洁。

(四) 奉茶

茶沏好后，上茶顺序是先客、后主，先上司、长者、女士，后陪同、晚辈、男士。人员众多，则应从主宾、主人起，由近而远，依次给客人敬奉茶水。若是以带柄的茶杯冲泡茶叶，则杯耳和茶匙的握柄要朝向客人的右边；若使用无杯托的茶杯奉茶时，应双手捧住茶杯下半部，注意不要用手指接触杯沿，将茶杯举至齐眉高，面带微笑平视客人，略躬身将茶杯放至客人面前，并礼貌地说"请用茶"。也可行伸掌礼，同时说"请"。

当然，喝茶的客人也要以礼还礼，双手接过，点头致谢。

(五) 品饮

品茶时，讲究小口品饮。续茶要及时，单杯泡饮，应在客人杯中还余有三分之一杯茶汤时续水，以保茶汤浓淡适中；工夫茶冲泡法，客人杯中茶饮尽，主人及时为其续茶汤。续茶时，发现茶水变淡，茶叶也应及时更换。

饮茶期间，也可适当佐以茶点，一般常见茶叶与茶点的搭配有"甜配绿，酸配红，瓜子配乌龙"的说法，其主要原理是为达到调节口味的作用。

(六) 恭送

当茶会结束，客人起身离开时，主人才能起身送客，以免有催促客人离开之意。在客人离去之际，出于礼貌，主人应将客人送至门口，或者陪着客人走一段路直至正式告别。送别时可配合手势或鞠躬礼，微笑目送客人离去。

任务四　中国民俗茶礼

以茶待客，历来是礼仪之邦——中国最普及、最具平民性的日常生活礼仪。古诗云："寒夜客来茶当酒，竹炉汤沸火初红。"茶有色、香、味、形四美，特别贵在其高尚的内在之美、公德正气、情操纯洁，所以中国人向来崇尚以茶为礼。

图3.15　茶礼

一、生活茶礼

在中国人重要的人生四大礼仪——生、冠、婚、丧中，茶总是担当着重任。茶作为民俗礼仪的使者，千百年来为人们所重视。它上达国家间的礼仪活动，下到人与人之间的交往，与人们日常生活密切相关。随着岁月的流逝，各种饮茶习俗世代相传、生生不息。

（一）以茶待客表敬意

在中国，“客来敬茶”几乎不分公私场合，已成为一种起码的礼貌。客人来了，主人可以不招待饭菜，但不能不泡茶，以表示对客人的尊重。“来客不筛茶，不是好人家”这句流行于江西宜春地区的俗谚，就表示“客来敬茶”的重要性。由于地理环境和民族习俗的差异，“十里不同风，百里不同俗”，各地人们敬茶的方式和习惯有很大的区别，但饮茶从来都是我国各族人民最普遍、最基本的交往手段，泡茶是人们招待客人最起码的礼节，是衡量主人好客程度的基本尺度。

（二）以茶赠友表情谊

长期以来，茶不仅被看作“礼教”的表征，而且也用来喻示朋友间的情谊。在唐代，以茶赠友的做法已相当流行。诗人白居易常收到亲朋寄赠的新茶，他也常常邀约亲朋品茶饮茗。在品饮中纵谈古今，交流情感。他曾在《萧元外寄蜀新茶》中叹道“蜀茶寄到但惊新，渭水煎来始觉珍”，表达了他对友谊的珍视和对亲朋的感激。宋代对“以茶赠友”的风尚极为注重，对后世的影响也颇深。茶之所以被用于交友赠友，大概是因为它被视为极清纯的天然之物，是坚贞、高尚、廉洁的象征。

拓展阅读

吃讲茶

“以茶交友”可谓“君子之交”，它不追求花天酒地、鱼肉豪宴，它只讲究其乐融融的和谐状态。正因如此，饮茶成为了礼敬、友谊和团结的表征，所以当人们在交往中发生矛盾纠纷时，它往往可以发挥调解的作用。现今，不少地方仍流行“吃讲茶”的风俗，颇具代表性。据说这种风俗起源于朱元璋起兵反元时期，如果双方发生争执，便被请到茶馆里或第三者的家中，边喝茶边心平气和地评理，直到双方满意为止。另外，许多地方的茶会也充当了调解者的角色。茶以其特有的清新淡雅的质地，维系着人与人之间的交往，寄喻人们的礼敬与情谊，发挥着积极的礼俗功能。

（三）茶与出生礼仪

在南方许多地区都有这样的风俗：当有小孩出生，第一个来看望产妇的人——“踩生人”进屋后，主人必须先用双手端上一碗米花糖茶敬客，“踩生人”也必须用双手接过茶喝下，民间认为喝这样的茶可以辟邪祈福，意味着人一出生就必须得到茶图腾祖神的保佑。而新生儿诞生的第三天，俗称“三朝日”，按国内很多地方的习俗，都要举办各种形式的“吃原始煮茶”仪式。这是原始茶部落庆祝新生命到来的庆典遗韵，后人称之为“三朝茶礼”。

拓展阅读

出生茶礼

在江西等地方，孩子出生，家长即以红茶七叶、白米七粒包为一个小红纸包，共包二三百包分发给亲朋好友。亲朋好友收到小红包后必须回以一些钱为礼。家长用这些钱买一把银锁，挂在孩子的脖子上。锁的正面写有“百家宝锁”，反面写有“长命百岁”等字样。民间认为孩子戴上这锁可防病避灾，保延寿命。

在浙江，当孩子满月时要行“搽茶剃胎发”仪式：先敬清茶于堂上，待茶稍凉后，主持仪式的妇女就边蘸茶水边在孩子额头上轻轻揉擦，同时念念有词道“茶叶清白，头发清白”，然后才开始剃发，民间叫做“茶叶开面”。剃净后再用茶水抹头顶一遍，而后将胎发和刚拔下来的猫毛、狗毛杂揉一团，用红线穿起来，胎发团居中、桂圆在下的“胎发团串”，挂在孩子母亲的床边，意味着孩子永远在母亲的身边，永远受母亲的保护。

（四）茶与婚礼

茶在民间婚俗中历来是纯洁、坚定、多子多福的象征。明代郎瑛《七修类稿》有：“种茶下子，不可移植，移植则不复生也，故女子受聘，谓之吃茶。又聘以茶为礼者，见其从一之义。”古代技术落后，认为茶树只能以种子萌芽成株，而移植后很难存活，所以茶树一旦种下，就不再移动。故历代都将茶视为“至性不移”的象征。

因“茶性最洁”，可示爱情“冰清玉洁”；“茶不移本”，可示爱情“坚贞不移”；茶树多籽，可象征子孙“绵延繁盛”；茶树又四季常青，寓意爱情“永世常青”，祝福新人“相敬如宾”“白头偕老”。

故世代流传民间男女订婚，要以茶为礼，茶礼成了男女之间确立婚姻关系的重要形式。茶成为男子向女子求婚的聘礼，称“下茶”“定茶”；而女方受聘茶礼，则称“受茶”“吃茶”，即成为合法婚姻；洞房时还有“和合茶”。如果女子再受聘他人，会被世人斥为“吃两家茶”，为世俗所不齿。

拓展阅读

喝新娘茶

我国南方地区历来有喝“新娘茶”的习俗。新娘成婚后的第二天清晨，洗漱、穿戴后，由媒人搀引至客厅，拜见已正襟危坐的公公、婆婆，并向公婆敬茶。公婆饮毕，要给新娘红包

（礼钱），接着由婆婆引领新娘去向族中亲属及远道而来的亲戚敬茶，再在婆婆引领下挨门挨户拜叩邻里，并敬茶。敬茶毕，新娘向敬茶者招呼后，即用双手端茶盘承接茶盏，这时众亲友或邻里乡亲饮完茶，要随着放回杯子的同时，在新娘托盘中放置红包，而新娘则略一蹲身，以示道谢。在喝“新娘茶”时，无论向谁敬茶，都不能有意回避，否则被认为“不通情理”。

（五）茶与丧俗

在我国多姿多彩的民间习俗中，茶与丧祭的关系也是十分密切。“无茶不在丧”的观念，在中华祭祀礼仪中根深蒂固。“祭祀”是一种仪式，其意境是让逝者把生者的厄运带走，而留给生者的是希望和好运。因此自然要拿出好物品来表示对死者的敬意，茶就充当了这一角色。

在我国，丧事纪念中用茶为祭品，大致在两晋以后，最初创于民间，后被皇室应用。齐武帝祭祀用茶早在南朝梁代萧子显撰写的《南齐书·武帝本纪》中就有记载，齐武帝萧赜永明十一年在遗诏中称：“我灵上慎勿以牲为祭，唯设饼、茶饮、干饭、酒脯而已，天下贵贱，咸同此制。”这应该是用茶叶进行祭祀活动的最早记载。

以茶为祭，可祭天、地、神、佛，也可祭鬼魂，这就与丧葬习俗发生了密切的联系。上到王公贵族，下至黎民百姓，在祭祀中都离不开清香芬芳的茶叶。茶叶不是达官贵人才能独享，用茶叶祭扫也不是皇室的专利。无论是汉族，还是少数民族，都在较大程度上保留着以茶祭祀祖宗神灵、用茶陪丧的古老风俗，以表祭祀的慎重以及诚心，所用茶品都最为讲究。

（六）饮茶与家庭礼俗

茶，在人们的品饮过程中，不但形成了丰富的茶俗，而且与家庭礼俗相结合，发展成一套极为完备的以“奉茶明礼敬尊长”为核心的家庭茶礼。家庭茶礼虽含有等级观念和贵贱尊卑的封建意识，但以茶明长幼显而易见，且为主流，对维护社会稳定，增强人们的沟通起着很大的作用。

总之，茶是我国各族人民日常生活中不可或缺的物质，是民间礼俗、礼仪最重要的载体，对维护国家、社会、家庭的安定团结，维系人与人之间的和睦相容发挥了巨大作用。除酒之外，我国再也没有哪一样物质能像茶这样遍及社会生活的每一个角落。大自然芸芸物类中，茶能在民间礼俗中占有如此重要一席，其原因除了我国是茶的故乡、饮茶历史悠久、栽种范围极广、具有与礼俗结合的自然条件外，更重要的是茶的本身特性及自然功用与我国传统文化、民间风俗的许多内容暗相吻合。茶是行礼仪、明礼节、作为礼俗的最好载体。

二、各民族饮茶习俗

俗话说“十里不同风，百里不同俗”，中国是统一的多民族国家，各兄弟民族的同胞皆性格欢快豪爽，为人诚恳大方、热情好客，故以茶待客的传统礼俗古今皆流行。

饮茶本来是不同地区、不同民族的人们在解渴的生理需要上产生的一种行为方式，原先并没有多大的差异性。但由于所处的地理环境、历史文化、生活习俗、经济条件等不同，饮茶与不同民族的生活习惯、文化理念相融合，以致不同地域、不同民俗的茶俗茶旅各具特点，呈现出百花齐放、异彩纷呈的态势。尽管形式多样，但把茶看作健康的饮料、纯洁的化身、友谊的桥梁、修身养性的手段和促进人际关系的纽带，在这一点上，却是共通的。

（一）汉族清饮茶

1. 成都盖碗茶

在汉民族居住的大部分地区都有喝盖碗茶的习俗，我国西南地区的一些大、中城市，尤其成都最为流行。盖碗茶盛于清代，如今在四川成都、云南昆明等地，已成为当地茶楼、茶馆等饮茶场所的一种传统饮茶方法，一般家庭待客，也常用此法饮茶。

2. 北京大碗茶

大碗茶多用大壶冲泡，或大桶装茶，大碗畅饮，热气腾腾，提神解渴，好生自然。这种清茶较粗犷，颇有“野味”，但它随意，不用楼、堂、馆、所，摆设也很简便，一张桌子，几张条木凳，若干只粗瓷大碗便可，因此，它常以茶摊或茶亭的形式出现，主要为过往客人解渴小憩。

图3.16　北京大碗茶

这种饮茶习俗在我国北方最为流行，尤其早年北京的大碗茶，更是闻名遐迩，如今中外闻名的北京大碗茶商场，便是由此得名。

3. 潮汕工夫茶

潮汕工夫茶是指潮汕一带的饮茶风尚。所谓“工夫茶”，是指泡茶方式比较讲究，泡茶品茶需要一定的工夫。潮汕一带品饮工夫茶具有数百年的历史了，近代茶人翁辉东所著《潮汕茶经》较为全面地反映了潮汕工夫茶的概貌。据该书描述，工夫茶有“四宝”：“宜兴紫砂壶、景德镇若琛杯、枫溪砂铫、潮阳红泥炉”，讲究些的茶店还需备有“潮阳颜家锡罐”“潮安陈氏羽扇”等。

潮汕工夫茶有它的鲜明个性，无论走进哪家哪户，茶盘茶具一摆，不用问便知是工夫茶。现代的泡饮方法还是比较讲究工夫的，一般先用净水洗涤茶具，并点燃炉中木炭，加水入壶，放在炉上烧沸。待水开后，即以沸水烫淋茶壶、茶杯。再用沸腾热水冲入茶壶泡茶，直至沸水溢出壶口时，方手持壶盖刮去壶口水面浮沫，接着用沸水再浇淋整把茶壶。然后取出茶杯放于茶盘中用沸水烫杯。随即将小杯紧靠在一起，将茶壶中的茶汤巡回分次注入杯中，使各茶杯中的茶汤浓淡均匀。啜饮者趁热以拇指、食指扶杯沿，中指托杯底，举杯将茶送入鼻端闻其香，接着茶汤入口，含在口中回旋品其味。

4.广式早茶

吃早茶多见于我国大中城市，尤其是广州。早在清代同治、光绪年间，广州的“二厘馆”（即每客茶价二厘钱）茶楼就已普遍存在。人们最喜欢坐茶楼、吃早茶，那里既有名茶，又有精美点心，一日早、中、晚三市，尤以早茶为最盛，因此名谓“吃早茶”。

用早茶时，顾客可以根据自己的喜好，品味传统香茗，同时根据自己的口味，点上几款精美的点心。如此一口清茶、一口点心，使得品茶更加津津有味。现今，人们不再把吃早茶单纯地看作一种用早餐的方式，更重要的是把它看作一种充实生活和社交的享受。亲朋知己茶楼品饮，谈天论事，倍觉亲切，也其乐无穷。许多人即便是洽谈业务、协调工作、交换意见，甚至青年男女谈情说爱，也愿意用吃早茶的方式进行。这就是汉族吃早茶风尚不见衰落，反而愈见普及的缘由所在。

总之，清饮乃是汉族饮茶的主要方式。或是生理需要，或是闲暇之余自饮自乐，抑或在一些重大的场合，凡有客自远方来，尽管招待规格有高低之分，但清茶一杯，总是不会省的。

（二）藏族酥油茶

藏族主要分布在我国西藏，在云南、四川、青海、甘肃等省的部分地区也有。西藏素有“世界屋脊”之称，这里海拔高，空气稀薄，气候高寒干旱，常年以奶、肉、糌粑为主食，蔬菜瓜果很少。“其腥肉之食，非茶不消；青稞之热，非茶不解”。茶成了当地人补充营养的主要来源，喝酥油茶如同吃饭一样重要。

图3.17　酥油茶

酥油茶是一种在茶汤中加入酥油等原料，再经特殊方法加工而成的茶。所谓酥油，就是把牛奶或羊奶煮沸，用勺搅拌，倒入竹桶内，冷却后凝结在溶液表面的一层脂肪。至于茶叶，一般选用的是紧压茶类中的普洱茶、金尖等。

酥油茶的加工方法比较讲究，一般先用锅子烧水，待水煮沸后，再用刀子把紧压茶捣碎，放入沸水中煮，待茶汁浸出后，滤去茶渣，把茶汁倒进长圆柱形的打茶筒内。与此同时，用另一口锅煮牛奶，一直煮到表面凝结一层酥油时，也把它倒入盛有茶汤的打茶筒内，再放上适量的盐和糖。这时，盖住打茶筒，用手把住直立茶筒之中能上下移动的长棒，不断舂打（搅拌）。待茶、酥油、盐、糖等混为一体，酥油茶就打好了。根据藏民经验，茶筒内用长棒舂打，往往要几百下才能使酥油完全乳化，做好酥油茶。

由于酥油茶是一种以茶为主料的多种原料混合而成的液体，所以滋味多样，喝起来涩中带甘，咸里透香。它既可暖身，又能增加抗寒力，可谓风格独特，其效胜茶。在西藏草原和高原地带，人烟稀少。偶尔有客临门，可以招待的东西不多，加上酥油茶本身具有的独特作用，自然成了热忱款待宾客的珍贵之物了。

（三）回族的刮碗子茶

回族主要分布在我国的大西北，以宁夏、青海、甘肃三省（区）最为集中。回族居住处多在高原沙漠，气候干旱寒冷，蔬菜缺乏，以食牛羊肉、奶制品为主。而茶叶中含有的大量维生素和多酚类物质，不但可以补充因蔬菜缺乏导致维生素等物质的不足，而且还有助于去油除腻，帮助消化。

“刮碗子茶”是回族的一种特色茶饮，以绿茶为原料，加干果、冰糖等，一般有8种，俗称“八宝茶”。刮碗子茶用的茶具，俗称“三件套”，由茶碗、碗盖和碗托或盘组成。茶碗盛茶，碗盖保香，碗托防烫。喝茶时，一手提托，一手握盖，并用盖顺碗口由里向外刮几下，一则可拨去浮在茶汤表面的泡沫，二则可使茶味与添加食物相融，刮碗子茶的名称也由此而生。

图3.18　刮碗子茶

由于刮碗子茶中的食品种类较多，加上各种配料在茶汤中的浸出速度不同，因此，每次续水后再喝的滋味是不大相同的。一般来说，刮碗子茶用沸水冲泡后随即加盖，过5分钟后开饮。第一泡，以茶的滋味为主，清香甘醇；第二泡，由于糖的作用茶味浓甜透香；第三泡，茶味开始变淡，各种干果的味道便随之而来，具体味道依所加干果而定。一杯刮碗子茶，可冲泡五六次，甚至更多次。回族同胞认为，饮用刮碗子茶次次有味且各次不同，又可去腻生津，滋补养身，是甜美的养生茶。

（四）蒙古族的咸奶茶

与新疆、西藏的牧民一样，蒙古族人民喜欢喝与牛奶、盐巴一道煮沸而成的咸奶茶。咸奶茶用的多为青砖茶和黑砖茶，并用铁锅加入牛奶烹煮。

煮咸奶茶时要先把砖茶打碎，并将洗净的铁锅置于火上，盛水2~3 kg，烧水至刚沸腾时，加入打碎的砖茶25 g左右。当水再次沸腾5分钟后掺入牛奶，用量为水的1/5左右。稍加搅动，再加入适量食盐。等到整锅咸奶茶开始沸腾时，即可盛在碗中待饮。

图3.19　咸奶茶

蒙古族人酷爱喝茶。其他地区的人都说，“一日三顿饭”是不可少的，但蒙古族人往往是“一日三次茶”，却只习惯于“一日一顿饭”。每日清晨起来，主妇们先煮上一锅咸奶茶，供全家整天饮用。蒙古族人喜欢喝热茶，早上一边喝茶，一边吃炒米。早茶后，将其余的咸奶茶放在微火上暖着，以便随需随取。通常一家人只在晚上放牧回家后才正式用一次餐，但早、中、晚三次喝咸奶茶一般是不能少的。如果晚餐吃的牛羊肉，那么睡觉前全家还会喝一次茶。至于中、老年男子，喝茶的次数就更多。

蒙古族人民如此重饮（茶）轻吃（食），却又身强力壮，这固然与当地牧区气候、劳动条件有关，还与咸奶茶的丰富营养，喝茶时常吃些炒米、油炸果之类充饥食品有关。

（五）侗、苗、瑶族的打油茶

居住在云南、贵州、湖南、广西毗邻地区的侗族、苗族、瑶族和这一地区的其他兄弟民族，他们世代相处，十分好客，相互之间虽习俗有别，但都喜欢打油茶、喝油茶。特别是在喜庆佳节，或亲朋贵客进门，总喜欢用做法讲究，佐料精选的油茶款待客人。

图3.20　打油茶

打油茶形式多样，内容丰富多彩。“打”实际上是“做”的意思，一般经过四道程序。首先是点茶。打油茶用的茶通常有两种：一是专门烘炒的末茶，二是选用茶树上的幼嫩芽叶，具体要根据茶树生长季节和各人的口味爱好而定。其次是作料。打油茶用的作料，除茶叶和米花外，还有鱼、肉、芝麻、花生、葱、姜和食用油（通常用茶油）等。三是煮茶。先生火，待锅底烧热时，放油入锅，等油面冒青烟时，立即向锅内倒入茶叶，并用锅铲不断翻炒，当茶叶炒出清香时，再放入芝麻、花生米、生姜之类。少顷，放水加盖，煮沸3~5分钟，待茶汤快要起锅时撒一把葱姜。这时，才算把又鲜、又香、又爽，却又不失茶味的油茶打好了。如果这种油茶是用来招待客人的，那么还得进行第四道工序——配茶。在已经打好的油茶中，分别放上各种菜肴或食品。由于加入作料的不同，所以有鱼子油茶、糯米油茶、米花油茶、艾叶粑油茶之分。

其实，油茶与其说是茶汤，不如说它是一道茶叶菜肴；与其说是喝油茶，不如说是吃油茶。这种独特的茶叶泡煮方法，妙趣横生的饮茶方式，以及如此奇特的待人接物礼仪，即便平生享受一次，亦有终生难忘之感。

（六）土家族的擂茶

土家族主要居住在川、黔、湘、鄂四省交界的武陵山区一带，这里到处古木参天，绿树成荫，有“芳草鲜美，落英缤纷”之誉，是我国的旅游胜地之一。由于当地生态环境适宜种茶，所以历史上一直是我国优质茶和许多名茶的重要产地。山美、茶美，固然引人入胜，而土家族同胞喝擂茶的习俗，更令人拍案叫绝。

擂茶是土家族的吃茶法，也叫“三生汤”。一般制作擂茶是以茶树嫩鲜叶、生姜、生米为主要原料，按各人口味，经过一定比例配制后，倒入山楂木制成的擂钵中，用力来回捣，直至三种原料混合研成糊状时，再起钵入锅，加水烹煮而成。

图3.21　擂茶

由于茶叶能提神祛邪，清火明目；生姜能理脾解表，祛湿发汗；生米能健脾润肺，和胃止火。所以喝擂茶有提神降火、解毒祛湿、和胃健脾的功效。它恰似一副保健良方，不仅土家族人爱喝，栖身在当地的其他民族也都养成了喝擂茶的习惯。他们认为喝擂茶夏天可以解暑，冬天可以驱寒，具有防病健身，延年益寿的功效。

（七）白族三道茶

白族散居在我国西南地区，主要分布在云南省大理白族自治州，是一个十分好客的民族。白族人家，不论在逢年过节、生辰寿诞、男婚女嫁等喜庆日子，还是在亲朋好友登门造访之际，主人都会以“一苦二甜三回味”的三道茶款待宾客。

图3.22　三道茶

三道茶，白语叫“绍道兆”，是白族待客特有的一种礼俗文化。茶俗中开始融入了人们对人生哲学的寄托与向往，大多含有“先苦后甜”“苦尽甘来”“回头是岸”之意，唐朝时期三道茶饮茶习惯初具形态。宾客上门时，主人请客人入座，一边谈心，一边吩咐家人架火烧水。等水煮开后，就由最有威望的长辈亲自司茶。

第一道：架火烧水，另将粗糙小砂罐置于文火上烘烤。烤热后取一撮茶叶放入罐内，不停转动罐子，使茶叶受热均匀。茶叶啪啪作响，色泽由绿转黄且散发出焦香味时，向罐中注入烧沸的开水。将翻腾的茶水倾注到一种叫牛眼睛盅的小茶杯中，但茶汤容量不多，仅半杯而已，一口即干。 此茶经烘烤煮沸而成，看上去色如琥珀，闻起来焦香扑鼻，喝进去滋味苦涩。主人双手奉茶，客人双手接茶。此茶虽香，却也够苦，白族称其为“清苦之茶”，寓意做人“要立业，就要先吃苦”。

第二道：主人在小砂锅中重新烤茶置水。将盛器牛眼睛盅换成小碗或普通杯子，内中放上红糖和核桃肉，冲茶至八分满时敬于客人。此茶甜中带香，被称为“甜茶”，寓意“人生在世，做什么事，只有吃得了苦，才会有甜香来”。

第三道：主人将一满匙蜂蜜及3~5粒花椒放入杯碗内，冲上沸腾的茶水，以半杯为度。客人接过茶杯，一边晃动茶杯使茶汤和作料均匀混合，一边呼呼作响趁热饮下。此茶喝起来回味无穷，可谓甜、苦、麻、辣各味俱全，因此称为“回味茶”。有时还可取一张乳扇置于文火上烘烤，当乳扇受热起泡呈黄色时，揉碎加入第三道茶中。这种茶喝起来，既能领略茶香茶味，还能尝到白族传统食品的风味，更是回味无穷，寓意人们要常常“回味”，牢牢记住“先苦后甜”的哲理。

趣味阅读

三道茶的由来

很久以前，大理苍山脚下住着一位手艺高超的老木匠，带了一个徒弟，学了多年还不让出师。一天，他对徒弟说：“你作为一个木匠，会雕会刻只算学到一半功夫。要是你能上山把大树锯成板子扛回家，才算出师。”徒弟不服，跟着师父上山锯树，但还未锯成板子，已觉口干舌燥，恳求师父让他下山取水解渴，但师父不依。徒弟忍受不住，随手抓了一把树叶放进嘴里咀嚼解渴。师父看到徒弟皱眉咂舌的样子，笑问：“味道如何？”徒弟只好实说：“好苦啊！”师父这时语重心长地说：“你要学好手艺，不先吃点苦头怎行？”直到日落西山，板子虽然锯好，但徒弟已精疲力尽。这时师父从怀里取出一块红糖递给徒弟，郑重地说：“这叫先苦后甜！”徒弟吃了这块糖后精神振作，起身把板子扛回了家。于是师父就让徒弟出师了。分别时，师父舀了一碗茶，放上些蜂蜜和花椒叶让徒弟喝下，又问：“此茶是苦是甜？”徒弟答：“甜、苦、麻、辣，什么味都有！”师父听了哈哈大笑，说道：“这茶中情由，跟学手艺、做人的道理差不多，要先苦后甜，还得好好回味。”自此开始，白族的三道茶就成了晚辈学艺、求学时的一套礼俗。以后，又成了白族人民喜庆迎客，特别是在新女婿上门、子女成家立业时，长辈谆谆告诫晚辈的一种形式。

（八）纳西族的盐巴茶与“龙虎斗”

纳西族主要生活在云南省的高山峡谷地区，海拔多在两千米以上。由于海拔高，气候干燥，主食杂粮，缺少蔬菜，茶叶早已成为纳西族人必不可少的生活资料。当地居民普遍反映，一天不喝茶就头晕脑胀，四肢无力，严重的甚至起不了床，害“茶病”。

冲盐巴茶是纳西族较为普遍的饮茶方法。居住在这里的傈僳族、汉族、普米族、苗族、怒族等民族也常饮盐巴茶。其制法是先将特制的、容量为200～400 mL的小瓦罐洗净后放在火塘上烤烫，抓一把青毛茶（约5 g）或掰一块饼茶放入罐内烤香，再将火塘旁茶壶里的开水冲入瓦罐，罐内茶水即沸腾起来，冲出泡沫。有的地方将第一道茶汁倒掉，因为不太干净。第二次再向瓦罐中冲入开水至满，待沸腾停止后，将一块盐巴放入罐内茶水中，再用筷子搅拌三五圈，将茶汁倒入茶盅，一般只倒至茶盅的一半，再加入开水冲淡，就可饮用。边饮边煨，直到茶味消失为止。

这种茶汤色橙黄，既有强烈的茶味，又有咸味，喝起来特别解乏。一般每烤一次可以冲饮三四道。由于地处高寒地带，蔬菜缺少，故常以喝茶代替蔬菜。现在，这里的人们有的已发展到全家每人一个茶罐，“包谷（玉米）粑粑盐巴茶，老婆孩子一火塘”。茶叶已成为他们的生活必需品，每日必饮三次茶，清早起来喝一次，就着吃包谷粑粑或在火塘里煨熟的麦面粑粑，吃饱喝足后，再去劳动。中午和晚上劳动回来后又喝一次茶。

“龙虎斗”的纳西语称“阿吉勒烤”，其饮用方法非常有趣，也是他们用以治疗感冒的药用茶。将茶放在小陶罐中烘烤，待茶焦黄后，冲入开水，像熬中药一样，熬得浓浓的。同时，将半杯白酒倒入茶盅，再将熬好的茶汁冲进酒里（注意不能将酒倒入茶里），这时茶盅发出悦耳的响声，响声过后，就可以饮用了。有些人还加上一个辣椒。据当地人说，喝杯龙虎斗，周身出汗，睡一觉后就感到头不昏，浑身有力，感冒也好了。

课后练习题

一、单项选择题

1. 中国文化的核心是 ______。

A. 俭朴礼敬　　B. 礼乐文明　　C. 天人合一　　D. 中庸快乐

2. 中国在五千年的历史演变过程中，不仅形成了一套宏大的礼仪思想和礼仪规范，而且其精髓深入人心，形成了完整的伦理道德、生活行为规范，礼仪文化对整个中国社会历史的影响深远而广泛，中国亦因此被称为 ______。

A. 和平民族　　B. 礼仪之邦　　C. 富强之邦　　D. 文明之国

3. 中国茶文化哲学体系中，“和谐”是茶文化的核心思想，______ 是茶文化的基石。

A. 恭敬　　B. 俭德　　C. 尚美　　D. 礼仪

4. “三茶六礼”是古代婚姻各种仪式的总称，“三茶”是指 ______。

A. 喝茶用三口　　B. 喝三杯茶　　C. 三次敬茶礼　　D. 三种茶叶

二、判断题

______ 1. 吉礼：古人祭祀为求吉祥，故称吉礼。

______ 2. 茶礼仪是在茶事活动中形成的，并得到共同认可的一种礼节、礼貌和仪式。

______ 3. 茶礼仪在不同时代、不同地域其表达形式都是一样的。

______ 4. 茶礼仪中饱含着中华民族的传统文化，是弘扬中国传统文化的最佳载体。

______ 5. 在中国古代，对为政者而言，礼更是须臾不可或离的大经大法。

三、简述题

谈谈你对茶礼仪的文化内涵“和”的理解。

学习项目四　修习精湛的茶艺

传承大师文化，弘扬匠人精神——庄晚芳

廉、美、和、敬

庄晚芳（1908—1996年），原名庄友礼，福建惠安人，著名茶学家、茶学教育家、茶树栽培专家，我国茶树栽培学科的奠基人之一。毕生从事茶学教育与科学研究，培养了大批茶学人才。在茶树生物学特性和根系研究方面取得了突出成果。晚年致力于茶业的宏观研究，在茶历史以及茶文化的研究、培养茶叶人才和茶学研究方面有卓越贡献。编著有《茶作学》《茶树生物学》《茶树栽培学》《茶树生理》《中国茶史散论》等。

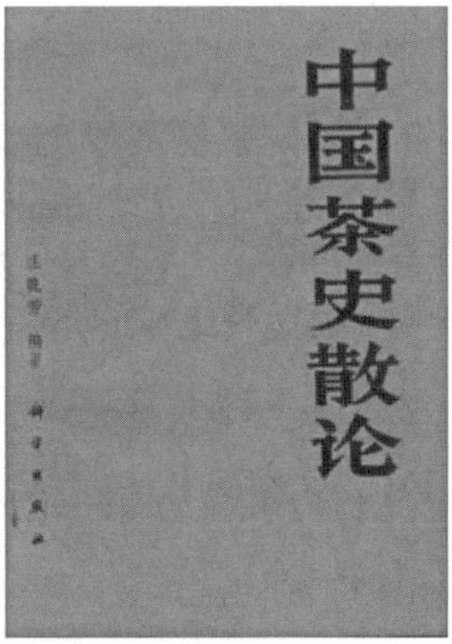

庄晚芳是我国茶树栽培学科的奠基人之一，他重视并善于总结茶树栽培经验，主持并参加茶树栽培基础理论研究。1956年，他编著的《茶作学》，是我国现代茶树栽培学的一本重要专著，对我国茶树栽培的实践及理论都有深远的影响。

庄晚芳高度重视茶史研究，致力于我国茶文化的恢复和发展。他将茶史研究和对青年的爱国主义教育结合起来，在报刊上多次发表的文章中，在向青年学生讲授茶文化专题课中，都特别强调饮茶与社会主义精神文明的关系，他在《光明日报》上发表的《茶叶文化与清茶一杯》一文，就对此作了论述。1989年，庄晚芳经过深思熟虑，将“中国茶德”精辟地概括为：廉、美、和、敬，所谓“廉”，就是“廉俭育德”，“美”就是“美真康乐”，“和”就是“和诚处世”，“敬”就是“敬爱为人”，将我国现代茶文化提升到了一个新的境界。

教学目标

知 （1）熟悉泡茶器具及使用方法；
（2）了解六大茶类及再加工茶的定义和种类；
（3）熟悉六大茶类及再加工茶的加工工艺及特点；
（4）掌握六大茶类及再加工茶的分类、名茶代表及其品质特点；
（5）掌握六大茶类及再加工茶的冲泡要点及流程；
（6）掌握以绿茶、红茶、乌龙茶、白茶为主的调饮茶的制作方法。

行 （1）能做到“因茶择具、因人择茶”；
（2）能根据茶叶的基本特征区分六大茶类及再加工茶；
（3）能按照行业标准并根据各类茶叶的特点，灵活、流畅地完成绿茶、红茶、乌龙茶、黑茶、白茶、黄茶和花茶的冲泡；
（4）能创作以绿茶、红茶、乌龙茶、白茶为主的调饮茶；
（5）能够在对客服务中，根据宾客需求介绍有关茶叶的传说、典故。

德 （1）传承工匠精神，养成良好的职业素养，树立职业自信心；
（2）提高分析问题、解决对客服务中实际问题的能力；
（3）激发学生对传统文化的热爱，主动传承、发展和传播茶文化，坚定文化自信；
（4）引导学生树立文明交流互鉴和创新发展的意识。

任务一　择器选水

走近非遗传承人——汪寅仙

锲而不舍，金石可镂

汪寅仙，1943年生，江苏宜兴人，第一批国家级非物质文化遗产项目宜兴紫砂陶制作技艺代表性传承人。中国工艺美术大师，全国劳动模范，全国三八红旗手，江苏省“有突出贡献的中青年专家”，中国工艺美术学会会员，宜兴紫砂文化艺术研究专委会顾问。曾任宜兴紫砂工艺厂副总工艺师、宜兴紫砂研究所副所长等职。

汪寅仙于1956年考入宜兴紫砂工艺厂学习紫砂工艺，先后师从吴云根、朱可心、裴石民、蒋蓉。在此期间，她参加了中央工艺美术学院在宜兴开办的培训班，艺术水准得到很大提高。汪寅仙从事紫砂事业五十多年来，勤奋研习，不仅对紫砂塑器（花货）艺术有深刻的研究，对简练的几何形体也有自己的追求和认识。她技术全面，兼容各派技艺之长，是一名创新能力很强的紫砂名家，先后设计创作了三百多件（套）作品，涉及茶具、咖啡壶、酒具、花盆、瓶、文房四宝、陈饰品等。其作品工艺规矩、稳健大气，极富自然美和生活美，不少佳作被故宫博物院、中南海紫光阁、中国历史博物馆、香港茶具文物馆、美国大都会博物馆、英国大英博物馆、中国非物质文化遗产保护中心等机构收藏。她德艺双馨，甘为人梯，倾注了大量的心血为传统的紫砂工艺培养了一批技术工人和传承人，总结并撰写紫砂论文随笔二十多篇，1997年出版《汪寅仙紫砂作品集》，2009年出版《中国工艺美术大师全集·汪寅仙卷》。汪寅仙为紫砂传统工艺的传承和发展，作出了卓越的贡献，1993年被国家授予中国工艺美术大师的称号。

一、择器

中国的茶有着悠悠数千年的历史，与之携手共进、密不可分的是茶具。茶具，从广义上讲有种茶的器具、制茶的器具和冲泡的器具，狭义上讲茶具就是冲泡的器具。常言道“水为茶之母，器为茶之父”，茶具是习茶过程中不可或缺的部分，在正式学习泡茶技艺之前，我们需要正确认识茶具并能熟练地使用茶具。

根据茶具的使用功能和泡茶的需要，可以将茶具分为：煮水器、主泡器、辅助器。

（一）煮水器

用于在茶席上煮水之用，通常为煮水炉（热源）和煮水壶两部分组成。煮水器有不同的材质、色泽与外形，选用时要与其他茶具的色泽、质地、器形线条等相搭配。

图4.1　煮水器

1. 煮水炉

常见的煮水炉有电炉、酒精炉、炭炉等。电炉适用于有电的环境，炭炉或酒精炉适用于户外的环境。

2. 煮水壶

煮水壶即水壶，又被称为随手泡。主要材质有金属、玻璃、陶器、瓷器等。

（二）泡茶器（具）

泡茶器是指用来泡茶的各种器皿。常见的有壶、盖碗、杯、碗等，其材质有金属、瓷器、陶器、玻璃等。

1. 茶壶

茶壶是日常生活中常见的冲泡器皿，壶的容积有大有小，冲泡时根据人数的多少选择大小适宜的壶。

茶壶以宜兴的紫砂壶最受欢迎。宜兴的陶土，质地细腻柔韧，黏力强而抗烧，渗透性强，用紫砂茶具泡茶，既不夺茶真香，又无熟汤气，能长时间保持茶叶的色、香、味。

图4.2　茶壶

拓展阅读

中国四大名陶

中国四大名陶，是指江苏宜兴紫砂陶、广西钦州坭兴桂陶、云南建水紫陶、重庆荣昌安富陶。1953年，在北京举办的全国民间工艺品展览会上，江苏宜兴紫砂陶、广西钦州坭兴桂陶、云南建水紫陶、四川荣昌陶器（荣昌区现为重庆市管辖，故“四川荣昌陶”改称“重庆荣昌陶”）以其悠久的历史，卓尔不凡的陶瓷品相和深厚的文化内涵，被国家轻工部命名为“中国四大名陶”。

江苏宜兴紫砂陶——宜兴陶瓷历史悠久，其中紫砂陶最具特色，已有2 400多年的历史。宜兴紫砂陶别致的造型、精湛的工艺、古朴的色泽和优良的实用功能，在国内外极富盛誉。紫砂陶有壶、杯、瓶、盆等上千个品种，其中紫砂茶壶不仅具有较高的艺术价值，还具有泡茶不走味、贮茶不变色、盛夏不易馊等独特优点，宜兴的紫砂陶在世界上都是独一无二的。

广西钦州坭兴桂陶——钦州坭兴陶已有1 300多年的历史。坭兴陶经窑变，素有“窑宝”之称。经打磨后表面会呈现出各种斑斓绚丽的自然色彩，色泽繁多，主要为古铜、墨绿、紫红、虎纹、天蓝、天斑、金黄、栗色、铁青等，若隐若现，具有很高的欣赏和收藏价值。

云南建水紫陶——云南建水紫陶历史源远流长，始于元末明初，至今已有900多年的历史。建水紫陶采用当地得天独厚且蕴藏量丰富的红、黄、紫、青、白五色土配制。建水紫陶采用无釉磨光这一特殊工艺，制成的陶器敲击声铿锵有力，被称赞为“体如铁、色如铜、音如磬、亮如镜、光照鉴人”，这个工艺是建水紫陶有别于其他陶器的独特之处，实为“陶坛一秀”。

重庆荣昌安富陶——荣昌陶产于重庆， 至今已有800多年的历史。荣昌陶器种类繁多，主要以日用陶、包装陶、工艺美术陶、园林建筑陶的生产为主。荣昌陶器采用的泥土细腻，黏性可塑性极强，烧制性能好，因此，制成的陶器不仅釉质光润，而且还具有不渗漏、保鲜好等特点，享有“泥精”的美称。

2. 盖碗

盖碗由盖、碗、托三部分组成，以杯盖为天、杯托为地、杯身为人，象征着天地人，因而又称为“三才杯”，蕴含了天盖之、地载之、人育之的古代中国哲学思想。

盖碗以瓷器为主，瓷器茶具无吸水性、密度高、保温性适中、不会吸附茶味，泡茶能获得较好的色、香、味。

图4.3　盖碗

拓展阅读

景德镇瓷器

景德镇瓷器，江西省景德镇市特产，中国国家地理标志产品。

景德镇制瓷始于汉，兴于唐，盛于宋。宋景德元年（1004年），昌南镇改名为景德镇，其制瓷技术蓬勃发展，明清后成为中外闻名的“瓷都”。景德镇瓷器造型优美、品种繁多、装饰丰富、风格独特，瓷器质地优良，尤以“白瓷”最为有名，有着“白如玉，明如镜，薄如纸，声如磬”的美誉，青花、玲珑、粉彩、颜色釉，合称景德镇四大传统名瓷。2006年5月20日，景德镇手工制瓷技艺经国务院批准列入第一批“国家级非物质文化遗产名录”。

千余年来，景德镇制瓷业集历代名窑之大成，汇各地技艺之精华，形成了独树一帜的手工制瓷工艺生产体系，创造了中国陶瓷史上最辉煌灿烂的一段历史。其成就之高、影响之大、技艺之精湛、品种之齐全，是任何时代、其他任何窑场都难以企及的。

3. 玻璃杯

玻璃杯可以用来泡茶、品茶，常用的为直身厚底玻璃杯，容量为120~200 mL，玻璃制品透明，可以很直观地观赏杯中的汤色、叶底，是冲泡、品饮名茶特别是绿茶的理想茶具。

图4.4　玻璃杯

4. 茶碗

茶碗可以用来泡茶，也可以用来点茶。根据碗的不同形状可以分为两种，一种是圆柱形碗，一种是斗笠形碗。

（三）辅助泡茶器（具）

冲泡时有部分器具并非直接参与到冲泡之中，但它们在茶席上的作用也同样重要，这一部分器皿称之为"辅助泡茶器"，其中又分为盛汤器与辅泡器。

1. 盛汤器

盛汤器是盛放泡茶器中分离出来的茶汤的器具，包括茶盅（公道杯）和品茗杯两种。

（1）茶盅，又名公道杯，又或是茶海（取其海纳百川之意），分为有柄和无柄两种，具有均匀茶汤的作用，可以作为分茶器具，主要材质有玻璃、瓷器、陶器、金属。

图4.5　茶盅

（2）品茗杯，又称饮用杯，分小杯（70 mL以下）和大杯（70~100 mL），小品茗杯用以品饮茶汤，主要材质有陶器、瓷器、玻璃等，大杯如玻璃杯可直接泡茶饮用。

图4.6　品茗杯

2. 辅泡器

（1）茶巾，可以用来擦拭、抹拭茶具，为棉织物。一般有浅色和深色两种，浅色茶巾又称洁方，用于擦拭泡饮器内壁或杯口边缘；深色茶巾又称受污，用于擦拭溅出的水滴，或吸干壶底、杯底之残余水渍，或用于托垫壶底。

（2）茶荷，也有称茶则。则，量、规则。茶荷用来量取和盛放干茶，现在多用木头、竹子、瓷器、金属、玻璃等制成。

（3）壶承，用以放置茶壶、茶碗、盖碗等泡茶器具，既可以增加美感和方便操作，又可以防止茶壶烫伤桌面。

图4.7　茶巾

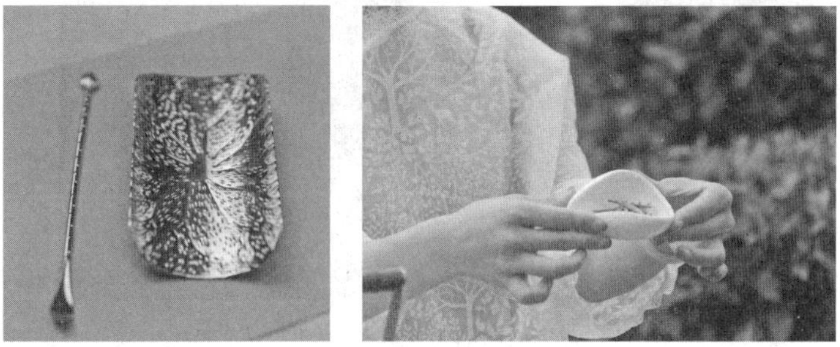

图4.8　茶荷

（4）水盂，是盛放弃水、茶渣的器皿，亦称“滓方”“滓盂”。

图4.9　壶承

图4.10　水盂

（5）杯托，又称茶船，用于搁置茶杯。由玻璃、陶器、瓷器、竹木、金属等制成。

（6）茶盘，分单层茶盘、双层茶盘两种，双层茶盘下层储水。泡茶盘用以盛放茶杯、茶碗、茶具等，作为泡茶台面。

图4.11　茶盘

（7）奉茶盘，用以放置盛有茶汤的茶盘，端茶给品茶者。通常为长方形、圆形。

图4.12　奉茶盘

（8）茶叶罐，是储茶容器，用于盛放茶叶，放在茶桌上的一般体积较小，装干茶50 g以内。

图4.13　茶叶罐

二、选水

中国人历来很讲究泡茶用水，素有“水为茶之母，器为茶之父”之说。唐代茶圣陆羽在《茶经》中对泡茶用水就有描述：“其水，用山水上，江水次，井水下。其山水，拣乳泉、石池漫流者上；其瀑涌湍漱，勿食之。”明代许次纾在《茶疏》中说：“精茗蕴香，借水而发，无水不可与论茶也。”明代张大复在《梅花草堂笔谈》中记有：“茶性必发于水，八分之茶，遇十分之水，茶亦十分矣；八分之水，试十分之茶，茶只八分耳。”明代张源谓：“茶者水之神；水者茶之体。非真水莫显其神，非精茶曷窥其体。”水质能直接影响茶质，如水质欠佳，不但使人们无法闻到茶叶的清香，品到茶叶的甘醇，而且茶汤和茶姿也失去了欣赏价值。

（一）古代择水的标准

神州大地，好山好水很多，且各有特色。因品评标准不一，无法判断哪个最优。而且随着地貌的变迁、环境的变化，更无法说清哪个该是“天下第一水”。为此，人们在长期泡茶用水的品评实践中，从不同角度提出了泡茶用水的标准，综合起来有两条：一是水质，即要求水清、活、轻，二是水味，要求水甘、冽，但均先讲究“源”。具体的择水标准为：“源、清、轻、活、甘、冽”六字。

1. 强调择水先择“源”

明代陈眉公在《诚茶》所言：“泉水石出清宜冽，茶自峰生味更圆。”张源在《茶录》中记有：“山顶泉清而轻，山下泉清而重，石中泉清而甘，砂中泉清而冽，土中泉清而白。流于黄石为佳，泻出青石无用。流动者愈于安静，负阴者胜于向阳。真源无味，真水无香。”

2. 强调水质需“清”

清，即要求水质无色透明，无沉淀物。无论从视觉、味觉、卫生学角度，还是从营养学、微量元素角度来看，清水都是优于浊水的。烹茶用水要清洁，否则难以显示茶色。宋代盛行斗茶，茶汤以“白”为上，择水强调“山泉之清洁者”。

为了获取清洁的水，除了选择泉水以外，古人想了很多澄水和养水、滤水的办法。

（1）以石养水。田艺蘅《煮泉小品》说：“移水取石子置瓶中，虽养其味，亦可澄水，令之不淆。”“择水中洁净白石，带泉煮之，尤妙，尤妙!”这种以石养水法，水石相映成趣，这些石子不但有益于水，还可陶冶情操，修身养性。

（2）漉水囊，是一种用生铜铸造的净水器具，也有人使用竹篾制作。陆羽《茶经·四之器》中记载，这种器具“圆径五寸，柄一寸五分”。具体滤水方法是：将柔软绢布以笏尺（中国尺）量四尺，持其两端，叠为二层，缝成网状。两角附带，两侧附轮，以宽一尺六寸之棒予以撑开。将两端挂于柱下，下置受盆，其实主要是用布过滤。

（3）灶心土净水法。灶心土，是烧木柴或杂草的土灶内底部中心的焦黄土块，又名伏龙肝。罗廪《茶解》说：“大瓷瓮满贮，投伏龙肝一块——即灶中心干土也——乘热投之。”

图4.14 《惠山茶会图》(局部)明 文徵明

3. 强调水质宜"轻"

古人认为水轻为佳。水质的"轻"是相对"重"而言,古人总结为:好水"质地轻,浮于上",劣水"质地重,沉于下"。古人所说水之"轻、重"类似今人所说的"软水、硬水"。明代张源在《茶录》中载有:"山顶泉清而轻,山下泉清而重"。清代乾隆皇帝一生爱茶,是一位品泉评茶的行家,他按照水的重量来考察水质的好坏。清代陆以湉在其所著的《冷庐杂识》中写道,乾隆每次出巡的时候,都会带着一只精制银斗,以便于"精量各地泉水",精心称重,并按照水的比重将水从轻到重排序,认为水质越轻,水的质量就越好。

4. 强调水品应"活"

水之活,是指水有活性,清澈流动,新鲜甘美。"流水不腐,户枢不蠹",水不活,不流动,容易滋生病菌和微生物。苏轼作为资深的品茶高手,深知活水活火的关系密切,有诗为证:"活水还须活火烹,自临钓石取深清。大瓢贮月归春瓮,小杓分江入夜瓶。"(《汲江煎茶》)烹茶用水,以"活"为贵,宋代唐庚在《斗茶记》中曰:"水不问江井,要之贵活。"但陆羽在《茶经》中写道:"瀑涌湍漱,勿食之,久食令人有颈疾。"即水活不宜过度。经过现代科学的研究证明,在流动的活水中细菌不易繁殖,而且活水还有自然净化的作用。活水中氧气和二氧化碳等气体的含量也较高,用"活水"泡出的茶汤就会特别鲜爽可口。

5. 强调水味要"甘"

甘就是水在口中有甜味,无其他异味。宋代蔡襄在《茶录》中曰:"水泉不甘,能损茶味。"明代罗廪在《茶解》中记有:"烹茶须甘泉,次梅水。"王安石有诗云:"水甘茶串香,故能美人。"水甘,令人回味。

6. 强调水味要"冽"

冽,意为寒、冷,指的是水的清冽、甘寒、清冷、鲜爽等。泉水透过清寒幽深的地下渗流漫出,水温较低,保证了二氧化碳溶解量的充沛,故入口爽冽饱满。明代田艺蘅《煮泉小品》说:"泉不难于清,而难于寒。不澄,不寒,则性燥而味必啬。"啬者,涩也。"冽则茶味独全”，尤以冰水、雪水为佳。

趣味阅读

“天下第一泉”都有哪些？

“茶圣”陆羽周游考察各地，细心品尝天下名泉，并根据其品位的高低排成名次。自从陆羽评定江西庐山的谷帘泉为“天下第一泉”后，一些历史名人也陆续对天下泉水进行排名，他们均有一定的客观标准。所以，如今称为“天下第一泉”的名泉就有四处之多，分别是江西庐山谷帘泉、江苏镇江中泠泉、北京玉泉、济南趵突泉。

江西庐山谷帘泉

位于江西九江庐山主峰大汉阳峰南面康王谷。相传陆羽遍游全国的名山大川，品尝各地的碧水清泉，按冲出茶水的美味程度，将泉水排了名次，确认庐山的谷帘泉为“天下第一泉”。谷帘泉经陆羽评定后，声誉倍增，驰名四海。历代文人墨客接踵而至，纷纷品水题留。宋代王禹偁（chēng）考究谷帘泉后，在《谷帘泉序》中说到此泉水：“其味不败，取茶煮之，浮云散雪之状，与井泉绝殊。”宋代王安石、朱熹、秦少游等都饶有兴趣地游览、品尝过谷帘泉，并留下绚丽的诗章。

江苏镇江中泠泉

中泠泉亦称扬子江南零水，位于江苏省镇江市西北长江南岸的金山上，原系江心激流中的清泉。用中泠泉水沏茶，茶味清香甘洌。据唐代张又新《煎茶水记》载，品泉家刘伯刍对若干名泉佳水进行品鉴，把宜茶的水分为七等，扬子江的中泠泉依其水味和煮茶味皆名列第一。用此泉沏茶，清香甘洌，相传有“盈杯不溢”之说，贮泉水于杯中，水虽高出杯口二三分都不溢，水面放上一枚硬币，不见沉底。从此，中泠泉被誉为“天下第一泉”。自唐迄今，其盛名不衰。南宋民族英雄文天祥有咏泉诗曰：“扬子江心第一泉，南金来此铸文渊，男儿斩却楼兰首，闲品茶经拜羽仙。”

北京玉泉

北京玉泉是乾隆皇帝钦定的“天下第一泉”。位于北京西郊玉泉山东麓，系明清两代宫廷用水水源。清乾隆皇帝是一位嗜茶者，更是一位品泉名家，据传，乾隆为验证该水水质，命太监特制一个银质量斗，用以称量全国各处送京的名泉水样，其结果是：北京玉泉水每银斗重一两，为最轻；济南珍珠泉水重一两二钱，镇江中泠泉水重一两三钱，无锡惠山泉、杭州虎跑泉水均为一两四钱，也侧面证实乾隆自定的评泉关键是水质轻。于是在裂帛湖畔刻下了御制《玉泉山天下第一泉记》：“则凡出于山下，而有冽者，诚无过京师之玉泉，故定为天下第一泉。”

济南趵突泉

乾隆御封“天下第一泉”，位居济南“七十二名泉”之首。位于济南市区中心，中华人民共和国成立后建为趵突泉公园。趵突泉古称“泺”，早在2 600年前的编年史《春秋》上就有“鲁桓公会齐侯于泺”的记载。北魏郦道元的《水经注》也写道：“泺水出历城县故城西南，泉源上奋，水涌若轮”。趵突泉水清澈透明，味道甘美，是十分理想的饮用水。相传乾隆皇帝下江南，出京时带的是北京玉泉水，到济南品尝了趵突泉水后，便立即改带趵突泉一路饮用，并封趵突泉为“天下第一泉”。

（二）现代泡茶用水的种类

自然界的水有江水、河水、湖水、泉水、井水等；经再加工的水有自来水、矿泉水、纯净水等。在当今社会条件下，由于优质山泉水不是随处可得，受气候、地理条件以及环境污染等的影响，雪水、雨水的使用也受到一定的限制，因此，现代人泡茶用水主要还是以自来水和纯净水为主。只要是符合生活饮用水卫生标准（GB 5749—2006）的都可以饮用。

1. 泉水和山溪水

一般说来，泉水和山溪水经山岩石隙、植被和沙粒的渗析，水质比较清爽，杂质少，透明度高，污染少，含有较多的矿质元素，水质最好，用来泡茶最佳。但因水源和流经途径不同，其溶解物、含盐量和硬度等均有较大差异，不是所有的泉水和山溪水都适宜用来泡茶，如硫磺矿泉水就不能用来泡茶。同时泉水也不能随处可得。

2. 江、河、湖水

江、河、湖水属地面水，通常含杂质较多，浑浊度大，靠近城镇之处更易受到污染。但在远离人口密集的地方，污染物少，且水是常年流动的，这样的江、河、湖水才可以用来沏茶。另外有些江、河、湖水虽然比较浑浊，但只要是活水，经过处理同样可成为泡茶好水。明代许次纾在《茶疏》中说：“黄河之水，来自天上，浊者土色也，澄之既净，香味自发。”因此，用江、河、湖水泡茶，一般应掌握三条：一是常年流动的“活水”；二是要远离人烟较多的城镇；三是酌情通过澄清处理。

3. 井水

井水属地下水，一般悬浮物含量较低、透明度较高，但是否适宜泡茶，不可一概而论。一般来说，深层地下水有耐水层的保护，污染少，水质洁净；而浅层地下水易被地面污染，水质较差；所以深井水比浅井水好。另外城市里的井水，受污染多，多咸味，不宜泡茶，但湖南长沙城内著名的白沙井例外，该井是从砂岩中涌出的清泉，水质好，而且终年长流不息，取之泡茶，色香味俱佳。而农村的井水受污染少，水质好，适宜泡茶。

4. 雪水和雨水

雪水和雨水被古人誉为“天泉”。用雪水泡茶，更为茶人所推崇。唐代白居易《晚起》诗中的“融雪煎香茗”，宋代辛弃疾《六幺令》词中的“细写茶经煮香雪”，还有元代谢宗可《雪煎茶》诗中的“夜扫寒英煮绿尘”，都是描写用雪水泡茶的。雨水一般比较洁净，但因季节不同而有很大差异：秋季，天高气爽，空气中尘埃较少，雨水落清冽，泡茶滋味爽口回甘；梅雨季节，天气沉闷，阴雨连绵，水味甘滑，泡茶品质较次；夏季雷阵雨，常伴飞沙走石，水质不净，泡茶茶汤浑浊，不宜饮用。不过因存在沙尘和雾霾等环境污染，城市空气中颗粒物增多，酸雨加重，无疑降低了雪水和雨水用于泡茶的可选择性。

5. 自来水

自来水一般是经过人工净化、消毒处理过的江水、河水或湖水，已达到生活用水的国家标准，都可以用于泡茶。但自来水中普遍存有消毒用的漂白粉气味，若直接用来泡茶会严重影响茶汤品质。若用自来水泡茶，经过处理后也是比较理想的泡茶用水。可将自来水存放在陶缸内，敞开静置一夜，待氯气挥发殆尽后再用。还可在自来水水龙头处接上离子交换净水器，以去除水中的氯气以及钙、镁等矿物质离子，成为离子水，此法特别适用于北方。对急需饮用而又来不及处理的自来水，可适当长时间煮沸，以驱散氯气。

6. 矿泉水和蒸馏水

目前生产的矿泉水主要有两大类：一类是纯天然矿泉水，即经过消毒灭菌等简单处理，直接罐装而成的矿泉水；另一类是经过过滤、层析、离子交换、吸附等多种严格净化处理而生产出的纯净水。这两类矿泉水用于泡茶，效果俱佳。而蒸馏水是用蒸馏法制取的水，其无污染、少杂质、水质洁净、符合卫生指标，但在去除杂质的同时将一些有益的矿物质元素也除去了，反而影响到茶水的滋味。

（三）现代泡茶用水的标准

现代科学研究表明，影响茶汤感官品质的水质因子主要有：水的总硬度、水中矿质元素含量、pH值、二氧化碳和氧气含量、水分子团的大小以及其他一些因子。

1. 水的总硬度

水的总硬度是指水中总固体溶解量。总固体溶解量高，水的硬度高，反之，则硬度低。固体溶解量主要是钙离子与镁离子的溶解量，水的硬度一般以碳酸钙溶解量计，0～150 mg/L为软水，150～300 mg/L为中硬水，300～450 mg/L为硬水，高于450 mg/L为高硬水。

水的硬度影响茶叶有效成分的溶解度。硬水中含有较多的钙镁离子和矿物质，茶叶有效成分的溶解度低，故茶味淡；而软水中含有固体溶解量低，茶叶中有效成分的溶解度高，故茶味浓。

2. 矿质元素

矿质元素有利于人体健康，是人体必需的微量元素，但对泡茶来说，水中矿质元素含量并非越多越好。茶叶在浸泡时会有多种离子浸出，钾离子浸出量最高，可达94～364 mg/L，钙、镁离子的浸出量为5～22 mg/L，锰离子和铝离子的浸出量分别为1～6 mg/L、1～10 mg/L，其他金属离子含量不超过1 mg/L，这些离子对茶汤的品质有显著的影响。

矿质元素对茶汤滋味有影响。当钙离子含量高，茶汤滋味变苦涩；镁离子含量高，容易使茶汤滋味变淡；铝离子含量高则茶汤滋味变苦；钠离子含量高，茶汤会有咸味。

矿质元素对茶汤汤色也有影响。若水中铁离子含量过高，茶汤会变成黑褐色，铁离子与茶多酚作用甚至在茶汤表面产生一层“锈油”；钙离子浓度大时，茶汤汤色变黄；铝离子浓度大时，茶汤色变浅。

3. pH值

pH是表示溶液（水）酸碱度的数值，pH等于7时，水为中性水，pH小于7偏酸性，pH大于7偏碱性。pH对茶汤汤色和滋味有影响。研究显示，茶水色泽对酸碱度的反应很敏感，用pH为7的水泡茶，茶汤的自然pH为4.8 ~ 5.0，这时绿茶汤色黄绿明亮，红茶汤色红艳明亮；当茶汤pH大于7时，绿茶汤色加深，红茶汤色因茶黄素自动氧化而晦暗；pH大于9时茶汤暗黑；pH小于3时，茶汤出现浑浊沉淀物。因此，茶汤在中性略偏酸的条件下品质较为稳定。

4. 其他因子

水中阴离子含量高低，对茶汤品质也有影响，如氯对茶汤香气和滋味都有影响。自来水中氯离子含量高，水中余氯或氯化物容易与茶汤中的茶多酚类作用，造成茶汤苦涩。又如，硫酸根离子含量1 ~ 4 mg/L时，茶汤滋味变淡薄，当含量达到6 mg/L以上，茶汤开始出现明显的涩味。自然界的水中二氧化碳和氧气含量较高，茶汤的鲜爽度会增加。

综上所述，泡茶用水应选择软水且pH值等于或略小于7的中性水或弱酸性水为宜。

老师的叮嘱

中国茶文化是一门博大精深的学问，古人仅仅是对于泡茶用水的品鉴和选择，就有这么多的要求和理论，不得不感叹“茶海无涯，学无止境”！因此，同学们在学习茶艺的过程中，一定要心存谦卑。随时保持谦逊、敬畏的心态：对自然之物的敬畏，对作为“百草之首、万木之花”的茶的敬畏，只有这样，我们才能在泡茶技艺上不断精进。

任务二　绿茶茶艺

走近非遗传承人——方继凡

一生所愿，只为茶香

方继凡，1965年出生于安徽省黄山市黄山区新明乡猴坑村，太平猴魁研制人之一方先柜

的第四代传人，从小跟随父亲方平荣学习制茶技艺。曾编制和两度修订太平猴魁国家标准，编制太平猴魁工艺规程安徽省地方标准，“太平猴魁制作方法”获国家发明专利，2008年被确定为国家级非物质文化项目绿茶制作技艺（太平猴魁）的代表性传承人。同时，他还是安徽省优秀共产党员，第九届、第十届安徽省党代会代表，黄山市第六次党代会代表，先后获评全国科普带头人、中国十大农村带头人物、2010年度“新中国六十周年茶事功勋人物”、2012年第十届全国创业之星、安徽省农民创业带头人、2014年度“十大杰出村官”、民族品牌建设优秀代表人物等荣誉称号。

起初，方继凡在市场上销售太平猴魁时，发现传统方法制作的太平猴魁虽然内在品质好，但外形不好看，价格卖不高。后来，方继凡花心思，对太平猴魁的制作工序进行了改进，增加了理条、整形工序。2004年方继凡带着他制作的太平猴魁参加了中国（芜湖）国际茶业博览会，并获得“茶王”称号。新增的理条、整形工序，让太平猴魁更加扁平挺直，匀齐美观。新法加工的太平猴魁在市场上受到欢迎，这种制作方法开始全面推广。2008年，方继凡参与太平猴魁国家标准的制定。有了国家标准，百年历史的太平猴魁制作技艺更加科学规范。如今，太平猴魁在市场上越来越受到欢迎。

一、认识绿茶

绿茶是中国历史最悠久、产地最广、产量最高、品种最多的茶类。中国产茶省（区）均产绿茶，产量较多者为浙江、安徽、四川、湖南、江西、江苏、湖北、贵州等省。中国绿茶产量占全国茶叶总产量的一半以上，绿茶消费量占到茶叶总消费量的70%以上，是主要的出口茶类。

（一）概念

绿茶，亦称“不发酵茶”，制作时不经发酵，其干茶色泽和冲泡后的茶汤、叶底以绿色为主调，因而被称为绿茶。 绿茶是中国历史上最早出现的茶类，早在1 000多年前的唐代，我国已发明蒸青方法制作绿茶。

品质优良的绿茶，其干茶色泽翠绿或黄绿，冲泡后清汤绿叶，具有清香或熟栗香，滋味鲜醇爽口，浓而不涩。

（二）制作工艺

在绿茶的制作过程中，没有发酵这一工序，是以适宜的茶树新梢为原料，经杀青、揉捻、干燥等典型工艺过程制成的茶叶。

1. 杀青

图4.15 杀青

在绿茶的加工过程中，杀青是决定绿茶品质的关键工艺。目的是利用高温破坏酶活性，防止多酚类物质的酶性氧化；除去青草气，并发生一定的热化学反应，为茶叶品质的形成奠定基础；蒸发部分水分，使叶质软化，便于塑造美观的外形。

杀青分手工杀青和机械杀青，后者采用锅式、槽式、简式杀青机或蒸汽杀青机、热风杀青机等。影响杀青质量的因素主要有温度、时间、投叶量和机具。杀青的技术要点：高温杀青，先高后低；投叶适度，嫩叶老杀、老叶嫩杀；抖闷结合，杀匀杀透，忌红梗红叶、生青叶和焦边焦叶。当叶质柔软，青气消失，香气显露时，即为杀青适度。

图4.16 蒸青

蒸青制法是中国最古老的杀青方式。是一种利用高温蒸汽破坏茶叶中酶的活性，阻止茶多酚的酶性氧化的绿茶制法。明代中国改用炒青代替蒸青。但此法自唐代传入日本后，即成为日本绿茶的主要加工方式。

2. 揉捻

在人力或机械力的作用下，使叶子卷成条并破坏叶组织的作业。是各类茶成形的重要工序，其作用是初步造型和使茶汁附于叶表，促进叶子内含物的化学变化。操作中掌握嫩叶轻揉、老叶重揉的原则。揉捻程度用“组织破损率”“成条率”“碎茶率”表示。

图4.17 揉捻

3. 干燥

让茶叶中多余的水分汽化，破坏酶的活性，抑制酶促氧化，促进茶叶内含物质发生热化学反应，提高茶叶香气和滋味，形成外形的过程。茶叶粗制的最后一道工序，精制后也要进行干燥，便于长时间储存。干燥的温度、投叶量、时间、操作方法，是保证产品质量的技术指标。根据青茶制法不同，干燥方法也不同，一般炒青制法都用炒干，烘青制法都用烘干，晒青制法都用晒干。

炒青制法：最后干燥工序为炒干。

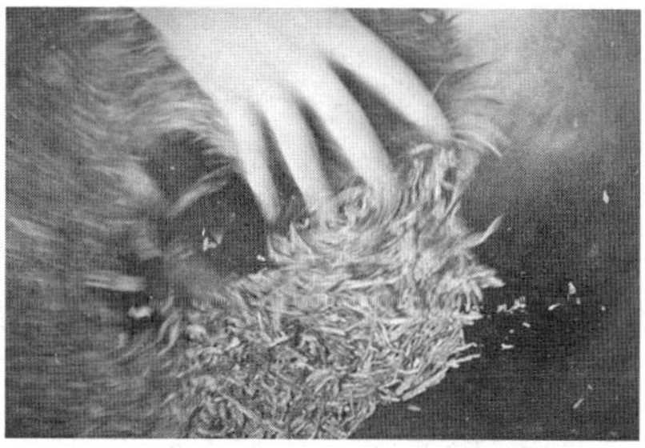

图4.18　炒青

烘青制法：最后工序为烘干的绿茶制法。

图4.19　烘青

晒青制法：利用阳光进行干燥的绿茶制法。茶叶经过杀青，揉捻后在阳光下晒至足干。

图4.20　晒青

（三）特点

绿茶作为零发酵的茶，较多地保留了鲜叶内的天然物质。其中茶多酚、咖啡碱保留鲜叶的85%以上，叶绿素保留50%左右，维生素损失也较少，从而形成了绿茶“清汤绿叶，滋味收敛性强”的特点。

拓展阅读

茶醉

喝酒会醉，喝茶也同样会醉。茶叶中含有多种生物碱和茶多酚，它具有兴奋大脑神经、促进心脏机能亢进、影响胃液的正常分泌等作用，大量饮用容易产生心慌、头晕等类似于酒醉的茶醉症状。茶碱是一种中枢神经的兴奋剂，过浓和过量都容易导致“茶醉”，导致血液循环加速、呼吸急促等一系列不良反应。造成人体内电解质平衡紊乱，进而使人体内酶的活性不正常，导致代谢紊乱。

哪些情况容易引起茶醉？一是平日很少喝茶的人，喝茶过量而醉。二是平日喝高发酵的茶，突然改喝低发酵或不发酵的绿茶或生茶时，又喝得过量，可能会引起茶醉。三是空腹时，茶喝多了也容易导致茶醉。还有茶友为了追求新鲜而喝现炒普洱茶，也容易引起茶醉。

如何解茶醉？最简单的办法就是醉茶后吃点糖或甜食。预防茶醉则可以一边喝茶一边采取措施，吃些核桃、红枣、花生、糖果、坚果、点心等。

（四）分类

绿茶产量居我国几大茶类之首，为我国产量最大的茶类，在制作工艺上由于杀青和干燥方法不同，可以分为蒸青绿茶、炒青绿茶、烘青绿茶以及晒青绿茶。按其外形又分为扁形茶、剑形茶、雀舌形茶、螺旋形茶、卷曲形茶、圆形茶、片形茶、兰花形茶、菊花形茶（表4.1）。

表4.1　绿茶分类表

纲	目	种	花色名称
绿茶	蒸青绿茶	条形	日本眉茶
		圆形	日本玉露茶
		类圆形	日本、印度贡熙和付熙
		片形	日本碾茶、日本秀眉
		针形	恩施玉露、日本玉露、日本煎茶
	炒青绿茶	圆形	珠茶，泉冈灰白
		类圆形	贡熙、涌溪火青、金龙玉珠
		直圆条形	珍眉、茗眉
		弯圆条形	碧螺春、都匀毛尖
		扁条形	西湖龙井、顶谷大方、大佛龙井、敬亭绿雪、天柱剑毫
		片形	秀眉、绿片
		针形	雨花茶、松针、信阳毛尖、庐山云雾（特级）
		花形	绿牡丹、菊花茶、舒城小兰花
	烘青绿茶	直圆条形	黄山毛峰、香芽、华山银毫
		条形	岳西翠兰、霍山黄芽、九华佛茶、兰香
		扁条形	香芽、六安瓜片（净揉捻的）
		尖形	天平猴魁（传统做法）、黄花云尖
		片形	六安瓜片、太平猴魁
		细粒形	绿碎茶
	晒青绿茶	粗条形	滇青、川青、陕青

续表

纲	目	种	花色名称
绿茶	窨花绿茶	条形	茉莉花茶、白兰花茶、珠兰花茶
		扁条形	珠兰大方
		片形	茉莉绿片、珠兰三角片
	蒸压绿茶	方形	普洱方茶
		圆团形	沱茶
		饼形	小饼茶
	再加工绿茶	茶粉	超微绿茶粉、抹茶
		速溶	速溶绿茶
		袋泡	袋泡绿茶
		即饮	绿茶饮料
		茶汁	绿茶浓缩茶汁

（五）名优绿茶赏析

1. 洞庭碧螺春

产地：江苏省苏州市吴县太湖的东洞庭山及西洞庭山一带。

制作工艺：春分至谷雨时节，采摘江苏苏州吴县太湖的东洞庭山及西洞庭山一带的螺形炒青绿茶一芽一叶初展，经摊青、杀青、炒揉、搓团、焙干制成，每500 g干茶有芽叶6万多个，分一至七级。

图4.21 洞庭碧螺春

品质特征：条索纤细，卷曲成螺，茸毫密披，银绿隐翠，清香文雅，滋味鲜醇，汤绿清明，叶底柔嫩，素有一嫩三鲜（色鲜、香鲜、味鲜）之称。

唐代陆羽《茶经·八之出》载有："苏州长洲县生洞庭山，与金州、蕲州、梁州同。"北宋朱长文《吴郡图经续记》中载："洞庭山出美茶，旧为入贡。"洞庭小青山坞水月寺即唐代贡茶院遗址，今尚存有一断石碑，上刻宋代诗人苏子美诗："万株松覆青云坞，千树梨开白云园，无碍泉香夸绝品，小青茶熟占魁元。"至清康熙年间，洞庭茶遂演化成碧螺，清代王应奎《柳南续笔》："洞庭东山碧螺峰石壁，产野茶数株，每岁土人持竹筐采归，历数十年如是，未见其异也。其茶异香，土人呼吓煞人香。"清康熙三十八年（1699年）驾幸太湖，抚臣宋荦购此茶以进，上以其名不雅，题之曰"碧螺春"，自此，地方大吏岁必采办进奉。主销京、津、沪、穗等大城市及港台地区，外销日本、美国、新加坡、马来西亚等国。

2. 西湖龙井

产地：浙江省杭州市西湖区一带。

图4.22　西湖龙井

制作工艺：以细嫩的一芽一二叶为原料，经摊放、青锅、摊凉和辉锅制成，炒制手法有抖、搭、拓、捺、甩、推、邦、压、磨等十多种，随炒制过程变化运用。

品质特征：色泽翠绿，扁平光滑，形似“碗钉”，汤色碧绿明亮，清香，滋味甘醇。

杭州西湖山区产茶历史悠久，唐代陆羽《茶经·八之出》记载：“天竺、灵隐二寺产茶。”北宋时，下天竺产的“香林茶”，上天竺产的“白云茶”，葛岭宝云山产的“宝云茶”已列为贡品。明《嘉靖通志》“杭郡诸茶，总不及龙井之产，而雨前细芽，取一旗一枪，尤为珍品。”明代高濂《四时幽赏录》：“西湖之泉，以虎跑为最。两山之茶，以龙井为佳。”历史上因产地和炒制技术的不同有狮（狮峰）、龙（龙井）、云（五云山）、虎（虎跑）、梅（梅家坞）等字号之别，其中以“狮峰龙井”为最佳。内销西湖龙井分狮峰特级、梅坞特级、龙井特级、狮峰上级、梅坞上级、龙井上级以及一至六级共12个花色级别。外销龙井茶分极品、特级、一至五级及龙井片共8个花色级别。主销江、浙、沪等各大城市，外销东南亚及西欧各国。

3. 太平猴魁

产地：安徽省黄山市贡山区（原太平县）新明、龙门一带。

制作工艺：“拣尖”时须剔除芽叶过大、过小、瘦弱、弯曲、色淡、紫芽、对夹叶、病虫危害者（即“八不要”）。经杀青、毛烘、足烘、复培制成。

品质特征：猴魁平扁挺直、二叶抱芽、自然舒展、白毫隐伏，有“猴魁两头尖，不散不翘不卷边”之称。叶色苍绿匀润，叶脉绿中隐红，俗称“红丝线”。花香高爽，滋味甘醇，香味有独特的“猴韵”。

图4.23　太平猴魁

猴魁创制于猴坑，太平猴魁包括三个品类：猴魁、魁尖、尖茶。猴魁为上品，产于猴坑猴岗、颜家一带，分3个等级，其他产区的称魁尖（分上魁、中魁、次魁），采摘标准为一芽二叶。并严格做到“四拣”，即拣山、拣丛、拣枝和拣尖（即拣大小整齐，老嫩一致的一芽二叶壮芽），要求叶缘背卷嫩绿，叶尖芽尖等长，以保证成茶“二叶抱芽”。尖茶（分六级12等）产品主销上海、北京、南京等城市及安徽各地。

4. 六安瓜片

产地：安徽省六安、金寨、霍山三市县响洪甸水库周围。

制作工艺：六安瓜片制作方法分生锅、熟锅、毛火、小火、老火五道工序。拉老火为制作关键，其要诀为木炭火焰须猛，上烘时间须短，翻烘次数须多。

图4.24　六安瓜片

品质特征：外形匀齐，纤秀似眉，白毫披露，色翠绿润，汤色浅绿，嫩香高长，滋味鲜醇，有花香。六安瓜片呈瓜子形单片状，自然伸展，叶绿微翘，色泽宝绿艳丽，大小匀整，不含芽尖茶梗，清香高爽，滋味鲜醇。

清乾隆四十一年（1776年）《霍山县志》载："霍北迤逦而西，约二百余里，皆茶山也。"瓜片是在"小茶"的基础上创新而成。以金寨县齐头山（冲）的质量最优，称"齐山名片"。采摘一芽二三叶，及时掰片，老片嫩片分开炒制。近年创制的"齐山翠眉"，就是用掰下的芽头单独炒制而成。历史上的产品分级方法系按采摘季节分为三个品级：谷雨前采制者称"提片"，品质最好；谷雨后采制的大宗产品称"瓜片"；进入梅雨季节后采制的粗老叶称"梅片"，品质最次。齐山名片现分一、二、三等。六安瓜片按产区分为内山瓜片和外山瓜片，分别都分四级八等。

图4.25　信阳毛尖

5. 信阳毛尖

产地：河南省信阳市西南山一带。

制作工艺：采摘细嫩的一芽一二叶，经摊青、生锅、熟锅、初烘、摊凉、复烘制成。

品质特征：细圆光直多白毫，色泽翠绿，汤色清澈，香气高爽，滋味甘醇。

信阳毛尖亦称"豫毛峰"。历史上信阳毛尖以五云（车云、集云、云雾、天云、连云），两潭（黑龙潭、白龙潭）、一山（震雷山）、一寨（何家寨）、一寺（灵山寺）等名山头的茶叶最为驰名。信阳县古称义阳，产茶历史悠久，唐代陆羽《茶经》中把信阳县划归淮南茶区。唐《地理志》载："义阳土贡品有茶。"北宋苏东坡赞曰："淮南茶，信阳第一。"在清代已被列为贡品。分特级、一至五级共12等，谷雨前的优质茶称"雪芽"，谷雨后的称"翠峰"，再后的称"翠绿"。主销全国各大中城市及港澳地区，外销日本、美国、德国、新加坡和马来西亚。

6. 蒙顶甘露

产地：四川省雅安市蒙顶山（又名蒙山）。

图4.26　蒙顶甘露

制作工艺：采摘初春单芽或一芽一叶初展，经摊放、杀青、揉捻、整形提毫、烘焙、复火制成。

品质特征：紧秀多毫，翠绿油润，汤色黄绿明亮，嫩香馥郁，鲜嫩爽口。

蒙山茶始于西汉。西汉甘露年间（公元前53—50年），吴理真在蒙顶山植下七棵茶树，开创了人工种植茶树的先河，故以汉宣帝刘询的年号“甘露”取名。唐玄宗亲封此地为皇茶园，是中国有文字记载的人工种茶最早的地方。唐天宝元年（742年），蒙顶名茶始被列为贡品。唐代至清代年年入贡，1 200余年从无间断。蒙顶名茶价格贵，唐代杨烨撰《善夫经手录》记有“束帛不能易一斤先春蒙茶”。宋时，因连年用兵，所需战马，多用茶换取，蒙山茶成为“不得他用，定为永法”的易马专用茶。“扬子江中水，蒙山顶上茶”的千古流唱；唐代白居易“琴里知闻唯渌水，茶中故旧是蒙山”的比拟吟咏；宋代文同“蜀土茶称圣，蒙山味独珍”的品茶心得，更是赋予了蒙山茶无与伦比的茶文化底蕴。现今蒙顶甘露主销我国西南地区。

7. 竹叶青

产地：四川省峨眉山市周围地区。

制作工艺：采摘四川小叶种一芽一叶初展和一芽二叶初展，经摊放、杀青（锅炒杀青后改为机制蒸青）、做形、烘焙制成。

品质特征：竹叶青茶外形扁平光滑、挺直秀丽，匀整、匀净，干茶色泽嫩绿油润；香气嫩栗香、浓郁持久，汤色嫩绿明亮，滋味鲜嫩醇爽，叶底完整、黄绿明亮。

图4.27　竹叶青

竹叶青产于20世纪60年代，民间相传为峨眉山龙门峒僧人创制。1964年4月20日陈毅来峨眉山，应万年寺住持眼宽之请，即兴命名，取竹子翠绿清新、生机盎然之意。主销上海、成都等城市。

图4.28　顾渚紫笋

8. 顾渚紫笋

产地：浙江省长兴县顾渚山区。

制作工艺：采摘一芽一二叶，经初展、摊青、杀青、理条（带有轻揉捻作用）、摊晾、初烘、复烘制成。

品质特征：新制极品茶芽叶相抱似笋，上等茶形似兰花，色泽翠绿，银毫明显，滋味甘醇，茶汤清澈晶亮，叶底细嫩成朵。分紫笋、旗芽、雀舌三级。

顾渚紫笋亦称“湖州紫笋”，是中国历史上著名的上品贡茶。“紫笋”二字，源自唐代陆羽《茶经·一之源》：“阳崖阴林，紫者上，绿者次；笋者上，芽者次。”“紫笋”系指茶品上乘。唐代宗曾于广德年间命长兴县进献紫笋贡茶，明洪武八年（1375年）“革罢”此贡茶，前后延续600多年。现今主销杭州、上海等城市。

9. 南京雨花茶

产地：江苏省南京市郊江宁、溧水、高淳、六合等地。

制作工艺：清明前后采摘初展的一芽一叶，经摊放、杀青、揉捻、整形干燥精制制成。分特级和一至四级。

品质特征：紧直圆绿，锋苗挺秀，形似松针。每500 g干茶有芽头约5万个。内质清香，味醇汤绿。

图4.29　南京雨花茶

南京地区古已产茶，清代江南商务局在南京设有植茶公所，在钟山南麓灵谷寺一带垦荒植茶。20世纪50年代末，为纪念在南京雨花台殉难的革命先烈，象征先烈忠贞不屈、万古长青而命名。主销京、沪、穗等城市，以及日本等东南亚国家。

图4.30　恩施玉露

10. 恩施玉露

产地：湖北省恩施市五峰山一带。

制作工艺：采摘细嫩的一芽一二叶，经蒸青、扇干水汽、铲头毛火、揉捻（回转和对揉）、铲二毛火、整形上光、烘焙和拣选制成。

品质特征：条索紧圆、光滑、纤细挺直如松针，苍翠绿润，如鲜绿豆，汤色嫩绿明亮、清香，滋味醇爽，叶底嫩绿匀整。

恩施玉露曾称“玉绿”，亦称“玉露茶”，产于湖北恩施，始制于清康熙年间。当时恩施芭蕉、黄连溪有一蓝姓茶商，垒灶研制，其焙茶灶与今日之玉露茶焙炉相似。分特级、一至五级。主销恩施、襄樊、豫西、武汉等地，外销日本。

（六）绿茶功效

由于绿茶为不发酵茶，所以绿茶中多酚类物质含量较高，氨基酸、维生素等营养丰富，滋味鲜爽清新，带收敛性，香气清鲜高长，汤色碧绿。绿茶味苦，微甘，性寒凉，是清热、消暑降温的凉性饮品。绿茶具有抗氧化、抗衰老、降血压、降脂减肥、抗突变防癌、抗菌消炎的作用，效果优于其他茶类。绿茶性寒凉，若虚寒及血弱者饮之既久，则脾胃恶寒，元气倍损。绿茶不适合胃弱者饮用，患冷症病者，不宜常饮绿茶。

二、修习绿茶茶艺

（一）准备

中华民族是礼仪之邦，“礼”是中国传统文化的核心。以茶为礼以表敬意，因此茶艺师在开始冲泡前，除了备茶和备具这样的基础准备工作之外，还须保持清洁的身体、整洁的妆容及平和的心态。

将所用之器皿洗净、擦干，放置在茶盘之中，称之为备具；将茶盘中的器皿布置在茶席之上称之为布具。每一件器具在茶盘或是茶席上都有自己固定的位置，各得其所才能发挥各自的作用。

（二）择器备具

茶艺师要结合每一类茶的特性，合理地选择茶具，才能够将茶的形、色、味最好地展现出来。绿茶，是采用茶树新梢和嫩芽，未经发酵而制成的，其最大限度地保留了茶叶原本的鲜绿特征，在冲泡时我们要将绿茶的这一特征展现出来，选择极具观赏性的玻璃杯进行冲泡，品饮时可以观赏绿茶在水中缓缓舒展、游动、变化之美。按照中国茶业学会于2019年8月6日颁布并正式实施的《茶艺职业技能竞赛技术规程》中所规定的茶具标准进行择具（表4.2）。

表4.2　《茶艺职业技能竞赛技术规程》绿茶茶具标准

器具名称	数量	质地	容量或尺寸
玻璃杯	3	玻璃	直径700 mm，高850 mm，容量200 mL
玻璃杯垫	3	玻璃	直径120 mm
茶叶罐	1	玻璃	直径80 mm，高160 mm
随手泡	1	玻璃	容量1 200 mL
茶荷	1	竹制	长145 mm，宽55 mm
茶匙	1	竹制	长165 mm
茶巾	1	棉质	长300 mm，宽300 mm
水盂	1	玻璃	容量600 mL
茶盘	1	木质	长500 mm，宽300 mm

将三个玻璃杯倒扣在杯托上，从左下至右上对角线在茶盘上摆放，随手泡放在右下角，水盂放在茶盘的左上角，茶叶罐放于中间玻璃杯的前面，茶荷叠放在茶巾之上，放置在中间玻璃杯的后面。

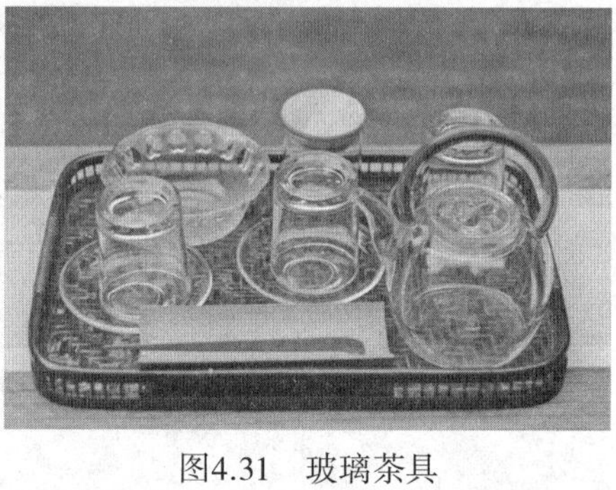

图4.31　玻璃茶具

（三）冲泡三要素

如何将一杯茶泡出好的滋味？需要关注的无非三点：投茶量、冲泡的水温、冲泡时间以及冲泡的次数，这也就是我们常常说到的冲泡三要素。三个充满变数的环节，如果能做到协调统一，便可以成就一杯好茶。

1. 投茶量

以每杯2 g计算，三杯总量应是6 g。玻璃杯冲泡的关键在于投茶时茶叶的均匀投放。

2. 冲泡时的水温

一般是使用刚烧开的水，夏天可以直接倒入玻璃壶中，冬季如果温度较低，水温下降很快，可以使用温茶炉保持温度。总的来说，水温在85 ℃较为合适。

将水温控制在85 ℃，并非怕烫坏茶叶，而是为了品茗者考虑。品饮茶汤最适宜的温度在45 ℃~50 ℃，超过60 ℃则会因为过烫破坏味蕾的感受，从而影响品饮的滋味，绿茶在使用玻璃杯进行冲泡时，因为没有公道杯和茶杯的环节，温度下降较慢，所以将冲泡的水温降至合适的温度，一杯浓度和温度都适宜的茶汤是对品饮者最好的尊重。

3. 冲泡的时间控制

冲泡绿茶一般来说需要2~3分钟的时间，茶汤内的浸出物才会达到一定的浓度，因而冲泡绿茶需要分两次注水。第一次少量注水，摇香，让茶叶充分浸润到水，摇香是这个步骤的关键环节，根据茶叶条索的松紧度调整摇香的速度，茶条紧实则摇香速度缓慢，茶条松散则摇香快速。第二次注水时，要让茶叶在水中翻滚起来，可以沿用第一次的定点注水，也可以用三上三下的方式，让水流动起来，这样既可以保持茶汤的浓度一致，也有散热的作用。

（四）冲泡流程

绿茶按照采摘的标准分为名优绿茶以及大宗绿茶，冲泡时根据芽叶的老嫩度，可以选择上投、中投或者下投的冲泡方式。本节以下投法为例，详解冲泡流程。

上场→放盘→鞠躬行礼→布具→赏茶→温杯→置茶→润茶→摇香→冲泡→奉茶→收具→鞠躬行礼→退回

茶艺师在泡茶的过程中举止姿态要给人一种美好的感受，泡茶中的每一个动作都要圆活、轻灵、连绵，动作要有起伏、虚实和节奏感，这样才能让观者深深地体会其中的韵味。

老师的叮嘱

行茶时的取物手法

捧取法：以女性坐姿为例。搭于胸前或前方桌沿的双手慢慢向两侧平移至肩宽，向前合抱欲取的物件（如茶叶罐），双手掌心相对捧住基部移至需安放的位置，轻轻放下后，再去捧取第二件物品，直至动作完毕复位。多用于捧取茶叶罐、茶匙筒、花瓶等立式物件。

端取法：双手伸出及收回动作同前法，端物件时双手手心向上，掌心下凹作“荷叶”状，多用于端取赏茶盘、茶中盘、扁形茶荷、茶点、茶杯等。

1. 上场

身体自然放松，挺胸收腹，目视前方，上手臂自然下垂，腋下松空，小臂与肘平，茶盘高度以舒适为宜，离身体半拳距离，右脚开步。

图4.32　上场

2. 放盘

右蹲姿，右脚在左脚前交叉，身体中正，重心下移，双手向左推出茶盘，放于茶桌上。双手、右脚同时收回，成站姿。

3. 鞠躬行礼

双手松开，贴着身体，自然滑到膝盖处，头背成一条直线，以腰为中心身体前倾90°，停顿3秒，身体带着手起身成站姿。

图4.33　放盘

图4.34　鞠躬行礼

4. 布具

从右至左布置茶具。布具完毕后，三个玻璃杯在茶盘的对角线上，水壶和水盂在右侧，茶道六君子和茶荷在左侧，茶巾置于茶盘后。

图4.35　布具

5. 赏茶

将茶荷奉给客人，请他们欣赏茶的外形、色泽及嗅闻干茶香。

图4.36　赏茶

6. 温杯

右手提开水壶，左手半握拳搭桌沿，逆时针转右手腕，令水流沿茶杯内壁冲入，约占容量的1/3，右手转腕断水，逐个注水完毕后开水壶与茶巾复位。右手握茶杯基部，左手托杯底，双手手腕作逆时针转动，杯沿依向后、向右、向前、向左、向后、扶正的顺序回旋，令茶杯各部分与开水接触，然后双手滚动茶杯，将开水倒入水盂，杯入茶托。

图4.37　温杯

7. 置茶

将茶荷中的干茶分别投入三个茶杯中，一般茶与水之比为1∶50，每杯用茶叶2~3 g，冲水量100~150 mL。

8. **润茶**

以回转手法向玻璃杯内注少量开水(水量以浸没茶样为度),目的是使茶叶充分浸润,促使可溶物质析出。浸润泡时间约20~60秒,可视茶叶的紧结程度而定。

图4.38　置茶

图4.39　润茶

9. **摇香**

左手托住茶杯杯底,右手轻握杯身基部,运用右手手腕逆时针旋转茶杯,左手轻搭杯底作相应运动,称作摇香。此时杯中茶叶吸水,开始散发出香气,摇毕可依次将茶杯奉给来宾,敬请品评茶之初香,随后依次收回茶杯。

图4.40　摇香

图4.41　冲泡

10. **冲泡**

右手执水壶,左手半握拳搭在桌沿,用凤凰三点头手法,高冲低斟将开水冲入茶杯,应使茶叶上下翻动。这一手法除具有礼仪内涵外,还有利用水的冲力来均匀茶汤浓度的功效。冲泡水量控制在杯总容量的七成即可,一则避免奉茶时有如履薄冰、战战兢兢的窘态,二则向来有"浅茶满酒"之说,七分茶三分情之意。

11. **奉茶**

双手将泡好的茶依次敬给来宾。这是一个宾主融洽交流的过程,奉茶者行伸掌礼请用茶,接茶者宜点头微笑表示谢意，或答以扣手礼。

图4.42　奉茶

12. 收具

奉茶毕，将不需之具收回，顺序为先布的具后收回，放置原则先左后右，前低后高，即左前为茶荷，左后为茶匙筒，茶巾在盘中后，水盂在盘右前，水壶在盘右后。

图4.43　收具

13. 鞠躬行礼

图4.44　鞠躬行礼

14. 退回

（五）收尾

收尾工作在水房里完成，不属于演示的内容，但也是修习的重要部分，必不可少。把用过的器具洗净、擦干，再将奉茶的三个玻璃杯收回，清洗、沥干，放入贮藏间对应的柜子内，把场所收拾干净，布置如初。有始有终，做好收尾工作，也为后面的习茶者做好准备。

图4.45　收尾

（六）玻璃杯冲泡绿茶的三种投茶方式

明代张源在《茶录》中第一次提到上中下投茶方法："投茶有序，毋失其宜。先茶后汤曰下投。汤半下茶，复以汤满，曰中投。先汤后茶曰上投。春秋中投。夏上投。冬下投。"

古人以季节来分上、中、下投泡法，而今天的我们则主要以茶的外形特征来甄选上、中、下投泡法。

1. 上投泡法

玻璃杯上投泡法，是先注水至七分满，再将茶叶投入。适合上投泡法的绿茶，其外形特征为细紧、卷曲、重实、显毫，如碧螺春、都匀毛尖、信阳毛尖等，这些绿茶毫多、细嫩，用上投泡法，茶叶以自身的重量慢慢沉入杯底，大部分茶毫依附在茶上慢慢下沉，极少漂在汤里，所以茶汤仍清澈明亮。若用下投置茶，水的冲力使茶毫脱落，茶汤就会混浊，视觉效果不够愉悦。用上投法泡茶，因茶叶原料较细嫩，故水温宜略低，70～80 ℃较为合适。

2. 中投泡法

玻璃杯中投泡法，是先注水1/3，再投茶浸润，最后再注水至七分满。适合中投泡法的绿茶，茶的外形介于适合上投与下投两者之间的绿茶，似卷非卷，似扁非扁，如羊若青等，可以选择中投泡法，水温以90 ℃左右为宜。

3. 下投泡法

玻璃杯下投泡法，是先投茶到杯中，再注水至七分满。适合下投泡法的绿茶，其外形特征为体积较大，芽叶肥壮，如扁形、兰花形、颗粒形等大部分绿茶，冲泡这些绿茶所需的水温较高，一般为90～95 ℃，冲泡时间略长，需2～3分钟。

老师的叮嘱

《老子》在第六十四章里有说道："合抱之木，生于毫末；九层之台，起于累土；千里之行，始于足下。""慎终如始，则无败事。""民之从事，常于几成而败之。"事情快要成功时反而失败，因此，要"慎终如始"，习茶也一样。

慎始，开始要谨慎。行茶前的悉心准备，对茶性的了解，选配合适的茶具，对泡茶用水的掌握，以及每一种冲泡手法对茶汤品质所产生的影响等，都应了然于心。

慎终，结束时也要谨慎。完成泡饮过程后，也要谨慎有序地完成收具工作，恢复席面的"无"，再清洁整理茶具，物归原位。

慎始慎终，养成良好习惯，并逐渐内化成茶艺师的职业素养。

三、绿茶调饮茶创新与制作

调饮茶是指以茶叶为原料，混合其他物料调配而成的可以饮用的茶饮品，或是在茶冲泡过程中，向茶汤内添加一些既可以调味，又可以增加茶汤营养成分的佐料形成的饮品。

我国是茶的故乡,调饮茶的茶叶来源丰富，茶具美丽多样（除了中式茶具，还有民族茶具、西式茶具等），冲泡方式众多（有冷饮、热饮），茶汤滋味丰富，茶艺风格多样。近年来，调饮茶越来越受到大众的欢迎，尤其是年轻一代，自主创新的饮茶方式已成为趋势和潮流。

在进行绿茶调饮茶制作时，要充分考虑到绿茶的特性，以更好地凸显绿茶清爽的口感与清新的气质。比如摩洛哥人就喜欢在绿茶中加入少量薄荷，更大地发挥绿茶清热解暑的功能，同时香气更加清新，汤色更加翠绿。夏日，绿茶中加入少量金银花、菊花、枸杞、荷叶是常见的选择。此外，青柠或青梅、百香果、青苹果等水果与冰块的搭配也极为不错。若是担心滋味酸或苦涩，可以加入一些冰糖、糖浆、蜂蜜进行调味。

1. 人间甘露

（1）配料：甘露5 g、伏特加1.5 oz、蜂蜜1 oz、牛奶1 oz、椰汁2 oz。

（2）器皿：古典杯、雪克壶、盎司器、捣棒、滤网。

（3）饮用时间：春夏季节。

（4）调饮步骤：

①将5 g甘露加入雪克壶中，并用捣棒将甘露研磨碎。

②按照比例依次将伏特加、蜂蜜、牛奶、椰汁加入雪克壶后，加入摇冰4块。

③将雪克壶盖子合紧，双手持雪克壶，用手腕力量进行摇壶至壶壁挂霜即可。

④使用双层过滤的方法将摇好的茶汤倒入古典杯中出品。

图4.46　人间甘露

2. 茗

图4.47　茗

（1）配料：竹叶青5 g、金酒1 oz、白葡萄酒1 oz、接骨木花糖浆1盎司、竹叶2片。

（2）器皿：竹筒、盖碗、雪克壶、公道杯、盎司器。

（3）饮用时间：春夏季节。

（4）调饮步骤：

①将5 g竹叶青放入盖碗中进行冲泡，闷泡1分30秒后出汤至公道杯放凉备用。

②按照比例依次将金酒、白葡萄酒、接骨木花糖浆、竹叶青、摇冰加入雪克壶。

③将雪克壶盖子合紧，双手持雪克壶，用手腕力量进行摇壶至壶壁挂霜即可。

④将碎冰装入竹筒后再倒入摇和好的茶汤。

⑤用竹叶进行装饰后出品。

四、日本茶道

日本茶道源于中国，至今已经有上千年的历史，在漫长的历史衍变中形成了精美的东方文化。提到日本茶道与中国的关系，将南宋的点茶传入日本的是镰仓时代的荣西禅师；将明代的撮泡传入日本的是江户初期的隐元禅师。现今日本茶道分抹茶道与煎茶道，两者相比较还是有很大区别。

（一）茶叶形态不同

抹茶道，又叫“茶之汤”。其很大程度上保持了中国古代蒸青“碾茶”的生产特点，将茶叶（鲜叶)蒸热后，稍加揉捻，直接烘干，再用机械搓成超微粒粉末，拣去茶梗，制成“抹茶”。

煎茶就是蒸青工艺制作而成的一种绿茶，其干茶色泽更接近茶叶天然本色，如玉露茶就是煎茶中的高级品。简单来说煎茶道就是用温水冲泡茶叶直接饮用的方式。

（二）冲泡方式不同

抹茶道细讲就是开水温热茶碗后，用茶匙将约1匙半的抹茶粉置于茶碗中。再冲入约1/4碗容量的热水（80~90 ℃），随后用左手中指及拇指按住碗口，右手拿起茶筅先轻搅抹茶，使其溶于水中，再以中快的速度搅拌茶水，直至所有粉末溶于水中，闻香品茗即可。抹茶道根据茶的浓淡程度又分为浓茶、薄茶。

煎茶道细讲就是水烧沸后离火静置，温杯净具后备茶。煎茶加工精细，适宜水温为70 ℃左右（高级名优煎茶水温更低），注入三分之一水温润，再注水七分满，静置约1分钟后开始饮用。

（三）环境氛围不同

抹茶道的艺术氛围古朴、雅致，富有禅味。单从茶碗就可以看出，从造型到色彩、左右的不对称、釉没足色或表面粗糙等，稚拙笨朴又蕴藏枯淡的清寂之美。

煎茶道的艺术氛围则是明丽清雅。将赏画、闻香、插花、文房诸器皆入茶道，富有儒雅气息。在以简洁为主的基础上尊重美的追求，如一卷悬挂的卷轴或一盆插花，表现出与大自然协调的美。

（四）茶道流派古今代表人物不同

从南宋“点茶”由镰仓时代（1185—1333年）的荣西禅师传入日本开始，经日本茶人村田珠光、千利休等人继承并逐渐发展形成抹茶道，与我国宋元文化有紧密的联系。抹茶道是日本茶道的主流，全国盛行。现今日本抹茶道最具影响力的是“里千家”“表千家”。

日本煎茶道与唐代的煎茶道并无直接联系，而与我国明清文化有着紧密的联系。较抹茶道相比，其起步时间较晚，由江户时期（1603—1867年）的隐元禅师将明朝“泡茶”法传入日本，经小笠原长生等人的倡导，与日本礼法结合，慢慢形成现今流传的煎茶道。

任务三　红茶茶艺

走近非遗传承人——王昶

缘起茶香，终为茶匠

王昶，1966年1月生，2015中国茶叶行业年度经济人物，国家非物质文化遗产红茶制作技艺（祁门红茶制作技艺）代表性传承人。

1982年，王昶进入祁门县凫峰茶厂，从事茶叶生产制作。1983年，作为厂里最年轻的技术

骨干，被派遣到安徽省祁门茶厂学习祁门工夫红茶传统制作技艺。这个17岁的少年，凭借着吃苦耐劳、虚心好学、孜孜以求的精神，以及对红茶的那份热情和钟爱，经过三年的刻苦学习与实践，熟练掌握了祁门工夫红茶抖、撩、飘、撼筛等红茶制作的技艺要诀和审评、拼配等全部技艺。从初制的萎凋、揉捻、发酵和干燥等每一个关键控制点，他都了然于胸。并与师傅陈季良、闵宣文共同参与制作了祁红国礼，参加1983年国家对外经济贸易部出口优质商品的评选，获得了我国茶叶的第一枚金牌。1987年，在两位师傅的邀请下，他们再度合作，祁门红茶又一次获得了在比利时首都布鲁塞尔举行的第26届世界优质食品评选会金奖，赢得了中华人民共和国建立以来安徽出口商品的第一枚国际金奖。2019年，王昶亲手制作的祁门工夫红茶获第四届中国茶业博览会金奖。

近几年，随着机制技术的推广，百年祁红传统制作技艺濒临消亡。2019年8月，王昶带领他的徒弟和公司的有关技术人员，在祁门红茶传统制作工艺的基础上进行改进，采用全手工工序，研制出一种祁红皇茶的加工工艺，一举解决了目前祁门红茶生产过程中茶毫少、易断碎、茶末多、香气沉闷等弊端，并使祁门红茶产品附加值增长了四倍。

王昶，一个普普通通的农民，一个平平淡淡的学徒，一个真真切切的创业者。这个中国当代最年轻的祁门红茶制作技艺代表性传承人，肩负着几代祁红茶人的重托，为使祁红的辉煌沿袭不衰，他手把手地培养祁红制作技艺的接班人，在做着又一个更大、更美的梦……

一、浅析红茶

红茶是我国生产和出口的主要茶类之一，为我国第二大茶类，素以香高、色艳、味浓驰名世界。红茶在加工过程中发生了以茶多酚酶促氧化为中心的化学反应，产生了茶黄素、茶红素等新成分，香气物质比鲜叶明显增加，所以具有红茶、红汤、红叶和香甜味醇的特征。

图4.48　红茶

（一）概念

红茶，亦称“全发酵茶”，是以适宜的茶树新牙叶为原料，经萎凋、揉捻、发酵、干燥等一系列工艺过程精制而成的茶。萎凋是红茶初制的重要工艺，红茶因其干茶冲泡后的茶汤和叶底色呈红色而得名。

中国是红茶的发源地，16世纪初期福建武夷山地区发明了小种红茶，被称为红茶鼻祖。1610年小种红茶首次出口荷兰，随后相继运销英国、法国和德国等国家。18世纪，随着红茶生产规模的扩大和红茶价格的日趋低廉，红茶消费人群由皇室逐渐走向普通民众，成为英国、荷兰等国人民生活中不可或缺的饮品。此外，英国还从我国厦门、广州等地大量贩运红茶，除供应本国所需外，还转运到美洲殖民地，并转销到德国、瑞典、丹麦、西班牙等国家。

中国红茶产品、生产技术和文化向世界各个国家和地区的传播，促进了世界红茶生产、贸易与消费的蓬勃发展。18世纪中叶，我国在小种红茶生产技术的基础上，创制出工艺更为精湛的工夫红茶，使得红茶生产和贸易达到了前所未有的鼎盛时期，在世界红茶产销的舞台上独领风骚。20世纪初期，红碎茶逐渐取代工夫红茶，成为国际茶叶市场的主销产品。

（二）制作工艺

红茶属于全发酵茶类，基本工序包括萎凋、揉捻（切）、发酵、干燥。其中，发酵是红茶制作的关键工艺。

1. 萎凋

萎凋是制作红茶的第一道工序，即将摘下的鲜叶充分摊晾，使叶片中的水分均匀地散失，让叶片自然萎蔫凋谢。

图4.49　萎凋

萎凋过程中鲜叶有物理和化学两方面的变化。萎凋的物理变化，是指在正常的气候条件下，鲜叶薄摊开始一段时间内，以水分蒸发为主，叶片逐渐萎缩，叶质由硬变软，叶色由鲜绿转为暗绿。化学萎凋伴随着物理萎凋而进行，由于萎凋叶的失水和呼吸作用，细胞膜透性增大，叶中所含酶类活性增强，叶子中的大分子物质蛋白质、淀粉、不溶性原果胶物质开始发生降解，小分子葡萄糖、氨基酸、可溶性果胶等有利于成茶品质的物质增多，多酚类物质也不同程度地氧化，青草气散失，产生清香、花果香等香气。

萎凋槽是红茶的加工设备，具有摊叶量大，萎凋均匀且不受天气影响等优点，可以提高加工的机械化水平，达到节约劳动力，提升红茶的质量。采用萎凋槽处理单丛红茶茶青，能很好地促进其萎凋过程，提高鲜叶萎凋的质量，使茶青萎凋均匀、适中，有利于下几道工序的开展。将萎凋槽应用于单丛红茶的加工，能有效地提升单丛红茶的质量档次，较好地解决单丛红茶加工中存在萎凋质量不均匀、有闷杂味和不清爽的问题。

2. 揉捻(切)

揉捻(切),即借助于机械力的作用对萎凋叶进行搓揉、挤压、剪切,或揉卷成工夫红茶要求的条型,或揉切成红碎茶所需的颗粒型。鲜叶因其物理性能硬脆,如不经萎凋,直接揉捻是难以成形的。揉捻(切)是增进内质的重要环节,适度揉出茶汁,让茶叶里的细胞破碎,茶多酚由此得以与空气中氧气接触,发生酶促氧化,为下一步发酵打下基础的同时有利于红茶香气的形成。

通过揉捻(切),使萎凋叶发生以下3种变化:一是使叶细胞组织破坏,茶汁外溢,加速多酚类化合物的酶促氧化,为形成红茶特有的内质奠定基础。二是使叶片揉卷成紧直条索,缩小体形,塑造美观的外形。三是茶汁溢聚于叶条表面,冲泡时易溶于水,增加茶汤浓度,并形成光泽的外形。

图4.50　揉捻

图4.51　发酵

3. 发酵

红茶的发酵从揉捻(切)后开始,鲜叶细胞组织受到损伤,细胞膜透性增大,多酚类化合物得以与内源酶类接触,引起多酚类化合物的酶促氧化聚合作用,形成茶黄素、茶红素等有色物质。与此同时,发生一系列内含物质的化学耦联反应,从而形成红茶特有的香味物质。红茶发酵既不是微生物发酵,也不是单纯的化学氧化,而是依赖于鲜叶内源酶的酶促氧化作用。

发酵是制作红茶的关键过程,没有发酵就不能形成红茶的品质特征,发酵作用不充分,红茶品质就会下降。

4. 干燥

干燥是红茶制作的最后一道工序,即将发酵好的茶坯,采用高温烘焙,迅速蒸发水分达到保持品质的过程。干燥过程除了去除水分、达到足干、便于储存,以供长期饮用外,还在前期工序的基础上,进一步促进红茶特有的色、香、味、形的形成。

红茶干燥的好坏,与制茶品质有密切关系。干燥主要有三个目的:一是利用高温破坏酶,制止酶促氧化反应;二是蒸发水分,紧缩茶条,使毛茶充分干燥,防止非酶促氧化,利于保持品质;三是散发青草气,进一步提高和发展香气。

（三）红茶的特点

红茶素以香高、色艳、味浓驰名世界，其基本品质特征是红汤、红叶、味甘醇。干茶色泽偏深，红中带乌黑。红茶性质温和，不含叶绿素，咖啡碱、茶碱含量较少，兴奋神经效能较低。

（四）分类

根据中华人民共和国国家标准《茶叶分类》（GB/T 30766—2014），以生产工艺和产品特性将红茶分为以下三种。

1. 小种红茶

小种红茶是福建省特有的一种外销红茶，分为正山小种和外山小种。正山小种原产地在武夷山市星村镇桐木关一带，也称“桐木关小种”或“星村小种”，品质最优。坦洋、北岭、屏南、古田等地所产的仿照正山品质的小种红茶，质地较差，统称“外山小种”或“人工小种”。正山小种由于采用松柏木柴明火加温萎凋和重烟焙干，茶叶吸收了大量的松烟，有特有的松烟香味。小种红茶制法较其他红茶细致，具有独特的技术措施，为其后发展的其他红茶和青茶创造了技术条件。

2. 工夫红茶

工夫红茶是采用揉捻加工等特定工艺制成的条形红茶产品。工夫红茶是我国特有的红茶品种，也是我国传统出口商品，已有200多年的生产历史。中国工夫红茶品类多、产地广，我国历史上先后有12个省区生产，近几年来，河南、贵州、山东等省也开始生产工夫红茶。

按产地的不同有祁门工夫、滇红工夫、宁红工夫、闽红工夫（含坦洋工夫、白琳工夫、政和工夫）、宜红工夫、川红工夫、湖红工夫、台湾工夫等，最为著名的当数安徽祁门所产的“祁门工夫”和云南所产的“滇红工夫”。

按茶树品种又分为大叶种工夫红茶和小叶种工夫红茶，大叶种工夫红茶是以乔木或半乔木茶树的鲜叶为原料制成，又称“红叶工夫”，以滇红工夫及粤红工夫（英德红茶）为代表；小叶种工夫红茶是以灌木型小叶种茶树鲜叶为原料制成，色泽乌黑，又称“黑叶工夫”，以祁门工夫及宜红工夫为代表。

3. 红碎茶

采用揉切加工等特定工艺制成的颗粒（或碎片）形红茶产品，亦称切细红茶，分为叶茶、碎茶、片茶和末茶四种花色规格。红碎茶是目前国际茶叶市场上的主销品种，占世界红茶产销总量95%以上。红碎茶制法始于1880年前后，近百余年来发展甚快。我国在新中国成立前只有台湾地区生产，中华人民共和国成立后由于对外贸易需要,1957年以工夫红茶原料轧制成红碎茶出口。1964年全国重点茶区试制红碎茶成功，从此我国的红碎茶生产不断发展，质量逐年提高，成为当时我国出口的主要茶类之一。

（五）名优红茶赏析

图4.52　正山小种

1. 正山小种

产地：福建省南平市、武夷山市星村镇桐木关地区。

制作工艺：正山小种红茶制作工艺复杂，主要有萎凋、揉捻、发酵、过红锅、复揉、熏焙、筛分拣剔、复火等工序。

品质特征：正山小种条索肥实、色泽乌润，汤色红浓，香气高长带有松烟香，滋味味醇，带有桂圆汤味，加放牛奶，茶香味不减。

正山小种是最古老的红茶，被称为红茶鼻祖。因其独特的松香味深得海内外消费者的喜爱。其最初的产地是武夷山市星村镇桐木关地区，故又称"桐木关小种"，后因市面上流传了很多假冒的小种红茶，所以当地人为了区别假冒品，取名"正山"，意指正宗。正山小种属小种红茶，小种红茶正式从武夷岩茶演变为红茶大约始于清朝道光、咸丰年间，至今已有150多年的历史。据资料记载，17世纪中期，葡萄牙公主凯瑟琳便是带着中国的正山小种嫁给英国王室的，并且每天起床后都要喝上一杯正山小种。时至今日，这款红茶仍深受英国皇室的喜爱，被誉为"茶中皇后"。

正山小种主要产于高寒山区，茶树的品种无法经受低温和长期霜冻，且茶树萌芽晚，所以开采期通常是在立夏之后。新鲜叶片的采摘要求新萌出的梢芽达到一定的成熟度，取开面（芽顶形成驻芽），采二叶或三叶为最优。由于正山小种茶味浓郁、独特，在国际市场上备受欢迎，主销英国、德国、荷兰、瑞典等国。

2. 祁门红茶

产地：安徽省黄山市祁门县的贵溪、黄家岭、石迹源等地。

制作工艺：祁门红茶属于工夫红茶，制作工艺复杂，技术性很强，分初制和精制两个阶段。初制是以萎凋、揉捻、发酵、烘干4道工序为主，烘干后必须经过精制才能成为商品出口，精制的主要工序包括毛筛、切断、风选、挑拣、补火、拼堆成色、包装等。

品质特征：祁门红茶条索紧细匀齐，略带弯曲，色泽乌润，显金豪，汤色红艳明亮，香气清鲜持久，滋味浓醇鲜美。

图4.53　祁门红茶

祁门红茶简称"祁红"，创制于清光绪初年，历史悠久，享誉全球，19世纪中叶英国是祁红的主要销售市场，英国人曾把它誉为“茶中英豪”“群芳最”“红茶皇后”等。在1915年的巴拿马万国博览会上，祁门红茶荣获金质奖章，后来又多次获得国家级金质奖章。祁门红茶最具魅力的是香气，国内外茶师称为砂糖香或苹果香，并带有蕴藏的兰花香，清香持久，在国际市场上被誉为“祁门香”。

祁红鲜叶采摘标准比较严格，特级茶以一芽一叶为主，不同等级的茶分一芽二三叶及不同嫩度的对夹叶，不同等级茶的一芽二叶所占比重不同。要求分批勤采，春茶采摘6～7批，夏茶采摘6批，秋茶少采或不采。祁红主要外销英、德、法等欧洲诸国及澳大利亚、加拿大、日本、新加坡、美国等。

3. 宁红工夫

产地：江西省九江市修水县、武宁县及宜春市铜鼓县。

制作工艺：每年于清明前后采摘一芽一叶或一芽二叶的嫩芽叶，经过萎凋、揉捻、发酵、干燥后初制成红毛茶，然后再筛分、风选、拣剔、复火、匀堆等精制工序制作成成品宁红。

图4.54 宁红工夫

品质特征：条索紧结秀丽，锋苗挺秀，色泽乌黑油润，金毫显露，汤色红亮或红艳，香味持久，滋味浓醇。

宁红是我国最早的工夫红茶之一，迄今为止已有1 000多年的历史。清道光年间，宁红茶就已经声名显著。清代叶瑞延《纯蒲随笔》：“（宁）红茶起自道光季年，江西估客收茶义宁州，因进峒教以红茶做法。”当代茶圣吴觉农先生说：“宁红是历史上最早支派，宁红早于祁红九十年，先有宁红，后有祁红。”到十九世纪中叶，宁红畅销欧美，成为中国名茶。美国茶叶专家威廉·乌克斯在《茶叶全书》专著中评述：“宁红外形美丽、紧结、色黑，水色红艳引人，在拼和茶中极有价值。”称赞“宁红色、香、味俱属上乘”。1891年，宁红“太子茶”在汉口每箱卖到100两白银，俄太子亲自赠予“茶盖中华，价高天下”的奖匾，被誉为沙皇皇室饮品。目前，宁红品牌下的“宁红金豪”“宁红百年红”“龙须茶”等品种享誉国际。主销俄国、东欧以及英、美、德、法等国，国内黑龙江、广东亦有一定销量。

4. 闽红工夫

产地：福建省政和县、福鼎市和福安市。

制作工艺：成品茶系以政和大白茶品种为主体，适当拼配由小叶种茶树群体中选制的具有浓郁花香特色的工夫红茶。

品质特征：闽红工夫红茶，亦称“闽红”，是政和工夫、坦洋工夫和白琳工夫的统称。政和工夫系闽红三大工夫茶中的上品，外形条索紧结肥壮多毫，色泽乌润，汤色红艳明亮，香气高爽，茶汤浓醇。坦洋工夫外形细长匀整，略显金黄毫，色泽乌润，汤色红艳明亮，香味清鲜甘醇。白琳工夫外形条索细长弯曲，紧结纤秀，含大量橙黄毫芽，呈金黄色，乌黑有光，毫香突出，滋味清鲜甜和，汤色浅红亮，叶底鲜红带黄。

政和工夫

坦洋工夫

白琳工夫

图4.55 闽红工夫

（1）政和工夫

政和工夫产于福建政和、松溪及浙江庆元高山茶区。政和工夫红茶创制于19世纪中叶，因香高、鲜甜、醇厚、茶韵十足而风靡一时，远销英、法、俄等欧洲国家及中东地区。如今，政和工夫获得国家地理标志产品证明商标后，又于2010年获得“中国驰名商标”的称号。政和工夫选用大白茶良种与小叶茶品种拼和制成，形成了香味极佳的工夫红茶，深受国内外消费者的喜爱。

（2）坦洋工夫

坦洋工夫产于福建福安、寿宁、周宁、霞浦等县。相传是清同治年间由当时福安县坦洋村人胡福四所创制，故此得名。后来运往海外，颇受欢迎。坦洋工夫的诞生地坦洋村坐落于海拔1 200米的白云山下，气候温和，雨量充沛，山水环绕，构成了得天独厚的茶树生长环境，为坦洋茶优良品质的形成奠定了基础。坦洋工夫采摘一芽二三叶，经萎凋、揉捻、发酵、烘干制成。主销英、德、俄及东欧国家。

（3）白琳工夫

白琳工夫19世纪50年代创制于福建福鼎太姥山麓的白琳、翠郊、磻溪、黄岗、湖林等村，以白琳为集散地而得名。原以小叶种为原料，20世纪初改用福鼎大白茶良种。采摘一芽二三叶，经萎凋、揉捻、发酵、烘干制成。主销美、德及俄等国。

5. 滇红工夫

产地：云南省凤庆、勐海、临沧、双江、云县、昌宁等地。

制作工艺：采摘云南大叶种一芽二叶开展、一芽三叶初展和同叶质嫩度的单叶，初制经萎凋、揉捻、发酵、干燥，精制分本身、长身、圆身、

图4.56 滇红工夫

轻身四条主要加工路线，经筛分、拼合而成。

品质特征：属大叶种工夫茶，外形肥硕紧实，金毫显露，汤色红艳透明，滋味醇厚回甜，香气馥郁。

滇红工夫亦称“滇红”，创制于1939年，产于滇西南，是我国工夫红茶的奇葩。滇红工夫以大叶种茶树的鲜叶为原料，采摘期为每年的3—11月中旬，分春茶、夏茶、秋茶，以一芽二叶为主。毛茶分为六级12等，成品茶分为特级、一至六级。主销广东、辽宁、内蒙古、北京、上海、新疆、西藏，外销俄罗斯、东欧、西欧、北美等30多个国家和地区。

6. 川红工夫

产地：四川省宜宾市筠连县、高县、珙县等地。

制作工艺：制作工序为传统工夫红茶的制作工序，包括萎凋、揉捻、发酵、干燥和精制等。

品质特征：外形条索肥壮圆紧，显金毫，色泽乌黑油润，香气橘香持久，滋味鲜醇爽口，汤色红艳明亮，叶底红匀明亮。

图4.57　川红工夫

川红工夫是20世纪50年代兴起的工夫红茶，虽然历史不长，但是畅销国际市场，成为我国后起之秀的高品质工夫红茶之一，目前已走向国际。

川红工夫位于川东南地区，即长江流域以南边缘地带。这里茶树发芽早，比川西地区早40天，采摘期也比川西地区长40~60天，全年采摘期可达210天以上。宜宾地区所产的川红工夫每年3月份左右就可以采摘，4月就先于其他红茶更早占领市场，以早、新取胜。川红之珍品“早白尖”更是以早、嫩、快、好的显著特点及条索紧细、毫峰显露、色泽乌润，香气鲜嫩浓郁的优良品质特点获得了高度的赞誉。川红采摘标准以一芽二叶或一芽三叶为主，注重芽叶的鲜嫩度。外销英国、俄罗斯及东欧各国。

图4.58　金骏眉

7. 金骏眉

产地：福建省武夷山市武夷山国家级自然保护区内海拔1 200~1 800米的高山地区。

制作工艺：手工采摘单芽，经萎凋、揉捻、发酵、过红锅、干燥五道工序制作而成。

品质特征：干茶条索紧结纤细，色泽金、黄、黑相间且色润，汤色金黄，滋味醇厚甘甜、桂圆味浓厚，香气具复合型花果香（桂圆干香、蜜枣香、玫瑰香），叶底匀整，呈古铜色。

金骏眉创制于2005年，由福建武夷山正山茶叶研发，是在正山小种红茶传统工艺基础上，采用创新工艺制作的高端毫尖红茶。金，代表等级，表示稀贵如金，是一种顶级红茶；骏，通“峻”，既表明茶树生长于崇山峻岭中，又寄愿其能如骏马奔腾般推广；眉，形容外形，说明金骏眉的外形像眉毛。金骏眉以当地高海拔地带生长的“武夷变种”（当地称菜茶）鲜叶为原料，于清明谷雨期间，当鱼叶大开，茶芽长到最饱满时，手工采摘单芽，制作金骏眉，每500 g金骏眉约需6万~8万颗芽尖。采摘后的芽尖按照芽叶的鲜嫩分类管理，做到“三不”：不发热、不红变、不损伤。

图4.59　九曲红梅

8. 九曲红梅

产地：浙江省杭州市西湖区双浦镇一带。

制作工艺：经萎凋、揉捻、发酵、烘焙、干燥等多道工序制作而成。

品质特征：条索细紧而秀丽，弯曲如鱼钩，色泽乌润、略显金毫，汤色红艳明亮，香气清如红梅，滋味醇厚爽口。

九曲红梅又称“九曲乌龙”，简称“九曲红”，是西湖区历史名茶之一。九曲红梅原产于福建武夷山的九曲，后来福建地区的农民北迁，其中一部分落户于杭州市大坞山一带的农民为了谋生便开始制红茶，又因此茶色红香清如红梅，故称九曲红梅。九曲红梅茶生产已有近200年历史，一百多年前就成名，早在1886年，就获巴拿马世界博览会金奖。

（六）红茶功效

红茶含有丰富的咖啡碱与茶多酚，有提神醒脑，缓解困乏的作用；红茶属于全发酵茶，茶性性温，可生津解渴，补充身体水分，茶中的咖啡碱和芳香物质可加快肠胃消化，促进身体新陈代谢，同时暖胃抗寒，但是隔夜茶及凉茶不宜饮用。

二、修习红茶茶艺

（一）准备

冲泡红茶可以使用盖碗泡、壶泡、杯泡，材质以瓷与陶为主，本次茶艺以工夫红茶为例，使用内壁白色的瓷制盖碗茶具。红茶汤色红浓，内壁白色的瓷器最能够衬托红茶的茶汤。

（二）择器备具

本节使用盖碗展示红茶茶艺。盖碗敞口，便于观察茶汤色泽，杯托隔热，不宜烫手。盖碗以碗口直径为碗高的两倍、碗边宽者为佳。碗内壁为白色的瓷盖碗适合冲泡各类茶，白色内壁可衬出各色茶汤；碗外壁的色泽、图案可根据茶类、季节等来选择、搭配。

根据中国茶业学会于2019年8月6日颁布并正式实施的《茶艺职业技能竞赛技术规程》中所规定的茶具标准进行择具（表4.3）。

表4.3　《茶艺职业技能竞赛技术规程》红茶茶具标准

器具名称	数量	质地	容量或尺寸
盖碗	1	瓷质	容量150 mL
公道杯	1	瓷质	容量220 mL
品茗杯	3	瓷质	直径65 mm，高45 mm，容量70 mL
茶荷	1	瓷质	长100 mm，宽80 mm
随手泡	1	瓷质	容量600 mL
茶巾	1	棉质	长300 mm，宽300 mm
水盂	1	瓷质	容量500 mL
茶盘	1	木质	长500 mm，宽300 mm

（三）冲泡三要素

红茶的原料有大叶种和小叶种，大叶种如滇红，内含物质丰富，投茶量适当减少，冲泡时间缩短，茶水比为1∶60～80，冲泡时间1分钟左右，水温95 ℃左右为宜。小叶种如祁门红茶，茶叶细嫩、紧结，投茶量可适当大些，冲泡的时间适当延长，以茶水比为1∶40～60，冲泡时间2～3分钟，水温85 ℃左右为宜。在行茶流程设计上，冲泡滇红时，温品茗杯可以在冲泡前完成，茶叶浸泡的时间适当缩短；冲泡祁红时，温品茗杯在冲泡后完成，茶叶浸泡的时间适当延长。若是遇到因发酵过度带酸味的茶或因发酵不足带青气的茶，水温不宜太高，行茶中略启盖，浸泡时间不宜过长。

（四）冲泡流程

上场→放盘→鞠躬行礼→布具→赏茶→温具→置茶→润茶→摇香→冲泡→温杯→分茶→奉茶→收具→鞠躬行礼→退回

1. 上场

端盘上场，右脚开步，目光平视，身体为站姿、放松、舒适，上手臂自然下坠，腋下空松，小手臂与肘平，茶盘高度以舒服为宜，与身体有半拳的距离。

2. 放盘

走至茶桌前，直角转弯，右脚向右转90°，面对品茗者，身体为站姿，双手端盘，肩关节放松，双手臂自然下坠，双脚并拢，脚尖与凳子的前缘平,并紧靠凳子。

3. 鞠躬行礼

行鞠躬礼，双手松开，紧贴着身体，滑到大腿根部，双手臂成弧形，头背成一条直线，以腰为中心身体前倾90°，停顿3秒钟，身体带着手起身成站姿。

4. 布具

从右至左布置茶具。茶具布置完成后，茶盘右侧，水盂与水壶成斜线，左侧若有两个器具也要放成斜线，以便能看到器具和动作。茶荷与茶巾放于茶盘后，以不超过茶盘长度为界。

5. 赏茶

双手托茶荷，手臂成放松的弧形，将茶荷中的红茶请宾客欣赏，同时介绍茶名及品质特征。

6. 温具

左手大拇指、食指、中指三指轻轻掀碗盖放盖置上，同时右手提水壶，逆时针转动手腕，令水流沿茶碗内壁冲入，约占容量的三分之一，右手转腕断水；左手半握拳搭桌沿，注水完毕后，将水壶放回原处。

左手加盖，右手握茶杯基部，左手托杯底，双手手腕作逆时针转动，杯沿依向后、向右、向前、向左、向后、扶正的顺序回旋，令茶杯各部分与开水接触，右手大拇指中指食指拿起盖碗左手托碗底，按逆时针方向运用手腕旋转，令盖碗周身受热均匀。

祛荡冷气后，将水注入公道杯，盖碗放回原处，右手取公道杯，左手托底，双手手腕作逆时针转动，杯沿依向后、向右、向前、向左、向后、扶正的顺序回旋，令茶杯各部分与开水接触，后依次倒入品茗杯中。

7. 置茶

适合小叶种红茶的茶水比例为1∶40，本次使用的盖碗为150 mL，故投茶量以4 g为宜，当然也可根据宾客口味而定。

左手握茶荷，右手执茶匙，用茶匙将茶荷中的茶叶轻轻拨入到盖碗后，茶匙及茶荷复位。

8. 润茶

右手提水壶，转动手腕逆时针注水，令水流沿茶碗内壁冲入，约占容量的四分之一处，右手转腕断水，左手半握拳搭桌沿，注水完毕后水壶复位同时左手加盖。

9. 摇香

左手托住茶杯杯底，右手轻握杯身基部，运用右手手腕逆时针旋转茶杯，左手轻搭杯底作相应运动，称作摇香。此时杯中茶叶吸水，开始散发出香气，慢速逆时针旋转一圈，快速旋转两圈，盖碗放回原处。

10. 冲泡

左手揭盖置盖置上，右手提水壶，向盖碗内定点注入至七分满，左手加盖，静置片刻，同时进行温杯。

11. 温杯

依次双手逆时针回转，使杯壁各部分受热后，将杯内热水倒入水盂。温杯的速度视投茶量、水温而定，水温高、茶量多，温杯速度宜快，反之，速度宜慢，要灵活掌握。

12. 分茶

右手将碗盖左低右高斜盖在茶碗上（盖碗左侧留一小隙），出汤时盖碗垂直于公道杯平面。将公道杯里的茶汤依次低斟至品茗杯，至七分满。

13. 奉茶

双手将泡好的茶依次敬给来宾。这是一个宾主融洽交流的过程，奉茶者行伸掌礼请用茶，接茶者宜点头微笑表示谢意，亦可答以叩手礼。

14. 收具

从左至右收具，器具返回的轨迹为“原路”，最后移除的器具最先收回，并放回至茶盘原来的位置。

15. 鞠躬行礼

16. 退回

（五）收尾

三、红茶调饮茶的创新与制作

红茶在六大茶类中发酵最重，浓度最高，包容性最强，调饮品类最丰富。红茶调饮滋味可酸如柠檬，辛如桂皮，甜如蜜糖，润如牛乳。以红茶为基础茶，可调制多种饮料，不仅有加牛乳的奶茶，有加水果的柠檬冰红茶，也有加香料如生姜的姜茶，甚至还有加朗姆酒的红茶酒等。

1. 奶盖茶冻

（1）配料：正山小种5 g、淡奶油50 g、牛奶15 g、白砂糖5 g、白凉粉5 g。

（2）器皿：勃艮第红酒杯、盖碗、公道杯、搅拌机、吧勺。

（3）饮用时间：春夏季节。

（4）调饮步骤：

①将5 g正山小种放入盖碗中，用沸水进行冲泡，闷泡1分30秒后出汤至公道杯备用。

②将5 g白凉粉加入盛有红茶茶汤的公道杯中，并用吧勺搅拌均匀后倒入勃艮第红酒杯中，放入冰箱冷藏4小时。

③将50 g淡奶油、15 g牛奶及5 g白砂糖加入搅拌机搅拌至黏稠后备用。

④从冰箱拿出冷藏后凝固好的红茶茶冻，将奶盖浇在红茶冻上出品。

图4.60　奶盖茶冻

图4.61　橙香红茶

2. 橙香红茶

（1）配料：滇红5 g、橙子1个、白砂糖30 g、薄荷叶3片。

（2）器皿：古典杯、煮茶壶。

（3）饮用时间：秋冬季节。

（4）调饮步骤：

①将橙子洗净后带皮切片，用白砂糖腌制10分钟备用。

②在煮茶壶中加入300 mL水，煮沸后加入5 g滇红焖煮2分钟。

③将腌制好的橙片放入古典杯。

④将焖煮好的红茶茶汤倒入古典杯，放入薄荷叶装饰后出品。

图4.62　威士忌红茶

3. 威士忌红茶

（1）配料：川红5 g、威士忌1 oz、雪梨1个、冰糖20 g、柠檬片1片、肉桂粉1 g、肉桂1根。

（2）器皿：古典杯、煮茶壶、滤网、平底煎锅、吧勺。

（3）饮用时间：秋冬季节。

（4）调饮步骤：

①将雪梨切成小块后放入平底锅内，加入冰糖后小火翻炒至焦糖色，均分后备用。

②在煮茶壶中加入300 mL水，煮沸后加入5 g川红焖煮1分钟。

③将一半焦糖雪梨、柠檬片、肉桂粉依次加入煮茶壶中，搅拌均匀后煮沸备用。

④将煮茶壶的茶汤用滤网过滤后倒入古典杯。

⑤在古典杯中加入1 oz威士忌后用吧勺搅拌均匀。

⑥将剩余焦糖雪梨、柠檬片、肉桂放入古典杯中出品。

四、品鉴红茶文化

红茶是近现代世界各类茶中产销量最大的一类茶，约占世界茶叶消费及贸易总量的80%以上。中国是茶的故乡，也是世界红茶的发源地，世界各国的红茶都起源于中国。

（一）世界红茶之源

世界红茶之源——正山小种红茶，作为世界红茶的始祖，迄今已有400多年的历史，诞生于明朝中后期中国武夷山桐木，由正山堂江氏先祖始创。

据史料记载，桐木在宋代称崇安县仁义乡，这里的劳动者主要经济来源靠桐油及制作绿茶类的“龙团凤饼”贡茶为生。由于桐油生产的繁荣，当地大量地种植油桐树，受桐油发展的影响，这一地区地名曰桐木，这里又是出入中原的关口，故曰桐木关，正山堂江氏家族世代生活于此。在江氏家族内，流传着这样一个关于正山小种红茶产生的说法：大约在明朝后期某年采茶季节，有一支北方军队路过桐木关庙湾，夜晚驻扎在当地的木制茶叶加工点，睡在了茶叶青叶上。待到天明军队离开后，茶叶青叶已经变软发红，而且带黏性。江氏族人非常着急，为了尽量挽回损失，族人决定把已经变软的茶叶搓揉成条，并用当地盛产的马尾松的枯萎材块作为燃料来烘干已经带黏性的茶青。待到茶叶烘干后，原来红绿相伴的茶叶变得乌黑发亮，并且带有一股松脂的香气。可是烘干好的茶叶在当地并没有人愿意买，于是江氏族人把这种烘过的茶叶挑到45公里外的星村，期望能尽可能地挽回些损失。令人没有想到的是，当第二年的制茶季节将来临时，有人竟然愿意出高于原来茶叶几倍的价格来收购这种乌黑并且带松脂香味的茶叶，并且付了现款。之后，在高价格的驱动下，这种乌黑、带有松脂香味的茶叶越做越多，生意也越来越兴旺，社会影响也越来越广。江氏族人根据这种茶叶的颜色，称其为“乌茶”，在方言中，乌是黑的意思。后来，为了与桐木关外冒充这种红茶的茶叶相区别，江氏族人称其为正山小种红茶，“正山”即为真正的高山上的茶，“正宗”的意思。

1876年，祁门红茶在正山小种红茶的基础上试制成功，随后，中国各地的工夫红茶也以沿袭正山小种工艺的方式，慢慢发展出了滇红、闽南红茶等各种工夫红茶。

（二）中国红茶闯世界

自茶叶于17世纪开始作为商品大量外销后，随着新航线的开辟，欧洲各国的船队经过好望角进入到东南亚以及东亚，开始了大规模的海上贸易。中国的茶叶、丝绸等是外销的大宗物品，其中又以茶叶为最，带动了欧洲的饮茶文化，最终在英国形成了独特的茶文化。

17世纪初，正山小种被远传海外，由荷兰商人带入欧洲，最先它是以治病功能在药店出售，而此时世界其他红茶均未诞生。1662年，葡萄牙公主凯瑟琳嫁给英皇查理二世时带去几箱中国正山小种红茶作为嫁妆。进入英国王室后，凯瑟琳也一直保持着饮红茶的习惯。因为凯瑟琳视茶为健美饮料，嗜茶、崇茶，所以被人们称为“饮茶皇后”。在凯瑟琳公主的倡导与推动下，饮茶之风开始在英国王室中流传开来，继而扩展到王公贵族世家，茶饮逐渐取代了酒精饮料。自此，正山小种红茶在欧洲历史上成为中国红茶的象征，成为世界统饮名茶。到了18世纪，饮茶已普及到英国民间。

图4.63　英式下午茶

世界闻名的英式下午茶的习俗始于19世纪40年代，当时英国的晚餐时间较晚，午后的时光就显得百无聊赖。极具影响力的贵族贝德福德的公爵夫人安娜创造了延续至今的下午茶。她每天都会吩咐仆人在下午4点备好一个盛有黄油、面包以及蛋糕的茶盘垫垫肚子，也时常邀请闺中密友到自己的花园喝茶、吃点心、聊天以打发时间。宫廷贵妇们纷纷效仿，红茶与茶点的形式很快在整个英国社交界风靡。到了19世纪80年代，上流社会女性则会为了享用一顿下午茶而专门换上长礼服、手套以及帽子。从此，英式下午茶的美名便不胫而走，成为全世界红茶饮用形式中的一道亮丽风景。

红茶在英国王室和贵族中掀起一阵“中国风”后，很快走进寻常百姓家中。此时，欧洲对红茶的需求量突然以几何倍数增长。后来，英国不满荷兰东印度公司对红茶贸易的垄断，便悍然发动了对荷战争。在战争达到白热化的1669年，英国制定了禁止从荷兰进口红茶的法律，最终英国取得该场战争的胜利。从此英国夺取了荷兰在亚洲的红茶贸易权，并以中国福建、厦门为根据地开始红茶贸易。1689年中国的红茶被直接通过海运送到英国。那时红茶刚从船上卸下，伦敦大街小巷便传来叫卖声，往往家里藏有红茶显示了主人的身份和地位。

19世纪，随着正山小种传入印度和斯里兰卡，发展出了红碎茶，一种将茶叶切碎后再发酵、干燥的短条、颗粒、小片、细末状红茶），既可直接冲泡，也可添糖加乳，这恰好符合英国人对浓郁香甜口味的执着追求。从此，世界红茶进入红碎茶时代。

（三）英国下午茶

红茶虽然原产于中国，却在国外受到更大的欢迎，尤其是英国。自17世纪英国人接触到红茶以后，英国人对红茶的酷爱堪称世界之最。虽然英国从来不是一个出产茶的国家，但它却在红茶的发展史上占有举足轻重的地位，尤其是英国人的饮茶习俗，几乎可以称得上是一种将东西方文明有机结合的典范。

英国正统的红茶文化约在1837年起的维多利亚女王时代成型，并已深入到英国普通老百姓之中。据估计，英国人一天会喝4～5杯茶，平均每人每年会喝1 300杯茶，相当于每人每年消费了3～3.5 kg茶叶。英国人一天中会有六七次的饮茶时间，如一起床即喝的早茶（Early Morning Tea），又称之为“睁眼茶”；早餐时再来一杯早餐茶，即Breakfast Tea；到11点左右，早上工作告一段落的“11点钟茶”（Morning Tea）；到下午三四点时的下午茶（又称Low Tea）；而在傍晚6点左右进行的高茶（High Tea），最后在一天活动即将结束，就寝前还会喝杯睡前茶。

在英国，因茶而产生的传统有许多，像茶娘、喝茶时间、下午茶、茶馆及茶舞等。在英国的红茶文化中，特别值得一提的是下午茶。到了下午三四点钟时，英国人习惯有一段15—20钟左右的“茶点时间”，每天一到时间，从家庭到公司，从学校到工厂，从贵族、有产者到普通大众，人们都会放下手中的工作，惬意地饮一杯红茶，并配以一些小点心。这个时段的休闲是举国上下的统一动作，没有法律条文规定，蔚然成风，形成优雅自在的下午茶文化，也成为正统的“英国红茶文化”。如今，下午茶已演变成五花八门的茶会，成为重要的社交活动。英国人对下午茶会茶叶的选用、茶具的品质、冲泡要领、摆放方式、场地气氛等，都颇讲究。在下午茶会，主人会布置一个优雅舒适的环境，摆上精致华美的茶具，备妥各种优质红茶和糕饼点心，使宾主都悠闲地放松心情联谊。下午茶充分展示了英国红茶文化的华丽和优美精神。英国人钟爱红茶，并赋予红茶优雅的形象及丰硕华美的品饮方式，长期以来形成了内涵丰富的红茶文化，更将红茶推广成国际性饮料，红茶文化随之在全世界传播。

英国人喝茶非常讲究，一天的不同时间需饮用不同的茶。在清晨，为了帮助提神他们热衷于喝味道较为浓烈的印度茶，或干脆喝一种混合了印度茶、斯里兰卡茶和肯尼亚茶的“伯爵茶”，并添加上牛乳制成芳香四溢又营养丰富的奶茶。午后吃点心时，他们喜欢喝芳香甘美、颜色雅致的中国祁门红茶，并以此来冲淡奶油蛋糕或水果蛋糕的油腻。喝下午茶时，则需体现优雅，故往往选择含印度茶和中国茶并用“佛手茶”加以熏制的色泽深沉的混合茶。而在晚间，他们又转而迷恋一种经过特别发酵和松木烟熏，并取名为“拉巴桑茶”的中国茶（正山小种茶）。英国人普遍认定，从不同品牌和不同种类的茶中，可以汲取更为丰富多样的营养物，而且还可在不同的时刻或场合发挥最为积极的健身或健心作用。

因此，在英国下午茶中，常用的红茶一般有四种：伯爵茶（Earl Grey Tea）、早餐茶（Breakfast Tea）、大吉岭茶（Darjeeling Tea）、阿萨姆茶（Assam Tea）。前两种茶属于调配茶，后两种茶为单一红茶。

图4.64 三层塔

传统的英式下午茶除了上好的红茶之外，一般还有一个三层的银质托架，上面的托盘里放着精美的点心，又被称为“三层塔”。三层塔，第一层叫做“Savories”，摆放咸味的三明治，例如去边面包制成的薄片黄瓜三明治则是经典之选，还有如熏鱼、鱼子酱等开胃小菜；第二层多为英式松饼“Scones”，通常摆放果酱奶酪烤饼；第三层则称之为“Pastries”，多为蛋糕及水果挞。茶点的食用顺序应该遵从“味道由淡到浓，由咸到甜”的法则，由下往上开始吃。

除了品茶吃点心，欣赏精美的茶具之外，英国人在优雅的茶会上还会欣赏花园、点评画作、讨论莎翁作品或是聊起任何闲适的话题，所以，“下午茶”聚会也是体现参与人修养和礼仪涵养的最佳场合。

（四）世界著名红茶

世界四大高香红茶分别是：祁门红茶、阿萨姆红茶、大吉岭红茶和锡兰红茶。

1. 祁门红茶

祁门红茶，简称祁红，产于中国安徽省西南部黄山支脉的祁门县一带。当地的茶树品种高产质优，植于肥沃的红黄土壤中，而且气候温和、雨水充足、日照适度，所以生叶柔嫩且内含水溶性物质丰富。

祁门红茶创制于光绪元年，1915年夺得巴拿马万国博览会金奖。在中国十大名茶中，祁门红茶是唯一上榜的红茶。祁红外形条索紧细匀整，锋苗秀丽，色泽乌润（俗称“宝光”）；香气馥郁持久，似花、似果、似蜜，国际市场上称之为“祁门香”；滋味醇厚，汤色红艳，叶底红亮。清饮最能品味祁红的隽永香气，即使添加鲜奶亦不失其香醇。“祁红特绝群芳最，清誉高香不二门”，祁门红茶是红茶中的极品，享有很高的声誉，是英国女王和王室最爱的饮品，高香美誉，香名远播，有“群芳最”“红茶皇后”的美称。

2. 阿萨姆红茶

产于印度东北阿萨姆喜马拉雅山麓的阿萨姆溪谷一带的大叶种茶。当地日照强烈，需另种树为茶树适度遮蔽。由于雨量充沛，因此促进热带性的阿萨姆大叶种茶树蓬勃发育。采摘时间有两个，特色各有千秋。以6、7月采摘的品质最优，但10、11月产的秋茶较香。阿萨姆红茶，茶叶外形细扁，色呈深褐，汤色深红稍褐，带有淡淡的麦芽香、玫瑰香，滋味浓，属烈茶，是冬季饮茶的最佳选择。

3. 大吉岭红茶

大吉岭红茶，产于印度西孟加拉省北部喜马拉雅山麓的大吉岭高原一带，海拔1 800米以上的山区。当地年均气温15 ℃左右，白天日照充足，但日夜温差大，谷地里常年弥漫云雾，是孕育此茶独特芳香的一大因素。

大吉岭红茶是小叶种茶树，外形条索紧细，干茶呈褐黄色，汤色橙黄，香味极浓郁、芬芳高雅，上品尤其带有麝香葡萄味，口感淡雅、细致柔和，被誉为“茶中香槟”，在英国更被看作是上好茶叶的代表。

4. 锡兰红茶

锡兰红茶又被称为“西冷红茶”，该名称源于锡兰的英文Ceylon的发音，直接音译而来。锡兰红茶产自斯里兰卡，只有岛国的中央高地和南部低地适宜种植红茶，是世界红茶市场的佼佼者。茶叶根据不同的海拔生长高度，分为高地茶、中段茶和低地茶三类。

锡兰红茶主要有三个品种：乌沃茶或乌巴茶、汀布拉茶和努沃勒埃利耶茶。其中以乌沃茶最著名，汤色橙红明亮，汤面环有金黄色光圈，犹如加冕一般，其风味具刺激性，透出如薄荷、铃兰的芳香，滋味醇厚，与其他红茶不同的是较为苦涩，但回味甘甜且滋味醇厚。乌沃茶非常合适清饮，还能享有欣赏金光环汤面的乐趣，但因较涩，也常加鲜奶或柠檬再品味，适合日间饮用。

任务四　乌龙茶茶艺

走近非遗传承人——陈德华

深情事茶一甲子，精行俭德万众钦

陈德华，1941年生，福建省长乐人。1963年从福安农校毕业，分配到武夷山茶科所工作，开始了他和武夷岩茶的不解之缘。1982年，陈德华在武夷山御茶园建起了一座占地5亩的武夷名丛、单丛的观察园，移植和培育了165个品种，有著名的大红袍、铁罗汉、水金龟、肉桂等。1985年以来，他不辞辛劳地在茶科所进行大红袍岩茶无性繁殖及加工技术研究，并取得成功，成为大红袍无性繁殖（纯种大红袍）及商品大红袍研究制作并推向商品市场第一人。20多年来，陈德华繁育了大量苗木，使纯种正本大红袍的种植面积逐年扩大。凭借对大

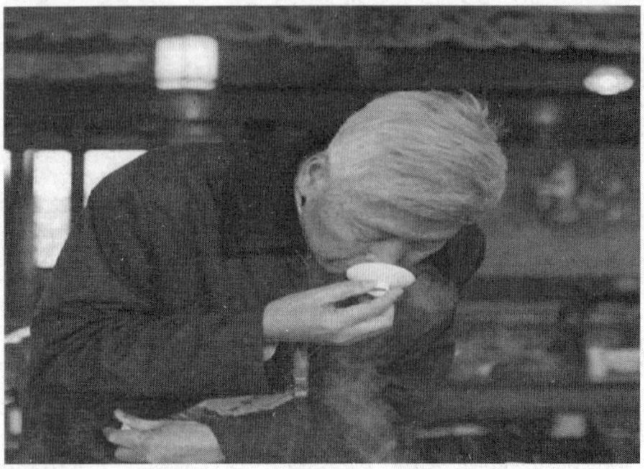

红袍品质的准确把握，陈德华组织科研组，用肉桂、水仙等优质武夷岩茶和纯种大红袍拼配出来的“大红袍”，香气、汤色、口感俱佳，岩韵感极强，开创了大红袍时代。从业界到民间，陈德华都被尊称为“大红袍之父”。2011年，陈德华获非物质文化遗产项目武夷岩茶（大红袍）制作技艺国家级代表性传承人称号。他从事武夷岩茶名丛品种的研究长达四十余载，尤其对大红袍的剪枝繁育与传统制作技艺做出了杰出贡献。他一生都在种茶、制茶、改良制茶工艺、研究茶，影响了武夷山茶业的发展历史，引领着武夷岩茶的发展方向，为武夷山茶业的后续发展培养了不少传承的优秀茶人。陈德华老先生于2020年10月28日逝世，享年79岁。他一生以茶为侣，周身都散发着茶的清香，茶的温馨，茶的岩韵。

武夷岩茶魅力无限，其独有的岩骨花香给人独特的精神享受，也正是能给人带来的这份精神享受，才让武夷茶人不辞辛劳，愿将毕生心血投入岩茶事业。非遗传承不仅是好茶的生产者，更重要的是地域知识、制茶工艺和品饮文化的解读。

一、浅析乌龙茶

乌龙茶是我国特有的一类茶叶，产品种类繁多，风格各异，在国内外茶叶市场享有较高的声誉。近年来乌龙茶产业得到了较快的发展，规模不断扩大，成为我国茶产业的重要组成部分。乌龙茶产地主要分布在福建、广东和台湾，产量占全国乌龙茶总产量的98%以上。其中福建为乌龙茶的发源地和最大产区，历史悠久。

（一）概念

乌龙茶，亦称“青茶”“半发酵茶”，基本茶类之一。经半发酵工序形成绿叶红边的茶。乌龙茶由宋代贡茶“龙团凤饼”演变而来，具体起源时间尚有争议，有始于北宋和清咸丰诸说。一般认为始于明末，盛于清初。清代陆廷灿《续茶经》引述清初王草堂《茶说》：“武夷茶……炒焙兼施，烹出之时，半青半红，青者乃炒色，红者乃焙色也。茶采而摊，摊而摝，香气发越即炒，过时不及皆不可。既炒既焙……”经晒青、晾青、摇青、炒青、揉捻、烘焙制成。色泽青褐，汤色黄亮，叶色通常为绿叶红镶边，有浓郁的花香。乌龙茶分为闽北乌龙、闽南乌龙、广东

图4.65　乌龙茶

乌龙和台湾乌龙。不同的乌龙茶按多酚类氧化程度从轻到重依次是台湾包种茶、闽南乌龙茶、闽北乌龙茶、台湾乌龙茶。主销中国香港地区以及日本等东南亚各国。

（二）制作工艺

乌龙茶属半发酵茶，发酵程度介于红茶与绿茶之间。乌龙茶具有独特的加工工艺——做青，这是形成乌龙茶天然花果香浓郁、滋味醇厚品质特征的最关键工序。不同产地和茶树品种的乌龙茶加工工艺有一定的差异，从而使乌龙茶呈现出品类和风格的多样化。但总体来讲，乌龙茶初制流程基本一致，包括鲜叶、萎凋、做青、杀青、揉捻（或包揉）、烘焙。

1. 采青

采青，即采摘鲜叶原料。鲜叶是形成乌龙茶品质的坚实物质基础。乌龙茶鲜叶原料要求具有适宜成熟度的茶树新稍，通常要求顶芽形成驻芽，采摘小开面至大开面的嫩梢，即俗称“开面采”。同其他茶类一样，鲜叶要求嫩度一致，完整、新鲜。

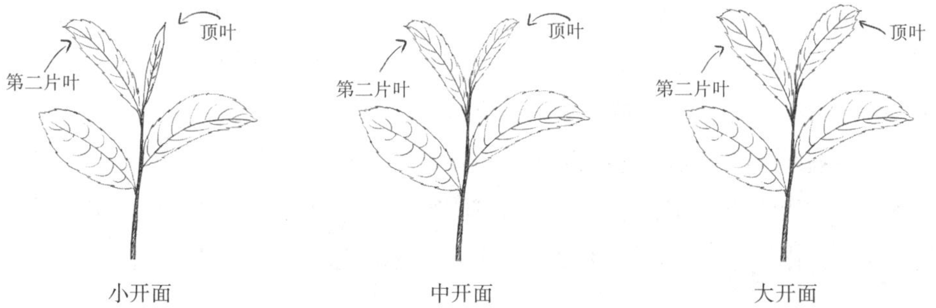

图4.66　开面

鲜叶采摘当日的气候条件对乌龙茶品质影响较大。晴天采摘的鲜叶制茶品质最好，晴天，露水干后较好，阴天次之，雨天和露水未干时采摘的鲜叶，制茶品质最差。一日当中按采摘时段，分为早青（上午9点之前采摘）、午青（上午9点至下午4点采摘）、晚青（下午4点之后采摘）。早青露水叶较多，香气较差；午青经过晒青的光热化学作用，花香新颖清爽，香气最佳；晚青大多错过晒青时机，品质次于午青而优于早青。因此，宜选择晴天或多云的天气采摘午青，阴雨天不采或少量采制，对茶叶品质最有利。

2. 萎凋

萎凋是乌龙茶色、香、味形成的前提。萎凋包括晒青和凉青两个过程，与红茶的萎凋不同。晒青对乌龙茶品质的形成具有重要作用，首先可使鲜叶快速轻度散失水分，扩大叶片与茎梗之间含水量的差异，提高叶片细胞的吸水力，为做青加速“走水”准备条件；其次可加速光化学反应、酶促反应、湿热作用等化学和物理反应变化，为提高香气和去除苦涩味准备物质基础，如萎凋叶中氨基酸、可溶性糖和水浸出物等的含量提高，叶绿素破坏，叶色变浅淡，促进低沸点的青气芳香物质挥发减少，促使高沸点花香组分形成或显露。在实际生产中，如晒青（日光萎凋）条件无法满足，往往采取加温萎凋的方式。与晒青相比，加温萎凋因无光的参与，叶内光化学反应不能正常进行，制茶品质稍次，但加温萎凋可克服阴雨天无法晒青的难题。

凉青是在晒青或加温萎凋之后进行。一是降低叶温，避免叶片红变“死青”，继续促使叶表水分蒸发和叶内水分平衡分布，增强细胞膜透性；二是继续促使多酚类、色素类等内含物质发生酶促氧化降解、转化与水解，以及香气组分的转化形成；三是使梗脉中的有效成分随水分往叶肉细胞输送，使晒青叶的萎软状态消失，转现复苏现象。

3. 做青

做青是乌龙茶特有的制作工序，也是形成乌龙茶品质风格的关键工艺。

做青全过程由摇青和静置（或晾青）两个过程交替、重复组成。萎凋后的叶子在适宜的温度湿度条件下，通过多次摇青使茶青叶片不断受到震动、摩擦和碰撞作用，叶组织被破坏，叶缘细胞发生损害，从而促进酶促氧化作用的进行，做青叶产生绿底红镶边。而在静置晾青过程中，萎蔫的叶片也逐渐恢复紧张状态的现象，俗称“还阳”。“还阳”过程中，梗脉中的水分和可溶性物质向叶肉细胞的输送现象，俗称“走水”，同时散发出自然的花果香。随后由于叶片水分蒸发速度大于梗的水分往叶片输送的速度，叶片又再次萎软下来，俗称“退青”。这时萎凋叶又可以再次进入做青工序。随着摇青与静置的多次交替，做青叶“退青”与“还阳”现象也反复交替出现，从而完成做青叶的“走水”过程，形成乌龙茶滋味醇厚、香气浓郁、耐冲泡的品质特征。乌龙茶做青过程中青叶生化成分发生剧烈、复杂变化的同时，青叶的形态、色泽与气味也随着发生显著变化。

趣味故事

乌龙茶的传说

在几百年前，福建安溪西坪乡南岩村，这里山高林密茶茂。村里有一位以种茶、狩猎为生的年轻人，单名叫“龙”。因他从小饱经风吹雨打烈日晒的磨炼，练就一身黝黑健壮体魄，乡亲们都称他为“乌龙”。有一天，正当是茶叶采收季节，他腰挂茶篓，身背猎枪，上山采茶打猎。当茶叶采到晌午时分，他准备回家时，突然一只山獐从他眼前溜过，乌龙立即端起猎枪，“呯”的一声击中，那山獐未被打中要害，只见它负着枪伤死命奔逃，乌龙紧追不舍，一直追至山下的“观音石”处，才把山獐捕获。他背着茶篓，提着山獐赶忙回到家里，已是傍晚时分了，乌龙和全家人忙着宰杀山獐，品尝野味，却把制茶的事忘了，待到第二天清早起来，才发现搁置了一夜的茶青已经凋萎了，有的叶子边缘都镶成红色，散发出一股清香气味。乌龙和全家人赶紧动手炒制，总算把茶叶做了出来，这时，乌龙很不放心，就把茶叶拿来冲泡，果然与自己想象的不同，茶叶香气浓郁芬芳，味醇甘厚，又无苦涩味，别具一番风味，令人感到意外。乌龙和家人欣喜若狂，连忙又邀来乡亲们一起品尝，大家品饮后都称赞好茶。乌龙经过细心琢磨那天采茶、宰杀山獐、制茶的经过，终于悟出了奥秘：采下的茶叶放进篓里，在追捕山獐的途中，经过剧烈的摇动，这是“摇青”；傍晚忙于宰杀山獐，把茶青搁置了一夜，叶子水分蒸发变软，这是“凉晒青”；然后经过炒、揉、烘焙等工序，终于总结出一套制作方法。乌龙又按那天的制作方法，制成的茶叶色、香、味更佳。后来，乌龙又把这一套制茶技术传授给乡亲们，结果家家户户制出来的茶叶一样都很香。乡亲们为了感念乌龙的创造精神和传授技术的情义，就把山茶称为“乌龙茶”。

后来，乌龙去世了，乡亲们为了纪念他，在南岩山上建了一尊“乌龙”塑像，以示崇拜。随着时间的逝流，这座庙虽已坍塌，但遗址依存，乌龙茶也在民间世代流芳。

4. 杀青

乌龙茶杀青原理与绿茶基本一致，即通过高温，在较短时间内破坏多酚氧化酶活性，阻止酶促氧化作用，防止做青叶继续氧化，巩固做青形成的品质；其次，使低沸点青草气挥发和转化，形成馥郁的茶香，同时通过湿热作用破坏部分叶绿素，使叶片黄绿而亮；此外，还可以适量蒸发水分，使叶片呈柔软状态，便于揉捻造型。乌龙茶的杀青工艺多采用杀青机进行杀青。

图4.67　机器杀青

5. 揉捻/包揉

揉捻与包揉是根据乌龙茶产品外形品质要求所采用的不同造型工艺。

条形乌龙茶采用揉捻，揉捻主要有两个作用，一是把炒青叶搓揉成条索；二是通过揉捻的挤压，揉挤出茶汁凝附在叶条表面，有利于茶叶内含物混合接触，并在一定程度上产生转化，便于冲泡饮用。

包揉是球形或半球形乌龙茶加工造型工艺，其原理是利用茶坯的柔软性和可塑性，在机械力的作用下，通过高强度的滚、转、揉、压而使炒青叶形成球形或半球形；同时促使更多的叶肉细胞破损，挤出的果胶类、糖类物质在包揉过程中凝结，利于青叶条索紧结成形。此外使青叶内含物质在一定的温湿度条件下互相作用与转化，可增进茶汤浓度与滋味，发展香味品质。包揉全过程是由包揉和松包交替进行，其间逐次加热去除水分，从而使茶叶逐渐成形。

6. 烘焙

烘焙是稳定、提高和形成乌龙茶品质的重要工序。烘焙可使揉捻叶中的水分不断蒸发，紧结外形；固定烘焙之前形成的色、香、味和形等品质，稳定茶叶品质，使茶叶得以长时间贮存而不变质；在热的作用下，使茶叶中的有效成分进行转化，提高滋味甘醇度，增进汤色，发展香气。

图4.68　烘焙

传统的烘焙包括初焙、复焙和足干，初焙又称毛火、初烘，复焙又称复火、复烘，足干又称足火。方式有手工焙笼烘焙和烘干机烘焙两种，手工焙笼烘干时间长，劳动强度大，生产效率低，生产中较少使用；大量生产一般使用烘干机烘干，在时间和场地充裕的情况下，闽北乌龙、广东乌龙和台湾乌龙毛火后经摊凉再足火烘至茶叶足干，或者毛火和足火连用，一次性烘干，以先稳定质量，高峰期过后再复拣而后足火。

（三）特点

乌龙茶因为产地、树种等不同，因此形成了不同风格。总体来说，乌龙茶品质特征是外形粗壮紧实，色泽青褐油润，天然花果香浓郁，滋味醇厚甘爽，耐冲泡，叶底绿叶红镶边。乌龙茶独特的品质特征是特定生态环境、茶树品种和采制技术综合作用的结果。

（四）分类

根据产地不同，通常将乌龙茶划分为四类：闽北乌龙茶、闽南乌龙茶、广东乌龙茶和台湾乌龙茶。

1. 闽北乌龙茶

产于福建北部武夷山一带的乌龙茶称为闽北乌龙茶。闽北乌龙茶做青时发酵程度较重，揉捻时无包揉工序，因而外形条索紧结壮实、叶端呈扭曲形，干茶色泽乌润，内质香气浓郁清长、滋味醇厚、汤色橙黄明亮，叶底三红七绿，红镶边明显。品种主要有武夷岩茶、闽北水仙和闽北乌龙等，其中以独具“岩骨花香”之“岩韵”的武夷岩茶最负盛名。

2. 闽南乌龙茶

产于福建南部安溪、永春、南安、同安等地的乌龙茶称为闽南乌龙茶。闽南乌龙茶做青时发酵程度较轻，揉捻较重，有包揉工序，外圆结颗粒形，色泽砂绿油润或乌润，内质香气馥郁、滋味醇厚、鲜爽回甘、汤色橙黄或蜜绿，叶底软亮、匀齐。产品有铁观音、黄金桂、白芽奇兰、永春佛手等，其中铁观音以其特有的“音韵”蜚声海内外。

3. 广东乌龙茶

产于广东东部地区的乌龙茶称为广东乌龙茶。外形条索紧结壮实，色泽黄褐油润，似鳝鱼皮色；内质香气浓郁持久，具有天然花蜜香，滋味浓厚、爽滑回甘，耐冲泡，汤色橙黄明亮，叶底黄亮，叶缘朱红。主要产品有凤凰单丛、凤凰水仙、岭头单丛、乌龙、色种等，其中以凤凰单丛品质最佳。

4. 台湾乌龙茶

台湾乌龙茶从福建传入，发酵程度有轻有重，其外形呈条状或颗粒状。发酵轻者近似绿茶，干茶色泽翠绿油润，汤色蜜绿，如文山包种、冻顶乌龙、青心乌龙、金萱、翠玉等；发酵重者近似红茶，汤色黄亮泛红，如白毫乌龙（又称为东方美人）等。其中冻顶乌龙最为有名。

（五）名优乌龙茶赏析

1. 安溪铁观音

产地：福建省泉州市安溪县。

制作工艺：安溪铁观音的制造工艺，要经过采青、摊青、晒青、凉青、做青（摇青与摊青交替）、炒青、揉捻、初培、复培、包揉、解块、复烘干、摊凉、捡梗、包装等14道工序才制成成品。

品质特征：茶条卷曲，肥壮圆结，沉重匀整，色泽砂绿，整体形状似蜻蜓头、螺旋体、青蛙腿。冲泡后汤色金黄，浓艳似琥珀，有天然馥郁的兰花香。

铁观音成品依发酵程度和制作工艺，大致可以分清香型、浓香型、陈香型三大类型。安溪铁观音茶起源于清雍正年间，当时安溪茶农选育出许多优良茶树品种，其中以铁观音制茶品质为最优。茶树良种铁观音树势不大，枝条披张，叶色深绿，叶质柔软肥厚，芽叶肥壮。采用铁观音良种芽叶制成的乌龙茶也称铁观音，因此，“铁观音”既是茶树品种名，也是茶名。铁观音问世后，迅速传播到周边的各乡镇，因其品质优异、香味独特，各地竞相仿制。清光绪二十二年

图4.69　安溪铁观音

（1896年），安溪人张乃妙、张乃乾兄弟将铁观音传至台湾木栅区，并先后传到福建省的永春、南安、华安、平和、福安、崇安、莆田、仙游等县和广东等省。这一时期，安溪乌龙茶生产技术也不断向海外广泛传播，铁观音等优质名茶声誉日增。2004年，国家质检总局发布91号公告对安溪铁观音实施原产地域产品保护。

2. 武夷岩茶

产地：福建省武夷山市

制作工艺：鲜叶经萎凋、做青、炒青、揉捻、烘焙等十几道工序。

品质特征：条形紧结壮实稍扭曲，色泽绿褐鲜润，叶面带有似蛙皮状的小白点；香气馥郁持久，具幽兰之胜，锐者浓长，幽者清远；滋味醇厚，鲜滑回甘，喉韵清冽，齿颊留香，称其为“岩韵”；汤色清澈明亮，呈深橙黄色；叶底软亮，叶缘朱红，“绿叶红镶边”。

产于福建闽北武夷山市所辖行政区域范围的乌龙茶称为武夷岩茶，是中国传统名茶。武夷山作为世界自然与文化双遗产地，宝贵的文化资源赋予武夷岩茶深厚的文化底蕴，独特而优越的生态环境造就了武夷岩茶的优异品质。武夷岩茶可分为大红袍、名丛、肉桂、水仙和奇种，大红袍、肉桂、水仙品种采制的分别称为大红袍、武夷肉桂和武夷水仙；选择武夷山三坑二涧（即牛栏坑、慧苑坑、大坑口、流香涧和悟源涧）中优良茶树单独采制，成品茶中品质优异的称为武夷名丛，其产品较多，较出名的有水金龟、白鸡冠、铁罗汉等；用菜茶或其他品种采制的称为武夷奇种。

武夷岩茶中，大红袍是最负盛名的，2007年10月，母树大红袍茶叶被国家博物馆收藏。现在茶区与市场上销售的武夷山大红袍有两个种类，一种是单纯的福建省认定的武夷山大红袍品种制成的武夷岩茶，展示的是大红袍原种的品质特征，其香高而悠远，汤色橙黄，味醇而益清，喉底回甘，具有岩骨花香之岩韵。另一种是由多种武夷岩茶拼配的武夷山大红袍，由于各个茶企拼配所用的茶叶品种不同，其品质特征也丰富多彩。

图4.70　武夷岩茶

图4.71　凤凰单丛

3. 凤凰单丛

产地：广东省潮汕凤凰山。

品质特征：凤凰单丛茶的品质共性是以花香为特色，外形条索挺直肥壮，色泽黄褐油润呈鳝皮黄，香气浓郁具天然花香，或带蜜糖香，滋味浓厚或醇甘且耐泡，汤色橙黄明亮，叶底黄亮，叶缘朱红，具特殊的“山韵”蜜味。

制作工艺：鲜叶经萎凋、凉青、做青（浪青）、炒青、揉捻、烘焙等环节。采摘标准为对夹二三叶，一般在新稍形成“小开面”后，采摘适宜成熟度的嫩梢。

凤凰单丛茶产于潮州市潮安区的名茶之乡凤凰镇凤凰山区，是从国家级良种凤凰水仙群体品种中选育出的优异单株，其成品茶品质极佳，凤凰单丛茶品系较多，多以茶树叶型、树型及其成茶香型命名，如黄枝香单丛、桂花香单丛、玉兰香单丛、蜜兰香单丛等。岭头单丛茶，又称白叶单丛茶，从凤凰水仙群体品种中选育而成。素以香、醇、韵、甘、耐泡、耐藏六大特色而负盛名。

凤凰单丛里有一种比较奇特的香型——鸭屎香，是目前最受欢迎的香型。“鸭屎香”乃是土名，名虽不雅，但作为凤凰单丛的名种，可谓“大俗即大雅”。相传，某茶农从乌崬山引进茶树，种在“鸭屎土”的茶园里，鸭屎土是黄土壤的一种。这茶树有着墨绿的叶片，茶香浓郁，茶农怕有人偷去这独特的茶树，每当有人问及这茶是什么香型时，他便答曰“鸭屎香”。他虽极尽保护茶树，却还是有人成功地进行了扦插，“鸭屎香”的名字也就此传开。

4. 漳平水仙

产地：福建省漳平市

制作工艺：鲜叶经晒青、凉青、做青（摇青与摊青交替）、炒青、揉捻、造型、烘焙而制成。

品质特征：漳平水仙是乌龙茶中唯一的紧压茶，色泽砂绿油润间蜜黄，汤色橙红明亮，香气馥郁、甜香明显、带兰花香，滋味甘醇爽口，叶底厚软、红边鲜亮。

图4.72 漳平水仙

漳平水仙是漳平茶农创制的传统名茶，中国地理标志产品。漳平九鹏溪地区是漳平水仙茶主要产区，其优越的自然环境条件，形成了漳平水仙茶独特的品质。水仙茶饼更是乌龙茶类唯一紧压茶，品质珍奇，风格独一无二，极具浓郁的传统风味，先后获得中国农业博览会、中国农副产品博览会金奖。畅销于闽西各地及广东、厦门一带，并远销东南亚国家和地区。

5. 台湾冻顶乌龙

产地：台湾南投县鹿谷乡冻顶山

制作工艺：鲜叶经晒青、凉青、摇青、炒青、揉捻、初烘、多次反复团揉（包揉）、复

图4.73 台湾冻顶乌龙

烘、焙火而制成。

品质特征：冻顶乌龙外观紧结，呈条索状，墨绿色带有光泽；茶汤清澈，呈蜜黄色，香气清纯，具有花香，滋味甘醇浓厚，汤色黄绿明亮，耐冲泡。

台湾南投冻顶山是凤凰山的支脉，居于海拔700米的高岗上，传说山上种茶，因雨多山高路滑，上山的茶农必须绷紧脚尖（冻脚尖）才能上到山顶，故称此山为“冻顶”。冻顶山上栽种了青心乌龙茶等茶树良种，山高林密土质好，茶树生长茂盛。冻顶乌龙茶是台湾包种茶的一种，所谓“包种茶”，其名源于福建安溪，当地茶店售茶均用两张方形毛边纸盛放，内外相衬，放入茶叶4两，包成长方形四方包，包外盖有茶行的唛头，然后按包出售，称之为“包种”。台湾包种茶属轻度或中度发酵茶，亦称“清香乌龙茶”。包种茶按外形不同可分为两类，一类是条形包种茶，以“文山包种茶”为代表；另一类是半球形包种茶，以“冻顶乌龙茶”为代表。素有“北文山、南冻顶”的美誉。冻顶山种茶历史悠久，据传，清朝咸丰年间，台湾省南投县鹿谷乡村民林凤池赴福建应试，高中举人，还乡时，自武夷山带回36株青心乌龙茶苗，种于冻顶山等地，逐渐发展成现今的冻顶茶园。

趣味阅读

茶叶中的“马肉、牛肉、心头肉”都是什么“肉”？

目前，市场上对武夷山不同山场的肉桂茶有一种流行叫法，即马肉、牛肉、心头肉等，这可不是我们平常吃的牛肉、马肉，而是一种以山场+品种的命名方式命名的各种肉桂类品种茶名称。“马肉”是指武夷山马头岩的肉桂，简称“马肉”；牛肉则是武夷山牛栏坑的肉桂，简称“牛肉”；而心头肉则是武夷山天心岩的肉桂，简称“心头肉”。

武夷岩茶产品主要分为大红袍、肉桂、水仙、名丛、奇种等，肉桂既是产品名也是品种名。武夷肉桂原为武夷名丛之一，灌木型，中叶类，晚生种。肉桂茶被发现已有100多年的历史，如今已是武夷岩茶的佳品，素有“香不过肉桂，醇不过水仙”的说法。肉桂品质优异，干茶外形紧结呈青褐色，香气辛锐持久，具有桂皮香、奶香或花果香，味醇厚，浓锐，深受消费者的喜爱。

山场是影响岩茶品质的一个很重要的因素，主要表现在土壤和微域气候两个方面。山场味也叫山场气息，是武夷岩茶因产地山场不同而产生的特殊味道。武夷山景区以三坑两涧所产茶叶最著名，三坑和两涧分别是慧苑坑、牛栏坑、大坑口、流香涧和悟源涧，也是武夷山传统的正岩产区。这里的土壤绝大多数为火山砾岩、砾质砂岩、砂质页岩及页岩风化所成。正如陆羽《茶经》称“上者生烂石，中者生砾壤，下者生黄土”，“烂石”为武夷岩茶提供了良好的土壤条件。

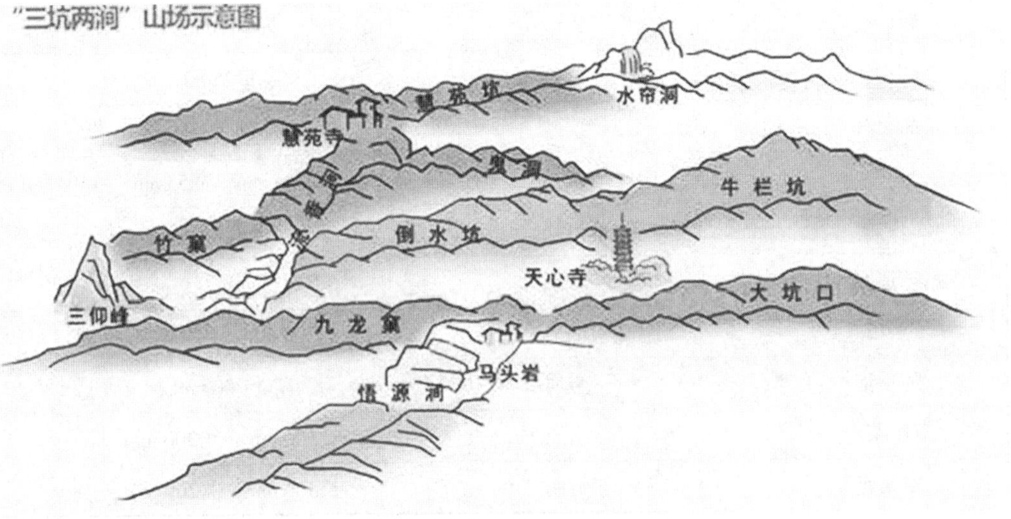

图4.74　武夷山三坑两涧

市场上，消费者在品味岩茶的时候，容易识别的一个符号是“山场”。比如马头岩的茶一般会表现出香气高扬的特点，牛栏坑的茶一般会表现出优雅细腻的特点。这主要与山场微域气候以及土壤等有关，马头岩茶山的茶树相对日照时间长，属于凸地；牛栏坑茶山的茶树相对日照时间短，属于凹地。目前岩茶市场好，“山场热”“肉桂热”，消费者愿意为此买单，因此才有了市场流行的“马肉”“牛肉”“心头肉”等叫法。

二、修习乌龙茶茶艺

（一）准备

将所用之器皿洗净、擦干放置在茶盘中，这称之为备具；将茶盘中的器皿布置在茶席之上称为布具。每一件器具在茶盘或是茶席上都有固定的位置，各得其所才能发挥各自的作用。

（二）择器备具

乌龙茶，属于半发酵茶；特点是香气显著，以品种的花果香、清幽香、浓郁持久为主。冲泡时要将乌龙茶的这一特征展现出来，一般选用小壶或者盖碗冲泡。根据中国茶业学会于2019年8月6日颁布并正式实施的《茶艺职业技能竞赛技术规程》中所规定的茶具标准，可以按照下表所列茶具进行备具（表4.4）。

表4.4 《茶艺职业技能竞赛技术规程》乌龙茶茶具标准

器具名称	数量	质地	容量或尺寸
紫砂壶	1	紫砂	容量110 mL
闻香杯	5	紫砂	容量25 mL
品茗杯	5	紫砂	容量25 mL
杯垫	5	紫砂	长100 mm，宽55 mm
茶荷	1	白瓷	长100 mm，宽80 mm
茶道组	1	竹制	无
茶巾	1	棉质	长300 mm，宽300 mm
随手泡	1	金属	容量1 000 mL
双层茶盘	1	木质	长500 mm，宽300 mm
奉茶盘	1	竹制	长300 mm，宽200 mm

（三）冲泡三要素

乌龙茶小壶双杯泡法的关键点为投茶量、冲泡的水温、冲泡时间以及冲泡的次数，这也就是我们常常说到的冲泡三要素。三个充满变数的环节，如果能做到协调统一，便可以成就一杯好茶。

1. 投茶量

乌龙茶的茶水比大一些，一般以1∶18（或20）为宜，即茶叶体积约占壶容量的2/3。一般而言，紧结的乌龙茶一般投茶量为1/4～1/3壶（如球状乌龙茶类），蓬松的乌龙茶一般投茶量为1/2～2/3壶（条形乌龙茶类）。泡茶所用的茶水比例还应该依品饮者的嗜好而异。

2. 冲泡时的水温

乌龙茶适合用90°以上的沸水冲泡，高温可以更好地激发茶的香气和滋味。

3. 浸润泡时间

泡茶时，茶在水中的浸泡时间是决定“适当浓度”的最重要因素。影响浸泡时间长短的因素有揉捻轻重、发酵程度、萎凋轻重、茶叶的老嫩程度、完整程度、焙火程度等。揉捻越重，溶解速度越快；嫩度越高，溶解越快；萎凋越重，溶解越慢；焙火越重，溶解速度越快。外形紧结的茶，需要舒张后才容易将水可溶物溶出，所以外形越紧，第一泡越需要较长的时间。同一类茶，枝叶分离得越彻底的茶（挑梗干净），溶解速度越快；茶形大的溶解速度慢，小者溶解速度快；茶叶完整的溶解慢，破碎的溶解快。因此浸润泡时间需要看茶泡茶，乌龙茶的冲泡按照20秒为基础浸润泡时间。

（四）冲泡流程

上场→放盘、鞠躬行礼→布具→赏茶→温壶→置茶→温润泡→冲泡→温杯→分茶→奉茶→收具→鞠躬行礼→退回

1. 上场

端盘上场，右脚开步，目光平视，身体为站姿、放松、舒适，上手臂自然下坠，腋下空松，小手臂与肘平，茶盘高度以舒服为宜，与身体有半拳的距离。

2. 放盘、鞠躬行礼

双手松开，贴着身体，自然滑到膝盖处，头背成一条直线，以腰为中心身体前倾90°，停顿3秒，身体带着手起身成站姿。

3. 布具

从右至左布置茶具。将双层茶盘端至泡茶桌中间，将煮水器放置茶盘右侧上方，双手虎口分开，捏拿住5只茶托，向内转动手腕将之翻正后，移放到煮水器后方右侧；用同样手法将茶巾放在茶托后方左侧。双手将茶匙筒与茶荷移放到双层茶盘左侧前方桌面上；将公道杯放置于煮水器与茶托之间，按从右向左顺序将品茗杯逐个翻正并移放到大茶盘内左侧后方，摆成梅花形，依次翻正闻香杯；将茶壶向右稍后位置移放在公道杯与闻香杯的空隙之处。

4. 赏茶

双手托茶荷，手臂成放松的弧形，将茶荷中的乌龙茶请宾客欣赏，同时介绍茶名及品质特征。

5. 温壶

打开茶壶盖，壶盖走从里往外的弧线，将壶盖放置于闻香杯上，将闻香杯作盖置使用。右手提水壶向茶壶内注入1/2热水，水壶复位，左手加盖；双手捧茶壶转动手腕烫壶后，右手执壶将水注入品茗杯中。

6. 置茶

投茶量应视乌龙茶的紧结程度、整碎程度及口味而灵活掌握，如球形及紧结的半球形乌龙茶用量为1/3壶，疏松的条形乌龙茶用量为2/3壶。

打开茶壶盖，搁置于闻香杯上。右手取茶荷，交至左手。左手握茶荷，右手执茶匙，将茶叶轻轻拨入到紫砂壶后，茶匙及茶荷复位。

7. 温润泡

右手提水壶用回转低斟高冲手法向茶壶内注开水，目的是使茶叶浸润并醒茶，促使可溶物质析出。至九分满，左手提盖刮沫，盖上壶盖，右手提水壶淋壶一圈，然后复位；

右手迅速握茶壶柄将茶壶内温润泡热水倒入闻香杯中，倒毕，茶壶复位。

8. 冲泡

右手执水壶，左手半握拳搭在桌沿，提壶高冲至水将溢出壶面，以利于去除茶沫。水壶复位，左手加盖。

9. 温品茗杯及闻香杯

将闻香杯内之水迅速淋于紫砂壶上。以逆时针方向用滚杯的方式逐个清洗品茗杯，最后1只品茗杯不滚洗，轻荡后直接将热水倒掉。注意：淋壶、温杯的速度均较快，时间不超过45秒。

10. 分茶

采用“关公巡城”“韩信点兵”的方式依次向闻香杯倒入茶汤，具体操作步骤为：分三巡分汤，第一巡向闻香杯注入约三分之一杯茶；第二巡依次低斟至七分满；第三巡则把最后剩余茶水依次滴入每一个闻香杯中，以使每一杯茶汤的浓度基本一致。将紫砂壶复位。将品茗杯倒扣在闻香杯上翻杯成为倒转乾坤。右手虎口张开，四指并拢握茶托，交至左手，右手依次将品茗杯和闻香杯放于杯托上。

11. 奉茶

双手将泡好的茶依次敬给来宾。这是一个宾主融洽交流的过程，奉茶者行伸掌礼请用茶，接茶者宜点头微笑表示谢意，或答以叩手礼。

12. 收具

奉茶完毕将不需要的茶具收回，器具返回的轨迹为“原路”，即最后移除的器具最先收回，并放回至茶盘原来的位置上。放置原则先左后右，前低后高。

13. 鞠躬行礼

14. 退回

（五）收尾

拓展阅读

紫砂壶的保养方法

紫砂壶泡茶大家都说好，是因为它具有独特的双重气孔结构，透气性好，茶水即使在暑天隔夜也不会馊，且泡茶不失原味。紫砂壶使用越久越气韵温雅，讨人喜爱。紫砂壶的吸附性也是一大特色，长久泡茶的紫砂壶，即便注入白开水也可得茶香，还可以陶冶人的情操，所以自古就被称为“泡茶圣器”。

刚买回的紫砂壶，在开壶时可以先用水把紫砂壶表面清洁一遍，然后把它放在干净的水中煮，水开之后加入茶叶，五分钟后熄火，用余热闷茶，待茶汤温度降低后，把茶叶清理干净，可重复这个步骤几次。用紫砂壶泡茶时，要尽量做到专壶专用，一壶一茶。泡茶完毕后，及时清理茶渣，保持壶内清洁。需要擦拭壶体时，用养壶笔或棉质细布茶巾擦拭，用力不要过猛。如长时间不用，可将壶盖和壶体分开放置于通风干燥处保存。

（六）乌龙茶在日常生活中的冲泡方法

要想呈现出乌龙茶特别是凤凰单丛丰富且高锐的香气，我们通常还可以选用瓷质的盖碗为泡茶器皿。盖碗为基础茶器，也几乎是爱茶人的标准配备。换句话讲，掌握了盖碗冲泡法，人人都可以泡出一杯理想的乌龙茶。当沸水注入盖杯，带有茶香的蒸气四溢。快速出水，茶汤香气明朗，口感爽利，显现出凤凰单丛的独特魅力。

1. 备茶备器

茶器以瓷质盖碗为主，以投茶量与注水量1∶30比例备茶，也可以根据自己的口味适当增减备茶量。

2. 赏茶

泡茶之前，先将凤凰单丛干茶置于茶则中。并与品饮者一起欣赏干茶条索，判断工艺特征等。

3. 温杯

先以100° 的沸水注入空盖的盖碗，等候10秒后将盖碗中的水倒入公杯或者茶海中。通过这样的做法，让盖碗的温度达到60° 以上。

4. 投茶闻香

用茶匙将茶则中的凤凰单从干茶拨入温热的盖碗中，合上盖碗后轻摇数次，随后打开碗盖请在座宾客闻香。

5. 开汤

右手执壶，从八点方向沿着盖碗杯壁缓慢注入水。根据个人口味，静静等待15~25秒后出汤，也可以根据茶叶当时状态决定是否洗茶，将茶汤倒入茶海中，再分别倒入每个品茗杯内。

6. 品茶

泡茶人应该自己先品味开汤后的第一杯茶汤，从而准确判断这款茶的工艺特征以及冲泡的效果，对之后的泡茶工作进行有针对性的调整。

7. 再冲

从第二泡开始，静待15秒即可出汤。单丛茶极耐冲泡，一般可冲泡15道以上。泡茶人可根据实际情况调整手法，从而得到理想的茶汤。

盖碗是极易取得的茶器，其深广的容积也非常适合乌龙茶的条索舒展。因此，如果想要品味乌龙茶的魅力，盖碗泡法是不错的选择。

泡茶也是一件极为灵活的事情，我们认真习茶，严谨待茶，但具体每一泡的出汤时间可根据个人的口味进行微微调整。若第一泡浸润泡时间20秒出汤，获得的单丛茶口感就较为轻柔，若是第一泡浸润泡时间25秒出汤，单丛茶的口感则饱满厚实，更富有力道。同时，水的粗细也极为重要，粗水可以得到更加高扬的茶汤香味，细水可以得到轻柔的茶汤口感。

老师的叮嘱

当我们走进茶的芬芳世界，与一杯茶相知，从一杯物质的茶开始去了解茶性，明了茶与水、茶与器、茶与人的美妙连接。一杯茶的色、香、味、形、韵既是抽象的，也是具体的。我们在习茶时，应该有所规矩，有所次第，有所坚定。我们在习茶的过程中，开启对茶汤的呈现、美学标的、生命本质的思考，也试图通过这样的探索与思考，完成泡好一杯中国茶的传承与使命，做好互联网时代背景下的茶文化表达。同时，让一杯茶更加与我们的生活所契合。

三、乌龙茶调饮茶创新与制作

乌龙茶是我国的特色茶类，花果香馥郁，滋味鲜醇爽口。乌龙茶口感介于绿茶和红茶之间，既有绿茶的清香，也有红茶的甘醇。乌龙茶较绿茶而言，香气更高、滋味更浓，可以与更多食材调制，滋味也更加丰富浓郁。在用乌龙茶制作调饮茶时，要充分利用乌龙茶迷人的花果香，合理选择配料。如利用金萱乌龙迷人的奶香，在夏秋季节添加上草莓酱、冷冻杨梅、蜂蜜、冰块，茶汤香味在金萱乌龙的奶香中加上莓果清新甜味，让人有一种夏日午后在户外树荫下野餐的感觉。利用铁观音的兰香与鲜爽，在夏季加上雪碧、荔枝、柠檬与冰块，一份赏心悦目又芳香四溢的美味冰饮即可制作而成。在秋冬季节，不妨在岩茶茶汤中加入桂花或桂圆，使茶汤更加香郁醇甜。此外，大红袍中加入黑糖、牛乳，制成一杯黑糖奶茶，不仅有浓郁的奶香，品饮起来醇厚润滑，茶香四溢，温暖滋补。

1. 蜜桃乌龙茶

（1）配料：乌龙茶8 g、水蜜桃1个、薄荷叶1片、冰块2块、蜂蜜5 g、气泡水。

（2）器皿：玻璃杯、盖碗、烧水壶、公道杯、捣棒、吧勺。

（3）饮用时间：夏季。

（4）调饮步骤：

①水蜜桃去皮后切成小块，加入蜂蜜。

②将8 g乌龙茶放入盖碗中用气泡水进行冲泡，闷泡1分钟后出汤至公道杯备用。

③在等待茶汤冲泡的时间里，将水蜜桃及5 g蜂蜜放入玻璃杯中，并用捣棒捣碎。

④将公道杯中的乌龙茶倒入玻璃杯中，依次加入冰块，并搅拌均匀。

⑤在玻璃杯中加入薄荷叶作为装饰后出品。

图4.75　蜜桃乌龙茶

图4.76　乌龙茶Mojito

2. 乌龙茶Mojito

（1）配料：铁观音8 g、薄荷叶、酸柠2颗、蓝莓5颗、蜂蜜5 g、气泡水。

（2）器皿：玻璃杯、盖碗、公道杯、捣棒、吧勺。

（3）饮用时间：夏季。

（4）调饮步骤：

①酸柠切成小块后加入蜂蜜，用捣棒来回搅拌后浸泡5分钟。

②将8 g乌龙茶放入盖碗中进行冲泡，闷泡3分钟后出汤至公道杯备用。

③在等待茶汤冲泡的时间，将酸柠及5 g蜂蜜放入玻璃杯中，并用捣棒捣碎。

④将公道杯中的乌龙茶倒入玻璃杯中，并用吧勺搅拌均匀。

⑤加入气泡水，在玻璃杯中依次加入柠檬片和茉莉花作为装饰后出品。

四、潮州工夫茶艺

潮州工夫茶艺，别称潮汕工夫茶，是广东省潮汕地区特有的传统饮茶习俗。潮州工夫茶是融精神、礼仪、沏泡技艺、巡茶艺术、评品质量为一体的完整的茶道形式，既是一种茶艺，也是一种民俗，是“潮人习尚风雅，举措高超”的象征，是最具有代表性的一种中国茶艺。日本的煎茶道、中国台湾地区的泡茶道都源于潮州工夫茶。2008年，潮州工夫茶艺被列入国家级非物质文化遗产名录，被誉为中国古代工夫茶的“活化石”。

图4.77　潮汕工夫

（一）潮州工夫茶特点

潮州工夫茶始自宋代，至清代中期达到鼎盛，并流传至今，已有千年历史，它完整地继承了中国古代茶事美学理念与冲泡方法，是中国茶道的活化石。潮州工夫茶对茶叶、水源、茶器、沏法、心境、环境、品韵及礼仪等方面都有一定的讲究。工夫茶并非一种茶叶或茶类的名称，而是一种泡茶技法，之所以叫工夫，是因为泡茶方法极为讲究，不管是沏茶还是品茶，都需要一定的工夫。

图4.78　潮州工夫茶

潮州工夫茶最大的特点是茶具精致小巧、烹制考究、以茶寄情。《潮州茶经》里写道："工夫茶之特别处，不在茶之本质，而在茶具器皿之配备精良，以及闲情逸致之烹制法。"

潮州工夫茶一般以凤凰单丛为代表的乌龙茶为主要茶品。茶具讲究精细、小巧，质量上乘，俨然一套艺术品。工夫茶冲泡步骤也十分讲究，要经过治器、纳茶、候汤、冲茶、刮沫、淋罐、烫杯、酾茶等，每一个步骤里又有许多小步骤，可见冲泡一杯工夫茶十分不容易。正所谓"工夫茶之功夫，全在茶之烹法，虽有好的茶叶、茶具，而不善冲，也全功尽废"，这也是它能成为中国茶道代表的主要原因。同时，潮州工夫茶还蕴含着"和、敬、精、乐"的精神内涵。

（二）潮州工夫茶使用的茶具

工夫茶的茶具，讲究产地、出品，往往是"一式多件"，一套茶具有茶壶、茶盘、茶杯、茶垫、茶罐、水瓶、龙缸、水钵、红泥火炉、砂铫、茶担、羽扇等，一般以12件为常见，如12件皆为精品，则称"十二宝"，如其中有8件为精品，或4件为精品，则称"八宝"或"四宝"。"茶室四宝"，即玉书碨、潮汕炉、孟臣罐和若琛瓯。

图4.79　玉书碨

图4.80　潮汕炉

图4.81　紫砂壶

图4.82　若琛瓯

玉书碨即烧水的水壶，一般由砂泥制作而成，叫“砂铫”，以潮安枫溪出产的最为出名，俗称“茶锅”。用砂铫煮出来的水更加柔软，非常适宜泡茶。相传古时有位工匠设计出此壶后，邀来三五茶友为它命名。茶友见此壶烧出的水清洁如玉，倒水宛若玉液输出，就取名“玉输”。后人认为“输”字不好，就用“书”字代替了。

潮汕炉即烧开水用的红泥小火炉，样式小巧玲珑，形式各异。之所以被称为“潮汕炉”，是因为它产于广东省潮汕、汕头一带。这种小火炉炉心深而小，能够使炭火火势均匀，同时也节省了木炭，一举两得。以紫砂炉配紫砂壶最有意境，最合乎品茶之道。

孟臣罐即泡茶的茶壶，以紫砂壶为最佳，且宜小不宜大、宜浅不宜深。孟臣指的是明末清初时的制壶大师惠孟臣，当时的人评价惠孟臣所制之壶“大者浑朴，小者精妙”。潮汕方言将紫砂壶叫做“冲罐”，因产自江苏宜兴，故也叫做“苏罐”。

若琛瓯即品茗杯，为白瓷翻口小杯，杯子小而浅，水容量为10~20 mL，小则一啜而尽，浅则水不留底；色白如玉，将茶的颜色完美衬托出来；质薄如纸，以使其能将茶香突显出来。如今常用的品茗杯有三种，一种是白瓷杯，另一种是内壁上带有白瓷的紫砂杯，还有一种是纯紫砂的，这种茶杯不利于辨别茶的色泽，因此很少使用。

（三）潮州工夫茶冲泡流程

潮州工夫茶的冲泡有一定的程式要求，主要由茶具讲示、茶师净手、泥炉生火、砂铫（煮水器具）掏水、榄炭煮水、开水热罐、再温茶盅、茗倾素纸、壶纳乌龙、甘泉洗茶、提铫高冲、壶盖刮沫、淋盖追热、烫杯滚杯、低洒茶汤、关公巡城、韩信点兵、敬请品味、先闻茶香、和气细啜、三嗅杯底、瑞气和融等多个环节组成。根据中国茶叶学会发布的《潮州工夫茶艺技术规程》（T/CTSS 5—2019），冲泡步骤为以下内容。

1. 备器

潮州工夫茶泡茶器具以朱泥壶（孟臣壶）与盖瓯（盖碗）两种为主。朱泥壶以宜兴、潮州两地为尚，盖瓯以白瓷敞口型为佳，容量90~150 mL，以120 mL为宜。

（1）将茶巾折叠好，放置在壶承后方。

（2）朱泥壶水平放置在壶承内，壶嘴朝向可根据习惯用手决定，但是不可以对着品茗者。

（3）茶杯呈现品字形状放置在茶盘中间，品字头朝向泡茶者。茶巾、壶承和茶盘按照先后顺序，从泡茶者正前方延伸，成一条直线。

（4）正茶洗放置在茶盘左侧，盘内备有干净茶杯；副洗置于茶盘右侧，盘内装冷水或热水，根据情况使用，用以浸泡茶壶；另一副洗置于壶承左侧或茶台之下，用以倒茶渣或废水。

（5）将素纸沿着中线对折再对折成正方形，与茶罐一同放在正茶洗左上方，距离依据泡茶者可操作的范围而决定。所用炉台放置于茶台的右侧。泥煤放置于炉台中间，生火材料以及生火铜器套件放置于泥煤右边，羽扇放置于泥煤左边。

（6）提前准备好净手所需要的器物。

2. 泥炉生火

砂铫添加水，竹薪点燃引火，用坚炭或橄榄炭生火，为煮水做准备。

3. 净手

泡茶者进场，面带微笑向品茗者弯腰行礼，从椅子左边入座后净手并且擦干。

4. 候火

煽风催火，使碳充分燃烧至表面呈现灰白色。

5. 倾茶

泡茶者左手拿住茶叶罐上方1/3处，将茶叶罐移动至胸前交接给右手，右手拿住茶叶罐下方，左手旋转开盖，将盖子与罐身分置于左右两侧。

左手拿起素纸移放在胸前，双手打开素纸后放于左手掌心，用右手按压纸张中心，形成自然弧度。右手将茶叶罐拿起，倾斜倒入适量茶叶于纸上。

盖好茶叶罐，双手行侧弧线，将茶叶罐放回原位，双手沿着原弧线归位。

6. 炙茶

将砂铫轻轻放在茶台下角，然后双手拿捏素纸两端对角，将盛有茶叶的素纸移动至泥煤上方10~15 cm处，以顺时针和逆时针方向交替移动。中间翻动茶叶一至两次并上下移动。直到茶散发出清纯香味即可。

7. 温壶

泡茶者左手将壶盖揭开，右手将砂铫移动至高于壶口5 cm处，淋壶口一圈后拉高至10 cm处将水注满，盖上壶盖，在高于壶盖5 cm处绕淋盖眉后将砂铫放回原处。

8. 温杯

泡茶者拿起茶壶，轻点茶巾，行弧线移动至茶盘上，从最右边的杯子开始，沿着逆时针方向将壶内热水均匀倒入茶杯中，再将茶壶内热水倒干，行弧线将茶壶放回壶承上。

温杯根据惯用手进行，以右手为例，右手食指和大拇指拈起最右边的茶杯，杯口向左，置于茶盘顺时针方向上的另一杯中，食指松开，中指托底沿，大拇指搭杯沿处，食指勾动杯外壁转动茶杯一圈即可。后用拇指、食指轻拈杯沿，中指轻抵杯底轻点一次，将杯中余水点尽后归位。其余杯子操作相同。

9. 纳茶

泡茶者双手持壶把和壶嘴，将茶壶抬高3 cm左右，将茶壶旋转约90°，使壶嘴向内，放回壶承，左手揭开壶盖放置于盖置上。

泡茶者左手托住素纸，右手中指轻压素纸上方的同时，左手食指和中指顺势夹住素纸。用右手食指和中指，将部分条状茶叶纳壶底和近壶嘴处，细末部分放置中层，在将剩余的条状茶叶全部放入，茶叶量占茶壶容量的4/5左右为宜。

纳壶完毕，将素纸折好归位。双手端起茶壶，左手轻拍壶身后，将茶壶旋转约90°，水平放回壶承。

10. 润茶

（1）高注。泡茶者左手揭开茶壶盖，右手取砂铫将沸水沿着壶内低注一圈后，提高砂铫，选择茶壶内侧某一点定点注入沸水至水满溢出壶口为止。

（2）刮沫。泡茶者用左手捏住壶盖钮，沿壶口行“之”字形走向，将茶沫轻轻旋刮，盖定，再用沸水淋于盖眉后将砂铫归位。

11. 烫杯

泡茶者提壶在茶巾上轻点擦拭水渍，行弧线至茶盘上，从品字头的杯子开始，沿逆时针方向在各个杯子之间倾洒茶汤烫杯，倾尽茶汤后将茶壶归位，然后将茶杯绕茶壶近主泡内侧行弧线把茶汤弃于副洗，再原弧线归位。

12. 高冲

泡茶者左手开壶盖，右手取砂铫将沸水沿壶均匀注入一圈，再定位壶口内沿某点，拉高并均匀注入沸水，注入时不可断续，不可急迫，切忌直冲壶心，水满盖定，再淋壶身。

13. 滚杯

冲注结束后，将砂铫移动到茶盘注水淋杯，注满水后将砂铫归位，以滚杯的方式再进行温杯。

14. 低斟

泡茶者提壶，弧线移至右边副洗的冷水（或热水，视情况确定使用）中浸泡2秒左右，再提壶移回到茶巾上擦拭壶底后，移至茶盘将壶嘴前部（或盖瓯前端）的少许茶汤倾倒于茶盘中，然后沿着逆时针方向往各个杯中斟茶汤，先注入五分，再斟至七八分为佳，斟茶时茶汤要均匀。

15. 点茶

茶壶内茶汤将尽时，巡回向各个杯子点滴茶汤，手法要稳、准、匀，确保壶中茶汤沥尽。

16. 请茶

右手手指并拢掌心向上，拇指稍微内收，沿顺时针方向走弧线，敬请品茗者品尝茶汤。如有主客，以主客为第一位；如无主客，第一轮冲泡从泡茶者左边的第一位开始，由左到右，依次是第一、二、三位品茗者品饮，第二轮冲泡则为第二、三、四位品饮，第三轮冲泡是第三、四、五位品饮，依一退四补顺序请茶。泡茶者一般不参与品饮第一轮冲泡的茶汤。

17. 闻香

用拇指和食指轻轻捏住杯沿，顺势稍微倾出少许茶汤，中指托起杯底，端至鼻前嗅闻。

18. 啜味

分三口啜饮（吸气把茶汤啜入口腔），徐徐下咽，让茶汤与口腔各部位充分接触，全面感受茶汤滋味。

19. 审韵

品饮茶汤后，轻扇茶杯，稍凉则吸嗅杯底，赏杯中韵香，一泡茶可重复冲泡数次。

20. 谢宾

待品茗者品饮完毕，将茶杯收齐后，起身行礼、退场。

任务五 黑茶茶艺

走近非遗传承人——甘玉祥

一代匠人，满腹情怀

甘玉祥，1963年生，四川省雅安市人。甘玉祥出生在一个边茶世家，系第五代传人。秉承父辈对边茶业和藏民族的特殊感情，以及自己对边茶制作的热爱和执着，他率先提出“藏茶汉饮”，将“边茶”改名为“藏茶”，把藏茶市场推向全国，彻底改变了一千多年来藏茶只供藏区饮用的历史，使藏茶销售市场变得无限广阔。他还提出“粗茶细做”的发展策略。藏茶发源之初，由于茶资源缺乏，民众生活水平偏低，藏茶在加工制作工艺上普遍粗犷，想要推广“藏茶汉饮”，就要改变加工工艺，实现由粗到细再到精的根本转变。经过多年不懈努力，边茶从长期以来永不改变的两个品种——康砖和金尖，增至50余个品种，满足了各种消费市场和各种消费人群的需求。“藏茶汉饮”成了雅安藏茶行业持续发展的指导性思想，藏茶也成为雅安城市一张新名片。

甘玉祥全心全意致力于藏茶文化传播和藏茶技艺传承，将甘氏先辈代代相传的藏茶传统制作技艺：“五大工艺”和“发酵三要素”完整保留，并在实践中不断探索总结创新，掌握藏茶核心技术，以“专注、专一、专业”的“三专”精神，他发明了滚筒发酵技术，将原本只能在地面发酵的茶叶放入特制滚筒中，在保持茶叶洁净的同时，又能通过转动滚筒使茶叶均匀发酵。2008年6月，南路边茶制作技艺被列入第二批国家级非物质文化遗产；同年11月，甘玉祥被选为南路边茶制作技艺国家级传承人。

每一位匠人的背后，都有一份精于内心的情感，因为这份情感，他们执着坚定，精益求精，用心诠释每一个细节。我们关注那些执着于行业的“匠人”，从他们身上感悟行业的时代变迁与人格魅力，体会“匠心精神”的力量和丰富的思想内涵。

一、浅析黑茶

黑茶是我国特有的一大茶类，生产历史悠久，产区广阔，销售量大，花色品种多。我国黑茶的年产量占全国茶叶总产量的1/4左右，以边销为主，部分销往内地，也有少量侨销。黑茶是中国边疆藏族、蒙古族、维吾尔族等兄弟民族日常生活必不可少的饮品。“宁可三日无食，不可一日无茶”，这就是兄弟民族对茶叶需要程度的真实写照。黑茶现已被世界茶学界、医学界公认为二十一世纪最健康饮品之一。2008年，黑茶制作技艺经国务院批准，列入第二批国家级非物质文化遗产名录，其中包括益阳市茯砖茶制作技艺、安化县千两茶制作技艺和四川省雅安市南路边茶制作技艺。

图4.83 黑茶

（一）概念

黑茶，六大茶类之一，属于微生物参与物质转化的后发酵茶，因成品茶的外观呈黑色，故得名。黑茶在明朝定为“官茶”，专销西北陕、甘、青、新、宁、藏少数民族地区，故又称“边（销）茶”。

按史书记载，黑茶的历史至少可以追溯到唐朝后期的茶马互市，唐德宗贞元年间（约785—804年）。据《封氏闻见录》载：“往年回鹘入朝，大驱名马市茶而归。”茶马交易的茶是从绿茶开始的，当时茶马交易的集散地为四川雅安和陕西的汉中，由雅安出发人背马驮抵达西藏至少有2~3个月的路程，当时由于没有遮阳避雨的工具，雨天茶叶常被淋湿，天晴时茶又被晒干，这种干、湿互变过程使茶叶在微生物的作用下导致了发酵，产生了品质完全不同于起运时的茶品，因此“黑茶是马背上形成的”说法是有其道理的。久之，人们就在初制或精制过程中增加一道渥堆工序，于是就产生了黑茶。

"黑茶"二字，最早见于明嘉靖三年（1524年）御史陈讲奏疏："以商茶低伪，征悉黑茶。地产有限，仍第为上中二品，印烙篾上，书商名而考之。每十斤蒸晒一篾，运至茶司，官商对分，官茶易马，商茶给卖。"此茶系蒸后踩包之茶，具有发酵特征，实为黑茶无疑。

趣味阅读

马王堆汉墓的"一篓黑茶"

1972—1974年，考古人员在对长沙马王堆汉墓进行发掘的过程中，一、三号汉墓出土了"槚一笥"竹简，经考证即茶一箱，箱内有黑色颗粒状实物，考古人员用显微镜切片分析认为是茶。自此以后，这箱茶业从何而来，属何种类，成了专家苦苦考察、研究的目标。

湖南益阳市茶叶局局长、高级农艺师易梁生经过多年考察、研究和分析，认为马王堆出土的这箱茶叶就是安化黑茶。他提出三大依据：首先，从地域位置来看，汉唐时期，安化属益阳县，隶属长沙郡管辖。而安化茶叶历来就有"山崖水畔，不种自生"的优良品质，是封建社会上层人士的首选嘉茗。从保存品质上看，绿茶等其他茶类根本不具备如此长的存放期，而黑茶因工艺独特可长期存放。其次，三国时期，吴、蜀屯兵益阳，关羽曾用一包包以竹篾包裹的茶叶为将士解除病疾。竹篾是安化黑茶特有的包装形式，也正与马王堆出土的黑茶包装契合。此外，易梁生认为，早期安化黑茶要经松枝、松木烘烤干燥制作工序，具有气味芳香、杀菌防腐的功效，陪葬功能显著。并且马王堆出土茶叶已凝成规则不一的黑色小颗粒，与现在拿出来的解放前后生产的陈年安化散装黑茶如出一辙。易梁生的观点得到湖南省内茶叶界专家的高度认同，湖南农大教授施兆鹏认为，这一观点对研究安化黑茶历史以及整个湖南茶叶生产发展进程极具科学价值。

根据史书记载，目前安化黑茶历史可追溯到1 400多年前唐代的"渠江薄片"，但如果马王堆汉墓里的茶叶来自安化，安化黑茶的历史则至少可再前推900年，达到2 300年。

（二）品质特点

黑茶属后发酵茶，性温和，一般原料粗老，加之制造过程中往往堆积发酵时间较长，因而叶色油黑或黑褐，汤色橙黄或褐色，叶底黄褐，滋味醇厚，有陈香。

（三）制作工艺

黑茶的基本工艺流程是杀青、初揉、渥堆、复揉、干燥等工序，其中渥堆是黑茶品质形成的关键工序。黑茶一般原料较粗老，黑毛茶是压制各种紧压茶的主要原料。

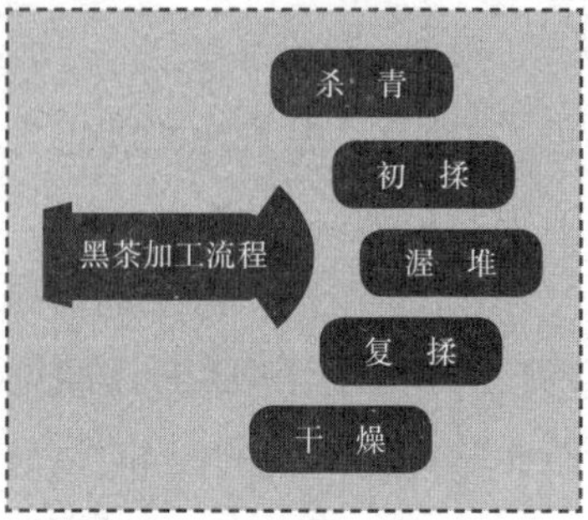

图4.84　黑茶制作工艺

1. 杀青

黑茶杀青的目的与绿茶相同，是利用高温制止酶的催化作用。由于黑茶原料粗老，杀青时为了避免水分不足而杀青不匀、不透，一般除雨水叶、露水叶和幼嫩芽叶外，杀青前都要进行“洒水灌浆”，一般按10∶1的比例洒水（即100 kg鲜叶洒1 kg清水）。洒水要均匀，以便于黑茶杀青能杀匀杀透。黑茶杀青方法有手工杀青和机械杀青两种，传统方法是用手工锅炒杀青，由于社会的发展和机械化的推广，目前黑茶产区绝大部分都采用机械杀青，如滚筒式杀青机是目前广泛使用的杀青机。

2. 初揉

初揉使叶片初步成条，茶汁揉出黏附于茶叶表面，为渥堆创造条件。黑茶原料粗老，叶梗木质化程度高，杀青出锅后，要迅速趁热揉捻，有利于叶片卷折成条。黑茶的初揉一般选用中型揉捻机，揉捻时采取轻压、短时、慢揉的原则。初揉中揉捻机转速以40转/分左右，揉捻时间15分钟左右为好。初揉要求粗老叶大部分成皱褶条，并获得一定数量的细胞破坏率时即可。初揉后的茶坯，不需要解块即堆积渥堆。

3. 渥堆

渥堆亦称“沤堆”，是黑茶初制中的特有工序，也是黑毛茶品质形成的关键工序。渥堆是将一定含水率的茶坯适当压紧堆积，利用微生物酶促作用和湿热作用下的热物理化学变化使茶叶内含物质发生复杂变化，其目的主要有：使多酚类化合物氧化，除去部分涩味；使叶色由暗绿或暗绿泛黄转为黄褐，以形成黑毛茶特有的品质特征。

黑茶渥堆应有适宜的条件，要在背窗、洁净的地面，避免阳光直射，室温在25 ℃以上，相对湿度保持在85%左右的条件下进行。堆积24小时左右时，茶坯表面出现水珠，叶色由暗绿变为黄褐，带有酒糟气或酸辣气味，手伸入茶堆感觉发热，茶团黏性变小，一打即散，即为渥堆适度，应立即开堆解块复揉。

4. 复揉

复揉是把渥堆后回松的茶条卷紧。将渥堆适度的黑茶茶坯解块，充分抖散搭直茶条，再进行复揉。复揉压力较初揉稍小，时间一般为6～8分钟，复揉完成后要及时解块、干燥。

5. 干燥

黑茶的干燥与其他茶类的目的相同，主要是散失水分，巩固已形成的品质特征。同时，在干燥过程中，进一步发展和形成黑茶特有的品质风格。黑茶干燥方式因产地不同，风格各异。目前，干燥方法主要有晒干、明火烘干、机械干燥等几种。其中，晒干和明火烘干是黑茶传统的干燥方法。晒干即利用阳光去除水分，同时也促进茶叶内含成分的理化变化。明火烘干一般使用松木作燃料，既去除水分，也可以在松木的熏焙下，产生特殊的松烟香味。而机械干燥则是目前大多数黑茶采用的干燥方式，它既能保证产品质量和卫生安全，还大幅提高了生产效率。

（四）黑茶分类

黑茶历史悠久，主要产于四川、湖南、湖北、云南、广西、陕西等地。不同黑茶产区，由于原料基础、工艺技术不尽相同，因此在品质特征等方面也各有差异。黑茶按产地和产品特性可分为四川边茶（藏茶）、湖南黑茶、云南普洱茶、湖北黑茶、广西黑茶等；按形态可以分为紧压茶、散装茶及花卷茶三大类。

1. 四川边茶（藏茶）

四川边茶已有一千多年的历史，在不同时期有不同的名称，元朝时期称为西番茶、明朝时期称为乌茶，现代四川边茶又被称为“藏茶”。自宋代以来，历朝统治者都实施了“茶马法”，明代就在四川雅安、天全等地设立管理茶马交换的“茶马司”。

四川边茶分为“南路边茶”和“西路边茶”两类。清代乾隆时期，规定雅安、天全、荥经等地所产边茶专销康藏，称“南路边茶”；灌县、崇庆、北川等地所产边茶专销川西北松潘、理县等地，称“西路边茶”。边茶是专供藏民饮用的茶叶，能缓解长期生活在高寒、缺氧、低压下所引起的身体不适症状。

南路边茶是四川边茶的大宗产品，过去分为毛尖、芽细、康砖、金尖、金玉、金仓六个花色，现在简化为康砖、金尖两个花色，以雅安为制造中心，包括雅安、荥经、天全、名山、邛崃和洪雅等市县。南路边茶因鲜叶加工方法不同，把毛茶分为两种：一是杀青后未经蒸揉而直接干燥的，称“毛庄茶”或金玉茶，毛庄茶制法简单，品质较差；二是杀青后经多次蒸揉和渥堆，然后干燥的，称“做庄茶”。现今，茶区已推广做庄茶，而逐步淘汰毛庄茶。做庄茶传统做法工艺较烦琐，最多的要经过一炒、三蒸、三踩、四堆、四晒、二拣、一筛共18道工序，最少的也要经14道工序。经过茶叶工作者的不断改进，其工艺已大为简化。

西路边茶包括四川都江堰、川北一带生产的边销茶，用篾包包装。都江堰所产的为长方形包，称方包茶；川北所产的为圆形包，称圆包茶。目前市场已统一按方包茶规格要求进行加工。生产的成品茶有茯砖和方包两种。西路边茶原料比南路边茶更为粗老，采割当年或1—2年生茶树枝叶，杀青后晒干即可。西路边茶色泽枯黄，是压制“茯砖”和“方包茶”的原料，制造茯砖的原料茶含梗量约20%，而制造方包茶的原料茶更粗老，含梗量达60%左右。

新中国成立以后，四川边茶的发展进入新时期，得到了长效的发展，不仅产量和销量得到了提高，品质也得到了提高。

2. 湖南黑茶

湖南黑茶主要有黑砖茶、花砖茶、三尖茶、花卷茶、茯砖茶等多个品种，传统的湖南黑茶产区包括安化黑茶产区和临湘黑茶产区。

湖南省安化县素有“中国茶乡”之称，安化黑茶历史悠久，唐代中期，这里出产的“渠江薄片”茶被列为贡品。宋代熙宁年间，安化置县时，当地的茶已“甲于诸州市”。安化黑茶是中国黑茶的代表性品类之一，成品包括安化千两茶（又称花卷茶）、茯砖茶、黑（花）

砖茶、花砖茶和散尖茶（天尖、贡尖、生尖）。明代万历年间，安化黑茶被定为官茶，销往西北和国外，民间因而有黑茶“无安化字号不买”之说。各类安化黑茶成品均是以安化黑毛茶为原料，通过后续不同的再加工而形成。安化黑茶是国家地理标志产品，加工安化黑毛茶的鲜叶原料主要来自湖南省益阳市内的安化、桃江、赫山、资阳等四个区（县）内部分乡镇的无公害茶园种植的安化云台山大叶种、槠叶齐、安化群体种等适制安化黑茶的茶树品种。2010年湖南黑茶走进中国上海世博会，成为中国世博会十大名茶之一，再度走进茶人的视野，成为茶人的新宠，其特色的千两茶堪称一绝。

3. 云南普洱茶

普洱茶是云南省的传统历史名茶和地理标志产品，其生产工艺及品质特征具有鲜明的地域性。根据《地理标志产品普洱茶》（GB/T 22111—2008）的规定，普洱茶是以地理标志保护范围内的云南大叶种晒青茶为原料，并在地理标志保护范围内采用特定的加工工艺制成，具有独特品质特征的茶叶。普洱茶地理标志产品保护区域是云南省普洱市、西双版纳州、大理州、临沧市等11个州市。

普洱茶按加工工艺及品质特征分为普洱茶（生茶）和普洱茶（熟茶）两种类型；按外观形态分普洱茶（熟茶）散茶、普洱茶（生茶、熟茶）紧压茶。普洱茶（生茶）是以符合普洱茶产地环境条件下生长的云南大叶种茶树鲜叶为原料，经杀青、揉捻、日光干燥、蒸压成形等工艺制成的紧压茶。普洱茶（熟茶）是以符合普洱茶产地环境条件的云南大叶种晒青茶为原料，采用特定工艺，经后发酵（快速后发酵或缓慢后发酵）加工形成的散茶和紧压茶。普洱茶中的生茶和熟茶经蒸压后形成的紧压茶有紧茶、圆茶（七子饼）、饼茶、砖茶、沱茶等形态。

普洱茶产品形成过程中，后发酵是一关键环节。后发酵包括快速后发酵和缓慢后发酵两种状况。快速后发酵是云南大叶种晒青毛茶在普洱茶产地特有的环境条件下，通过人工控制温湿度，促进微生物、湿热作用、氧化及酶促反应等综合作用，使其内含物质发生一系列转化。在较短时间内形成普洱茶（熟茶）独有品质特征的过程。缓慢后发酵是普洱茶（生茶）在一定温湿度的环境条件下，经过微生物、湿热作用、酶促反应及氧化等综合作用自然缓慢发酵，在较长时间内形成普洱茶（熟茶）独有品质特征的过程。严格说来，普洱茶毛茶加工原料是晒青毛茶，属绿茶类；普洱生茶，包括普洱生饼、云南紧茶（生茶）、下关沱茶等均应属于绿茶类紧压茶，但它们在长时间存放后，经缓慢后发酵过程，可形成普洱熟茶（黑茶）的品质特征。

拓展阅读

云南普洱茶六大茶区及特点

云南是普洱茶的故乡，也是中国茶叶原产地的中心。云南茶区主要分布在滇南和滇西南一带，古往今来产量较多的主要可以分为：西双版纳茶区、普洱（原思茅）茶区、临沧茶区、德宏茶区、大理茶区和保山茶区。

西双版纳茶区

西双版纳位于云南的南端，自古以来，西双版纳茶区就是云南普洱茶最核心产区，著名的古六大茶山和新六大茶山均在其境内，自清代以来，知名的普洱茶品牌大都出自西双版纳，这里的茶叶品质可见一斑。“古六大茶山”是指革登、倚邦、莽枝、蛮砖、攸乐和易武古茶山，以易武古茶山为首。“新六大茶山”是指南糯、南峤、勐宋、景迈、布朗和巴达茶山。其中，易武茶山是云南古六大茶山中茶园面积最大的，包括易武正山、慢撒茶山和曼腊茶山，因面积较大也有人将易武茶山称为易武茶区。易武茶山最高海拔2 000多米，山高雾重，土地肥沃，雨水充沛，森林覆盖率高，生态环境极好，是种值茶树的理想之地。俗话说“班章为王、易武为后”，意思是说班章的茶比较霸气，有王者风范，而易武山头出的茶口感细腻，像温柔的皇后。易武老树茶是标准的大叶种茶，具有条索黑亮、较长、泡条，汤色金黄，苦涩较轻、香气较好，汤中带甜，汤质较滑厚、回甘较好、陈化较快等特点。

普洱（原思茅）茶区

普洱茶因普洱而得名，普洱因普洱茶而名扬天下。普洱市旧称思茅，位于云南省西南地区，境内的无量山和哀牢山是云南省的重要气候屏障，主要河流有澜沧江和李仙江。境内各个区县几乎都有茶叶生产，是云南普洱和滇绿（云南绿茶）的主要产地。普洱茶区包括景迈、景谷、景东、邦威、南桥、哀牢山、苦竹山等山头。该茶区的茶具有稻谷花香，为甜苦茶区，其茶品一开始很香，有蜜味，香气高扬，茶清甜。

临沧茶区

临沧市位于云南省西部，西接缅甸，南邻普洱市，北靠保山市。境内有老别山、邦马山等，河流以怒江为主。临沧茶区是云南茶叶产量最大的地区，其中滇红的发源地凤庆县也在此。临沧茶区包括勐库、冰岛、昔归、凤庆、双江、永德等山头。临沧茶区的茶香气丰富，以板栗香为主，属于苦茶区，其茶品性烈、厚重。

德宏茶区

德宏傣族景颇族自治州位于云南省西部，地处横断山脉西南部，高黎贡山西部。东邻保山市，西、北、南均与缅甸接壤。该区气候非常适宜古茶树繁衍生长，形成了高黎贡山山脉的古茶树群落。该区生产的茶叶以滇红、普洱茶、滇绿为主，茶叶口感醇厚，茶香味浓。

大理茶区

大理白族自治州位于临沧、普洱北部，是云南重要的紧压茶加工地。位于洱海西畔的下关茶厂是与勐海茶厂齐名的普洱茶生产企业，因其长期承担边销茶加工及沱茶出口而享有盛名。大理茶区包括无量山东、无量山西、黑龙潭、德安、南涧等山头。该茶区大部分是新茶园，主要为下关茶厂提供制茶原料。该茶区的茶属果香型，为苦茶区。

保山茶区

保山市位于云南省西南部，与大理、临沧、怒江、德宏相邻，是云南省海拔最高的茶区。保山境内自然条件优越，适宜茶树生长，茶树品种资源丰富，是滇红及普洱茶的重要产地。

茶区包括保山、腾冲、龙陵、昌宁等地方的一些山头。该区茶的品质厚重饱满，茶气纯正阳刚，发展潜力巨大。

4. 湖北黑茶

湖北主产老青茶。老青茶别称青砖茶，又称川字茶，主要产于湖北省咸宁、蒲圻、通山、崇阳、通城等地，所以又称“湖北老青茶”。据《湖北通志》记载：“同治十年，重订崇、嘉、蒲、宁、城、山六县各局卡抽派茶厘章程中，列有黑茶及老茶二项。”这里讲的老茶即老青茶。1890年前后，在蒲圻羊楼洞开始生产炒制的篓装茶，即将茶叶炒干后，打成碎片，装在篾篓里（每篓2.5 kg），运往北方，称为炒篓茶。以后发展为以老青茶为原料，经蒸压制成的青砖茶。

老青茶的制作分面茶和里茶两种，面茶较精细，里茶较粗放。传统的手工制法是，面茶三炒、三揉、一筛、两晒；里茶一炒、一揉、一晒。现已使用机械加工，面茶简化为两炒、两揉、两晒、一渥堆；里茶为一炒、一揉、一晒、一渥堆。面茶的制造工序依次为：杀青、初揉、初晒、复炒、复揉、渥堆、晒干。里茶的制造工序依次为：杀青、揉捻、渥堆、晒干。

5. 广西黑茶

广西黑茶最著名的是六堡茶，因产于广西苍梧县六堡乡而得名，又名“苍梧六堡”。现在除苍梧外，八步区、横县、岑溪、玉林、昭平、临桂、兴安等地均有生产。六堡茶兴于唐宋，盛于明清。清嘉庆年间，六堡茶就以“红、浓、陈、醇”四绝及独具槟榔香味而被列为全国名茶之一，享誉海内外。同治版《苍梧县志》记载：“茶产多贤产六堡，味厚隔宿不变。”说的即是苍梧六堡茶。六堡茶是广西当地人民日常生活的保健饮品，具有祛风、消暑、解热、防癌等功效，滋味甘甜，老少皆宜。

（五）名优黑茶赏析

1. 康砖

产地：四川省雅安市荥经县、名山区、天全县等地。

制作工艺：康砖茶原料来源非常广泛，一般包括晒青茶、条茶、茶梗、茶果等，其中的条茶比例对口感影响最大。制作工序包括称茶、蒸茶、筑包、冷却定型、干燥、包装等。

品质特征：康砖茶砖面平整，紧度适合，色泽棕褐，汤色红浓，香气纯正，滋味醇和，叶底棕褐，花杂较粗。

康砖茶因主产于雅安，而雅安是清朝时西康省的省会，故取西康的“康”字，而茶叶形状像砖，故得名康砖茶。康砖茶为历史名茶，创制于清乾隆年间，是经蒸压而成的砖形茶，属于南路边茶。南路边茶又称“乌茶”“边销茶”“南边茶”“雅茶”“藏茶”等，历史上南路边茶的花色品种很多，有毛尖、芽细、康砖、金尖、金玉、金仓等，现在简化为康砖、金尖两个花色，其中康砖品质较高，金尖品质较次。康砖茶为圆角枕形，每块净重0.5公斤，大小规格为17 cm×9 cm×6 cm，主销西藏、青海及四川甘孜等藏族地区。

图4.85　康砖

图4.86　安化千两茶

2. 安化千两茶

产地：湖南省益阳市安化县。

制作工艺：千两茶鲜叶原料一般采用大叶种茶树，采摘标准为一芽四五叶及成熟对夹叶。制作分黑毛茶制作和精深加工两个阶段，黑毛茶制作包括杀青、揉捻、渥堆、复揉、烘焙5道工序；精深加工工序则要复杂得多，包括筛分、拼配、软化、装篓、踩压、扎箍、锁口、冷却、干燥等一系列环节，经日晒夜露55天制作成黑茶成品。

品质特征：千两茶外形为圆柱体，每支茶长1.5～1.65 m，直径0.2 m左右，净重约36.25 kg。圆柱状内部有金花，色泽乌黑，汤色橙黄清澈，香气陈香持久，滋味醇厚绵长，叶底红褐。

千两茶是湖南安化县的传统名茶，以每卷茶叶净含量为老称“一千两”（大约相当于现在的35 kg）而得名，因其外表的篾篓包装成花格状，故又名花卷茶。清代道光元年（1821年），当地茶商为便于运输，将黑茶踩捆成小圆栓形，每支定为100两；同治二年（1863年）又增加为1 000两，故有“安化千两茶”之名。2008年，千两茶制作技艺被列入第二批国家级非物质文化遗产名录。千两茶在21世纪初风靡我国广东省以及东南亚国家，有“世界茶王”的美誉，在国内主要销往广东、港台地区，在国外主要销往韩国、日本等东南亚国家。

3. 茯砖茶

图4.87　茯砖

产地：湖南省益阳市、陕西省泾阳县等地。

制作工艺：特级茯砖茶全部选用三级黑毛茶为原料，普通茯砖茶则以三级、四级黑毛茶和其他茶搭配为原料。制作工序包括筛制、汽蒸、渥堆发酵、压制定型、发花、干燥、包装等。“发花”是茯砖茶加工的特殊工艺，通过发花在砖内形成一种“金花”，即冠突散囊菌。

品质特征：茯砖茶为长方砖形，砖面平整，棱角分明，厚薄一致，发花普遍茂盛，色泽黄褐色或黑褐色，汤色橙红明亮，香气纯正，滋味醇和，叶底厚实。

茯砖茶是黑茶茶类中唯一具有发花工艺从而产生有益菌的一个茶种，其独含的两种活性物质——茯茶素A和茯茶素B，具有促进人体新陈代谢，显著降低血脂、胆固醇、甘油酯、血糖、血压等功效。

茯砖茶历史悠久，据史书记载，第一块茯砖茶诞生于陕西泾阳县，因其在夏季伏天加工制作，其香气和作用又类似茯苓，且蒸压后的外形成砖状，故称为“茯砖茶”。茯砖茶在历史上主要作为边销茶销往边疆，因具有“消腥肉之腻，解青稞之热”的功效，数百年来，在我国西北地区，茯砖茶与奶、肉并列，被誉为古丝绸之路上的“神秘之茶”和西北各少数民族的“生命之茶”。历史上，最早制作茯砖茶的原料来自陕西、四川，后期由于消费需求猛增，于是引进湖南黑毛茶作为茯砖茶的原料。中华人民共和国建立以后，按照国家“多快好省”的建设方针，中央政府要求把茶叶加工生产转移到茶产地。1953年，茯砖茶在湖南安化试制成功，并在白沙溪茶厂生产，以当地的黑毛茶为原料压制而成，沿用陕西泾阳手工筑制法，直到1958年开始采用花砖加工机械设备压制，从而打破了几百年来手工筑制的历史。茯砖茶的生产也从陕西转移到湖南，1958年后泾阳茯砖茶停产。1959年，湖南省益阳茶厂建立，成为中国最大的茯砖茶加工企业，其生产的特级茯砖茶于1988年荣获首届中国食品博览会金奖。2007年，泾阳茯砖茶工艺试制成功并恢复生产；2008年，茯砖茶制作技艺被列入第二批国家级非物质文化遗产名录；2013年，“泾阳茯砖茶”成为国家地理标志保护产品。

4. 湘尖茶

产地：湖南省益阳市安化县。

制作工艺：不同等级的湘尖茶所用原料不同，湘尖一号要求原料质嫩、色泽条索较好，以一级黑毛茶原料为主；湘尖二号以二级黑毛茶原料为主；湘尖三号以三级黑毛茶原料为主，经过筛分、风选、拣剔、高温汽蒸、揉捻、烘焙、拼堆、包装等工序制作而成。

品质特征：外形条索紧结，较圆直，色泽乌黑油润，汤色橙黄明亮，香气纯正，略带松烟香，滋味醇厚，叶底黄褐尚嫩。

湘尖茶是湖南黑茶的上品，是湘尖一、二、三号的总称，历史上分别称为“天尖”“贡尖”“生尖”，其中以天尖的品质为最优。清朝道光年间（1825年前后），天尖、贡尖以其优良的品质，独特的松烟香味，深得皇宫的喜爱，被奉为敬献皇上的贡品。湘尖茶采用中国最古老、最传统的散装篾篓包装，是中国茶叶传统文化的宝贵遗产。主销陕西，待别受关中一带广大消费者所喜爱，此外还畅销华北各地。

图4.88 湘尖茶

图4.89 普洱茶（熟茶）

5. **普洱茶（熟茶）**

产地：云南省普洱市、西双版纳州、大理州、临沧市等11个州市。

制作工艺：普洱茶（熟茶）选用云南大叶种茶树，春茶一般多采摘一芽一叶，夏秋茶多采摘一芽一叶初展。制作工序包括杀青、揉捻、晒干后制作成晒青毛茶，晒青毛茶再经拼配、渥堆发酵工序，制成普洱茶（熟茶）。普洱茶（熟茶）有散茶和紧压茶两种，紧压茶由散茶蒸压而成，主要有普洱沱茶、普洱砖茶、七子饼茶等。

品质特征：普洱茶（熟茶）外形条索肥壮重实、色泽红褐，呈猪肝色或灰白色，汤色浓红明亮，香气具有独特陈香，滋味醇厚回甘，叶底厚实，红褐色。

据南宋《续博物志》记载："西藩之用普茶，已自唐朝。"西藩，指居住在康藏地区的兄弟民族，普茶，即普洱茶，可见至少在唐代，普洱茶就已问世。普洱茶的得名源于普洱市，普洱市是滇南重镇，周围各地所产茶叶运至普洱府（即普洱市）加工，再运销康藏各地，遂得名。普洱茶有散茶和紧压茶两种，普洱茶最初做成紧压形状是为了解决交通不便带来的运输困难，所以普洱茶多做成饼状，历史上一饼茶重357 g，七饼一筒（约2.5 kg），既方便计算又便于运输。云南地处云贵高原，历史上交通闭塞，茶叶运输靠人背马驮，从滇南茶区运输到西藏和港澳及东南亚各地，历时往往一年半载，茶叶在运输途中，茶多酚类在温湿条件下不断氧化，形成了普洱茶的特殊品质风格。从1973年起，云南茶叶进出口公司在昆明茶厂用晒青毛茶，经高温、高湿人工速成的后发酵处理，制成了普洱熟茶。近年来，普洱茶不仅深受港澳地区和东南亚国家消费者的欢迎，而且远销日本、欧洲，成为越来越多的人所喜爱的保健饮料。在日本、法国、德国、意大利等地，被称为"美容茶""益寿茶""减肥茶"等。

6. **金瓜贡茶**

产地：云南省普洱市景迈山茶区。

制作工艺：以春夏秋茶为主，采摘标准主要为一芽二叶，经杀青、揉捻、渥堆发酵、紧压等工序制成。

品质特征：外形似南瓜，色泽金黄，香气纯正浓郁，汤色金黄润亮，滋味醇厚，有回甘，叶底软亮。

图4.90　金瓜贡茶

金瓜贡茶也称团茶、人头贡茶，是普洱茶独有的一种特殊紧压茶形式，因其形似南瓜，茶芽长年存放后色泽金黄，得名金瓜，早年的金瓜茶是专为上贡朝廷而制，故名“金瓜贡茶”。生产金瓜贡茶，始于清雍正七年（1729年）。当时，云南总督鄂尔泰在普洱府宁洱县（今宁洱镇）建立了贡茶茶厂，选取西双版纳最好的女儿茶，以制成团茶、散茶和茶膏，进贡朝廷。清人赵学敏《本草纲目拾遗》云：“普洱茶成团，有大中小三种。大者一团五斤，如人头式，称人头茶，每年入贡，民间不易得也。”1963年北京故宫处理清宫贡茶，总计有两吨多，其中就有一部分是金瓜贡茶。

7. 六堡茶

产地：广西壮族自治区梧州市苍梧县六堡乡。

制作工艺：采摘标准为一芽三叶或一芽四叶的新梢，为保持新鲜，当天采当天制。经杀青、揉捻、渥堆、复揉、干燥5道工序制成，渥堆是形成六堡茶独特品质的关键性工序。

品质特征：条索粗壮结实，色泽黑褐光润，汤色红浓明亮，香气陈醇，有槟榔香，滋味浓醇爽滑，有回甘，叶底黑褐尚匀。耐于久藏，越陈越好。

图4.91　六堡茶

六堡茶是广西特有的历史名茶，因产于广西苍梧县六堡乡，故又名“苍梧六堡”。六堡茶以“红、浓、陈、醇”四绝著称，是广西当地人民日常生活的保健饮品。六堡茶历史悠久，清朝嘉庆年间就被列为全国名茶。2006年，六堡茶在中国（广州）国际茶业博览会上获黑茶类评选中的唯一金奖。2009年广西地方标准《六堡茶》（DB45/T 581—2009）发布，使六堡茶在生产、加工、检验、贸易等方面进一步规范，确保六堡茶质量稳定。2011年，六堡茶成为国家地理标志保护产品。2014年，六堡茶制作技艺被列入第四批国家级非物质文化遗产名录。

（六）黑茶功效

黑茶是后发酵茶，其主要功效有以下几点：第一，助消化。黑茶中的咖啡碱、维生素、氨基酸、磷脂等具有很强的解油腻、消食等功能，这也是边疆少数民族特别喜欢黑茶的原因，故有“宁可三日无食，不可一日无茶”之说。第二，降血脂。黑茶具有良好的降解脂肪、抗血凝、促进纤维蛋白原溶解作用和显著抑制血小板聚集，还能使血管壁松弛，增加血管有效直径，从而抑制主动脉及冠状动脉内壁粥样硬化斑块的形成，达到降血压、软化血管，防治心血管疾病的目的。第三，抗氧化，也就是抗衰老，通过清除氧自由基的功能，黑茶可以达到美容养颜的目的。第四，营养。黑茶含有矿物质和维生素，可以适当补充体内的营养。

二、修习黑茶茶艺

黑茶是后发酵茶，其茶香浓郁，保健功效出色，黑茶的饮用方法分清饮（泡饮法和煮渍法）和调饮。紧压茶如金尖、康砖、茯砖和方包茶等，因茶原料粗老，用煮渍法能充分提取茶叶的有效成分；而原料较细嫩的饼茶则可采用冲泡法。黑茶泡饮一般选用紫砂壶或陶壶冲泡（因为黑茶的浓度高，用较大容量的壶可以避免茶汤过浓），也可用盖碗、如意杯或飘逸杯冲泡。

（一）准备工作

茶艺师在冲泡黑茶前，要做好一系列的相关准备工作，大体包括以下几个方面。

1. 品茶氛围环境设计

冲泡黑茶前要求营造宁静、清雅的品茶氛围。茶室环境设计应表现自然、和谐、古朴及独特风情的主题。通过茶艺插花（如凤尾竹）、播放中国民族音乐（如《小河淌水》《月光下的凤尾竹》等）和茶艺师端庄典雅的服装、发式、化妆等仪容仪表修饰，展示茶人崇尚自然、返璞归真、温文尔雅、真诚待客的美好品格和地方文化特色。

2.茶叶质量检查

以普洱熟茶为例，干茶色泽黑褐油润，有独特的陈香；散茶外形肥大、紧直、完整，砖茶块状如砖，茶叶干燥，密封性好。

（二）择器备具

冲泡黑茶宜选择粗犷、古朴的茶具。一般用容量较大的紫砂壶或陶壶冲泡，品茗杯则以内壁挂白釉的紫砂杯为佳，玻璃杯和白瓷杯亦可，以便观赏黑茶的汤色。将准备好的茶具整齐摆放在茶盘上，摆放时既要美观又要便于取用。参照中国茶业学会于2019年8月6日颁布并正式实施的《茶艺职业技能竞赛技术规程》（T/CTSS 3—2019）中所规定的茶具标准进行择具（表4.5）。

表4.5　黑茶茶具标准

器具名称	数量	质地	容量或尺寸
茶盘	1	木质	长500 mm，宽300 mm
紫砂壶	1	紫砂	容量150 mL
品茗杯	4	白瓷	容量25 mL

续表

器具名称	数量	质地	容量或尺寸
杯垫	4	白瓷	长100 mm，宽55 mm
随手泡	1	金属	容量1 000 mL
茶荷	1	金属	长100 mm，宽80 mm
茶匙	1	竹制	长180 mm
茶巾	1	棉质	长300 mm，宽300 mm
公道杯	1	玻璃	容量220 mL
水盂	1	陶器	直径120 mm，高80 mm，容量400 mL
茶叶罐	1	陶器	高度110 mm，直径60 mm
奉茶盘	1	竹制	长300 mm，宽200 mm

（三）冲泡三要素

1. 投茶量

茶水比要因人、因茶而异，也要视不同饮法而有所区别。黑茶用煮渍法时，茶水比可为1∶80，冲泡法则为1∶30（或40）为宜，即5～10 g茶叶加150～300 mL水。其次，茶水比也要根据茶叶的老嫩程度有所不同，一般而言，普洱茶茶水比以1∶30为宜，高档砖茶、散尖茶茶水比为1∶30左右，而粗老砖茶茶水比为1∶20左右。

投茶量根据主泡茶具的容量大小来确定，如容量为150 mL的紫砂壶，按照茶水比1∶30的标准，则投茶量约为5 g。同时，茶艺师也要根据客人的品饮习惯适当调整投茶量。

2. 冲泡水温

黑茶为后发酵茶，冲泡水温要高，一般用100 ℃的沸水冲泡。

3. 冲泡时间

冲泡时长在1～2分钟（具体时长要根据茶叶的特性决定，陈茶、粗茶冲泡时间长，新茶、细嫩茶冲泡时间短；手工揉捻茶冲泡时间长，机械揉捻茶冲泡时间短；紧压茶冲泡时间长，散茶冲泡时间短）。黑茶温润泡时应快速（约15秒）出汤，起到润茶、醒茶的作用。

一般黑茶可续水5～6次。冲泡次数越多，茶叶营养物质浸出越少，应相应延长茶叶浸泡时间（每次增加15～30秒的冲泡时间，这样前后茶汤浓度才比较均匀）。

（四）黑茶的紫砂壶冲泡流程

备器→放盘鞠躬行礼→布具→赏茶→温壶→置茶→温润泡→冲泡→温杯→分茶→奉茶→收具→鞠躬行礼→退回

1. 备器

茶盘内分为左中右三列：左列前方呈三角形或方形，摆放三只或四只反扣在杯托中的品茗杯；左列后方是茶荷与茶匙筒，中列前是茶壶、中间是茶盅，后放茶巾（九叠式）；茶盘右列前方摆水盂，后方是开水壶。

2. 放盘、鞠躬行礼

走至茶桌前，直角转弯，右脚向右转90°，面对品茗者，双脚并拢，脚尖与凳子的前缘平，并紧靠凳子。右蹲姿，右脚在左脚前交叉，身体中正，重心下移，双手向左推出茶盘，放于茶桌上。双手右脚同时收回，成站姿，身体前倾90°行礼，停顿3秒然后入座。

3. 布具

从右至左布置茶具。水盂、茶壶、水壶成直线，公道杯和品茗杯放在茶壶前面，茶荷与茶巾放于茶盘后，以不超过茶盘长度为界。双手按由前至后顺序将四只品茗杯翻正，边翻边调整成四方形的摆法。

4. 赏茶

用茶则将茶叶拨至茶荷中供来宾赏茶（砖茶或饼茶可先用茶刀拨开后再放入茶荷）。将茶荷奉给客人，请他们欣赏茶的外形、色泽及嗅闻干茶香，同时介绍茶名及品质特征。

5. 温壶

左手拇、食、中三指轻轻掀起壶盖放置茶盘上，同时右手提开水壶，向茶壶内注小半壶热水，并在壶外绕壶淋一圈水；开水壶复位，左手盖好壶盖；右手执茶壶把，左手托壶底，按逆时针方向运用手腕旋转茶壶，令茶壶周身受热均匀。将水注入公道杯，茶壶放回原处。

6. 置茶

用茶匙将茶荷中的茶叶拨入壶中，一般茶水比为1∶30左右，当然也可根据来宾口味而定。将茶叶直接投入茶壶后茶匙及茶荷复位。

7. 温润泡

温润泡次数可以有1~3次，视黑茶品质而定，故通常用温润泡法来试茶。冲入开水后迅速将温润泡之茶汤倒入玻璃茶盅内，观察色泽及透明度，若汤色混浊，则弃之不饮，需继续温润泡；若茶汤色泽红亮清澈，则弃此泡之后，可进行冲泡。

8. 冲泡

左手揭盖置茶盘上，右手执壶用回旋手法（逆时针）向茶壶内注入开水，约为总用水量的1/4，水壶复位；左手盖好茶壶盖；右手握茶壶把，左手托茶壶底，逆时针转动茶壶，茶壶复位，进行浸润泡，20~60秒后，左手揭盖置茶盘上，右手提开水壶，再向茶壶内高冲低斟注入开水，满至壶口下沿约5 mm处即可。左手盖上壶盖，用开水浇烫茶壶以提高壶温。静置片刻，同时进行温杯。

9. 温杯

在冲泡等待间隙时进行温杯。将公道杯和品茗杯依次按照逆时针回转的手法进行温杯，使杯壁各部分受热，再将杯内的热水倒入水盂。

10. 分茶

用公道杯分茶，按翻杯顺序（从右至左、由前至后）将每只杯内倒入茶汤七分满。

11. 奉茶

双手将泡好的茶依次敬给来宾。这是一个宾主融洽交流的过程，奉茶者行伸掌礼请用茶，接茶者宜点头微笑表示谢意，亦可答以叩手礼。

12. 收具

为宾客及时续水，整理茶桌上的茶具。每次冲泡完毕，应将客人不用的器具收入茶盘，并端回整理。

13. 鞠躬行礼

14. 退回

（五）收尾

（六）黑茶的煮饮

对于年份较老或原料较为粗老的黑茶，可以选择用煮茶器直接煮饮，这样茶汤滋味会更加醇厚，陈香更浓，韵味更足。也可以将黑茶冲泡2到3次后再进行煮饮。

煮茶时，投茶量要作出一定的减少，茶水比降到1∶80为宜，如3.5～5 g的干茶搭配300～400 mL的水。将黑茶装袋，在煮茶之前，要根据茶叶品质先进行1到2次的温润泡（洗茶），以去除表面可能存在的灰尘等。当水烧开以后，将茶袋放入煮3到4分钟，即可沥汤，分至品茗杯进行品饮。

老师的叮嘱

茶艺服务人员是最实效、最权威的茶文化传播大使。茶道精神在传播过程中，仅凭“说”得好听还不行，在实际中“做”得好才行。一个手势、一个表情、一个微小的动作都体现出一个茶人的修养，是茶文化的体现。“艺痴者技必良”就是指内心笃定而着眼于细节的耐心、执着、坚持的精神，这是“中华茶艺传承人”所必须具备的精神特质。

三、黑茶调饮茶创新与制作

在我国，黑茶本来就是历史最悠久的调饮茶，西北少数民族历来有着调饮黑茶的习俗，如蒙古族、哈萨克族的奶茶，藏族的酥油茶，南疆维吾尔族的香茶，东乡族、撒拉族的八宝茶等。在湖南安化的瑶族后裔，仍能看到瑶族特有的用桂皮、山姜等煎黑毛茶的习俗，他们认为这种黑茶有提神、清除疲劳的作用。

黑茶香气较低，滋味醇和，容易与其他食材相搭配。在用黑茶做调饮茶时，通常可以用鲜花与之搭配，以弥补黑茶香气的不足。根据不同的季节与需要，也可以搭配不同的花果，如春夏搭配青柑、陈皮、菊花，秋冬搭配玫瑰、枸杞、桂花等。如果想要调制安神茶，则用黑茶搭配茉莉花、桂花、薰衣草、艾草等；如果想有助清肠减肥，则可以加入荷叶、山楂等。

1. 黑奶茶

（1）配料：黑茶8 g、纯牛奶60 mL。

（2）器皿：咖啡杯、咖啡勺、陶壶、烧水壶、公道杯。

（3）饮用时间：秋冬季。

（4）调饮步骤：

①先将黑茶敲碎投入沸水中，投茶比一般为1∶20。

②熬煮10分钟后，加入相当于茶汤1/5~1/4的鲜奶（纯牛奶）煮开，然后用滤网滤去茶渣，出汤至公道杯备用。

③可根据要求调成咸味奶茶和甜味奶茶，甚至还可以加入一些炒制的阴米，既可饮又可嚼，香气十足，茶味浓郁。

④将公道杯中的黑奶茶倒入咖啡杯中，并用咖啡勺搅拌均匀。

2. 菊花普洱茶

（1）配料：普洱茶（熟茶）3 g、干菊花2.5 g。

（2）器皿：瓷杯、烧水壶、公道杯。

（3）饮用时间：夏季。

（4）调饮步骤：

①将普洱茶按茶水比为1∶20的量投入壶中。

②熬煮5分钟后，将茶汤滤出，再加入适量菊花即可饮用。

③若是酷暑季节，可待冷却后稍冰镇再饮用，格外清凉甘甜，是炎热季节降暑解渴的上佳饮品。

3. 白玉奶盖茶

（1）配料：普洱茶（熟茶）5 g、鲜牛奶60 mL、咸奶盖80 mL、糖浆8 g、淡奶油60 mL、熟汤圆8个、黄豆粉3 g、冰块少许。

（2）器皿：煮茶壶、公道杯、古典杯（230 mL）、雪克杯、刻度玻璃杯、冰块碗。

（3）饮用时间：秋冬季。

(4) 调饮步骤：

①煮茶壶中加入300 mL水煮沸后，加入5 g熟普洱茶，焖煮2分钟。

②在古典杯中加入适量冰块，待杯子冷却后倒出冰块。

③将煮熟的彩色小汤圆加入古典杯中，再加入少量冰块。

④将煮好的普洱茶汤倒入公道杯中，再将公道杯置于冰块碗中冷却。

⑤将适量冰块加入雪克杯中，再依次将4 g糖浆、60 mL鲜牛奶与60 mL冷却后的茶汤分别加入雪克杯中，单手握紧雪克杯，利用腕力呈S形上下摇晃，摇动均匀即可停止，为避免茶汤水味重，无须待冰块完全融化。

⑥将调匀的茶汤缓慢倒入古典杯中至八分满，再将淡奶油和咸奶盖平铺于茶汤上至杯口的位置，用竹签穿3颗彩色熟汤圆置于杯口做型，撒上黄豆粉点缀，即可出品。

四、茶马古道

在横断山脉的高山峡谷之中，在滇、川、藏“大三角”地带的丛林草莽之中，绵延盘旋着一条神秘的古道，这就是世界上地势最高的文明传播古道——茶马古道。

茶马古道是指唐、宋、明、清以至民国时期汉、藏之间以茶马交易为主而形成的一条交通要道。茶马古道是中国西南民族经济文化交流的走廊，也是我国西南地区独具历史文化价值的重要线性文化遗产。茶马古道分川藏、滇藏两条主要干线和无数小的支线、附线，连接川滇藏，延伸入不丹、尼泊尔、印度境内，直至西亚、西非红海海岸，形成了一个庞大的文化、经济交流网络，承载了丰富的文化内涵，见证了千百年来汉、藏及其他民族和睦相处、友好往来的悠久历史。

（一）茶入吐蕃

唐代饮茶习俗已在中华各民族之间广泛传播，茶入吐蕃的最早记载就在唐代。《西藏政教鉴附录》：“茶叶自文成公主入藏地。”唐贞观十五年（641年），唐文成公主进藏，将当时先进的中原物质文明带到了那片苍古的高原。文成公主的嫁妆中就有茶叶和茶种，吐蕃的饮茶习俗也因此进步，并得到推广和发展。

茶叶作为大宗商品销往中国边疆，也始于唐朝，《新唐书·陆羽传》记载：“回纥入朝，始驱马市茶。”这是中国历史上历唐、宋、明、清1 000多年的“茶马交易”的开始，茶以商品贸易的形式传入西北、西南。中唐以后，茶马交易使吐蕃与中原的关系更为密切，开启了茶马古道的漫长茶路。此后，即使在不产茶的青藏高原，藏民饮茶也成为习俗和传统，甚至到了不可一日无茶的地步。李肇《唐国史补》记载：“常鲁公使西蕃，烹茶帐中，赞普问曰：‘此为何物？’鲁公曰：‘涤烦疗渴，所谓茶也。’赞普曰：‘我此亦有’。遂命出之，以指曰：‘此寿州者，此舒州者，此顾渚者，此蕲门者，此昌明者，此邕湖者。”从赞普对茶的熟稔和茶叶的品种繁多中，我们可知茶在当时西蕃上流社会中已经占据了一定地位。

（二）茶马古道

1. 起源

茶马古道，源于古代西南边疆和西北边疆的茶马互市，兴于唐宋，盛于明清。西藏处于高海拔地区，常年以糌粑、奶类、酥油、牛羊肉为主食，但高原缺少蔬菜，糌粑又燥热，过多的脂肪在人体内不易分解，而茶叶既能分解脂肪，又能防止燥热，故藏民在长期的生活中，创造了喝酥油茶的生活习惯。由于藏区不产茶，而内地有大量的茶叶但缺马，于是产生了互惠互利的茶马交易。藏区和川、滇边地出产的骡马、毛皮、药材和内地出产的茶叶、布匹、盐和日用器皿等，在横断山区的高山深谷间南来北往，流动不息，并随着社会经济的发展而日趋繁荣，形成一条延续至今的“茶马古道”。

2. 茶马古道主要线路

茶马古道主要分南、北两条，即滇藏道和川藏道。滇藏道起自云南洱海一带产茶区，经丽江、中甸（今天的香格里拉市）、德钦、芒康、察雅至昌都，再由昌都通往卫藏地区。川藏道则以今四川雅安一带产茶区为起点，首先进入康定，自康定起，川藏道又分成南、北两条支线：北线是从康定向北，经道孚、炉霍、甘孜、德格、江达、抵达昌都（即今川藏公路的北线），再由昌都通往卫藏地区；南线则是从康定向南，经雅江、理塘、巴塘、芒康、左贡至昌都（即今川藏公路的南线），再由昌都通向卫藏地区。

川藏茶马古道是世界上历史最悠久、海拔最高、地势最险、路程最长的古商贸通道。川藏茶马古道始于唐代，东起雅州边茶产地雅安，经打箭炉（今康定），西至西藏拉萨，最后通到不丹、尼泊尔和印度，全长4 000余公里。这条古道经历代维修加宽，直通拉萨，延伸至南亚，成为朝廷连接藏区，通往南亚的官道，也是最早的茶马古道。已有1 300多年历史，具有深厚的历史积淀和文化底蕴，是古代西藏和内地联系必不可少的桥梁和纽带。

（三）藏茶——流传于茶马古道的阵阵茶香

藏茶，是茶马贸易中最重要的商品之一，也是藏族同胞的主要生活饮品，被称为藏族同胞的民生之茶。

藏茶是指在西康汉区（现四川省雅安市范围）专为西藏及周边藏民聚集区生产的小叶种后发酵砖茶，主要品种有康砖茶、金尖茶、康尖茶等。雅安是藏茶的发源地和主产地，藏茶通过茶马古道运送给广大藏族同胞，成为汉藏民族团结的纽带。藏茶按历史时期和各地风俗不同又称为大茶、马茶、乌茶、黑茶、粗茶、南路边茶、砖茶、条茶、紧压茶、团茶、边茶等。据《四川茶业史》记载：清光绪三十四年（1908年），为抗击英国侵略，抵制印茶入藏，川滇边务大臣赵尔丰和四川总督大臣赵尔巽兄弟共同主持，在雅安挂牌成立“商办藏茶公司筹办处”，“藏茶”之名从此诞生。

藏茶的发展在元朝统治西藏时期达到鼎盛。1206年，蒙古大汗成吉思汗率骑兵直指阿里，西藏归降。成吉思汗去世后，由其第三子窝阔台继位，窝阔台将甘肃、青海及原西夏属区封给他的二子阔端，阔端将藏茶引入蒙军的金戈铁马中，将藏茶带到中亚、西亚乃至欧洲。直到今天，从中国运去的砖茶仍然是中西亚人民最认可的正品“茶”。

趣味阅读

藏汉一家亲

图4.92　西藏自治区成立20周年纪念

1985年3月，正值西藏自治区成立20周年之际，中央人民政府派出了代表团前往西藏参加庆典。为了表示关怀和慰问，中央代表团准备送给西藏的每一户农牧民一份最有纪念性和实用性的礼物。国务院委托国家民委落实礼品的事宜，在民委中有不少藏族干部，他们一致举荐了雅安茶厂生产的“金尖”和“康砖”藏茶，因为送什么礼品都没有比送“金尖”和“康砖”藏茶让西藏农牧民更喜爱。经过反复调查和比较后，中央代表团指令四川省茶叶公司把赶制40.2万份礼品茶的任务交给雅安茶厂。接受这一特殊使命后，雅安茶厂动员了全体员工，连续奋战了三个多月，在6月底按期按质地完成了生产任务，并将这40.2万份礼品茶陆续发往中央代表团指定的地方，最远送达西藏的阿里地区。

令人感动的是，在整个礼品茶的生产过程中，国务院和中央民委不但时刻关注着生产的进度和质量，还参与了包装设计与定型的整个过程，保证礼品茶的包装文化与藏族同胞的审美取向及民俗习惯吻合。所以，在尊重藏茶的传统包装形式的前提下，融入了象征着民族团结、洋溢喜庆吉祥的主流元素，从内容到形式上都体现出藏汉文化的和谐交融，寄寓了强烈的民族团结、和睦亲善的政治愿望。

（四）茶马古道上的英国人

英国著名的园艺学家、植物学家和探险家——爱尔勒斯特·亨利·威尔逊（Ernest Henry Wilson，1876—1930年）曾在1899—1911年4次来到中国，其中3次来到四川，进入横断山域。威尔逊在四川采集植物所行走的道路正是茶马古道，途中他时常与雅安来的藏茶背夫和康藏来的驮茶商队同行，记录了许多与南路边茶（藏茶）相关的图片和文字。威尔逊有感于藏茶的魅力，还亲自前往雅州府（今雅安雨城区）茶号，观察藏茶制作技艺，介绍不同等级藏茶制作步骤，并惊异于匠人在藏茶制作过程中所运用的巧力和精力。

威尔逊在考察中拍摄的照片里，除了他研究的植物花卉外，还有大量当时该区域的人文地理历史照片。在他出版的《*A naturalist in western China*》（《一个博物学家在华西》，此书在1929年重版时易名为《中国：园林之母》）一书中，就充分展现了当时茶马古道和南路边茶（藏茶）的情形，他在书中充分意识到了藏茶的重要作用："四川全省种植的茶叶主要用于省内消费，但其西部的茶叶有着更为重要的作用——这里的茶叶是专门为西藏市场种植和制作的。茶叶这一汉藏贸易中重要的商品，只以压实的砖茶（南路边茶）和包茶（西路边茶）的形式存在。中央政府付给拉萨和西藏其他地方机构的津贴也是以茶的形式给予的。"藏茶以商品和礼物的形式成为汉藏民族之间的重要纽带。

（五）茶马古道的现代功能

茶马古道在历史上曾产生过巨大的政治、经济、文化作用，而在藏区现代化发展的今天，它仍然继续发挥着重要作用。首先，茶马古道是祖国统一的历史见证，是民族团结的象征。由藏汉等人民开辟的这条道路，证明了西藏归属中国的历史必然性，证明了藏区与祖国天然的不可分割的关系，证明了藏族与汉族等兄弟民族间谁也离不开谁的关系。它就像一座历史的丰碑，穿越千年时空，让人感受到汉藏情谊的隽永与深厚。其次，茶马古道是一份丰厚的旅游资源，在藏区旅游业的发展中具有巨大的价值。茶马古道作为历史文化遗产，有很大的旅游吸引力。茶夫在古道石路上留下的斑斑杖痕、驮队踏出的蜿蜒小径，都是珍贵的人文遗迹；而古道沿途的村寨、牧场风光绮丽，民俗奇特而各有地域差异。第三，深入发掘茶马古道的文化内涵，对推进藏汉地区的精神文明建设和文化建设，具有重要意义。以茶文化而论，藏族饮茶、用茶的礼俗更体现了一种深厚的民族文化底蕴，集中体现了茶文化的精髓。这种礼俗对陶冶民族情操起到了重要作用，充分发掘有关文化内涵，赋予其现代意义，不仅能提高藏区人民的生活质量，而且对弘扬民族优秀文化、推进两个文明建设有重要意义。

课后练习题

一、单项选择题

1. 绿茶制作的关键工序是 ______。

   A. 萎凋　　B. 杀青　　C. 做青　　D. 发酵

2. ______ 外形两叶抱一芽，平扁挺直，不散、不翘、不曲；全身披白毫，含而不露。

   A. 西湖龙井　　B. 太平猴魁　　C. 南京雨花茶　　D. 雀舌

3. 清香高长，汤色清澈，滋味香浓，醇厚、甘甜，叶底嫩黄肥壮成朵是 ______ 的品质特点。

   A. 六安瓜片　　B. 君山银针　　C. 黄山毛峰　　D. 工艺花茶

4. 六安瓜片外形的品质特点是 ______。

   A. 芽头肥壮，紧实挺直，芽身金黄，满披白毫

B. 形似雀舌，均匀壮实，峰显毫露，色如象牙，鱼叶金黄

C. 条索紧结，肥硕雄壮，色泽乌润，金豪特显

D. 形似瓜子的叶片，自然平展，叶缘微翘，大小均匀，色泽绿中带霜（宝绿）

5. 碧螺春宜选用 ______ 的投茶方式。

A. 上投法　　B. 中投法　　C. 下投法　　D. 以上三种方法都可以

6. 如客人随身携带较多物品或行走困难，茶艺服务人员应 ______ 。

A. 马上伸出援助之手　　B. 征询同意后给予帮助

C. 向领班汇报情况　　D. 帮忙清理前方障碍

7. 服务人员要走路轻，说话轻， ______ ，以免打扰客人谈话，还要善于察言观色，时刻留意客人动态。

A. 动作轻　　B. 服务轻　　C. 开门轻　　D. 操作轻

8. 品饮绿茶时，要 ______ 。

A. 看汤色—闻香—尝滋味　　B. 尝滋味—闻香—看汤色

C. 闻香—尝滋味—看汤色　　D. 闻香—看汤色—尝滋味

9. 采用玻璃杯、盖碗沏泡时，宾客饮茶至杯的 ______ 水量时，需为宾客添水。

A. 1/2　　B. 1/4　　C. 1/3　　D. 1/8

10. ______ 不适合名优绿茶的冲泡器具。

A. 普通玻璃杯　　B. 高档玻璃杯　　C. 玻璃壶　　D. 陶壶

11. 不论冲泡何种细嫩名优绿茶，茶杯均宜小不宜大，原因是 ______。

A. 杯子大则水良多、热量大，会将茶叶泡熟，使茶叶色泽失却绿翠

B. 杯子大会使芽叶软化，不能在汤中林立、失去姿态

C. 杯子大会使茶香减弱，甚至产生“熟汤味”

D. 以上三点都正确的

12. 下列 ______ 不属于地名加上富有想象力的名称。

A. 敬亭绿雪　　B. 南京雨花　　C. 恩施玉露　　D. 碧螺春

13. 茶叶冲泡程序中， ______不属于冲泡技巧的三个基本要素。

A. 茶叶的用量　　B. 泡茶的水温　　C. 投茶方式　　D. 浸泡时间

14. 外形色泽具有“糙米色”的是 ______ 。

A. 黄山毛峰　　B. 洞庭碧螺春　　C. 西湖龙井　　D. 庐山云雾

15. 形似雀舌，齐匀壮实，锋显毫露，色如象牙，鱼叶金黄是 ______。

A. 黄山毛峰　　B. 六安瓜片　　C. 君山银针　　D. 工艺花茶

16. 信阳毛尖内质的品质特点是 ______。

A. 汤色碧绿、滋味甘醇鲜爽　　B. 清香幽雅，浓郁甘醇，鲜爽甜润

C. 汤色清澈，香气高爽，滋味甘醇　　D. 香高馥郁，味浓醇和，汤色清澈明亮

17. 绿茶的冲泡方法中其上投法是 ______。

A. 先投茶后注水　B. 先注水后投茶

C. 先润茶后注水　D. 先注水后润茶

18. 泡茶器具要选择简洁实用而且符合 ______ 的。

A. 茶叶类别　B. 茶性　C. 客人喜好　D. 泡茶方法

19. 碧螺春内质的品质特点是 ______。

A. 汤色碧绿、滋味甘醇鲜爽　B. 清香幽雅，浓郁甘醇，鲜爽甜润

C. 内质清香，汤绿味浓　D. 香高馥郁，味浓醇和，汤色清澈明亮

20. 龙井茶的产地是 ______。

A. 浙江　B. 江苏　C. 贵州　D. 安徽

21. 乌龙茶制作的关键工序是 ______。

A. 萎凋　B. 杀青　C. 做青　D. 发酵

22. 下列茶叶中属于乌龙茶类的是 ______。

A. 大红袍　B. 武夷云雾茶　C. 竹叶青　D. 正山小种

23. 以下哪种茶是武夷岩茶的代表 ______

A. 冻顶乌龙　B. 肉桂　C. 铁观音　D. 凤凰单丛

24. 乌龙茶属于 ______ 茶类。

A. 半发酵　B. 全发酵　C. 后发酵　D. 不发酵

25. 铁观音的产地是 ______。

A. 福建武夷山　B. 浙江安吉　C. 福建安溪　D. 广东潮汕

26. 蜻蜓头、青蛙腿是对 ______ 的形容。

A. 大红袍　B. 铁观音　C. 凤凰单丛　D. 文山包种

27. 武夷水仙是属于哪种茶类 ______

A. 绿茶　B. 花茶　C. 红茶　D. 乌龙茶

28. 哪一个特点是描述的乌龙茶 ______

A. 绿汤绿叶　B. 板栗香　C. 花香　D. 鲜爽

29. 潮汕工夫茶茶艺是在哪个朝代广为流行的 ______

A. 汉代　B. 唐代　C. 清代　D. 宋代

30. 由于冲泡乌龙茶的温度要求较高，因此在紫砂茶艺冲泡过程中增加温壶（杯）和 ______ 程序，以免冲泡中温度降低。

A. 高冲水让茶叶在壶中翻滚　B. 用过滤网将茶汤滤出

C. 将茶汤注入闻香杯中　D. 冲泡后用开水冲淋壶盖

31. “香气馥郁持久，汤色金黄，滋味醇厚甘鲜，入口回甘带蜜味”是 ______ 的品质特点。

A. 安溪铁观音　B. 云南普洱茶　C. 祁门红茶　D. 太平猴魁

32. 在茶冲泡的过程中，以下 ______ 程序中茶艺师可以借用形体动作传递对宾客的敬意。

A. 置茶　　B. 温壶　　C. 奉茶　　D. 收具

33. 在各种茶叶的冲泡程序中，茶叶的用量、______ 和茶叶的浸泡时间是冲泡技巧中的三个基本要素。

A. 壶温　　B. 水温　　C. 水质　　D. 水量

34. 冻顶乌龙茶香气为兰花香、______ 交融，滋味甘滑爽口。

A. 陈香　　B. 蜜香　　C. 乳香　　D. 桔香

35. 制作乌龙茶的鲜叶原料大都是采摘 ______。

A. 幼嫩芽叶　　B. 单芽　　C. 老叶　　D. 已成熟的对口芽叶

36. 在茶的冲泡基本程序中煮水的环节讲究 ______。

A. 不同茶叶所需水温不同

B. 不同茶叶产地煮水温度不同

C. 根据不同的茶具选择不同煮水器皿

D. 不同的茶叶加工方法所需时间不同

37. 外形紧结端正，呈碗形，色泽乌润，外观显毫是 ______ 的品质特征。

A. 云南沱茶　　B. 金银花茶　　C. 滇红工夫红茶　　D. 云南普洱茶

38. 四川边茶中雅安、天全、荥经等地所产边茶专销康藏，称为 ______。

A. 北路边茶　　B. 西路边茶　　C. 南路边茶　　D. 东路边茶

39. 黑茶的加工工艺为 ______。

A. 鲜叶—杀青—揉捻（做形）—干燥

B. 鲜叶—杀青—揉捻—闷黄—干燥

C. 鲜叶—杀青—揉捻—渥堆—干燥

D. 鲜叶—做青—杀青—揉捻（做形）—干燥

40. “条索粗壮肥大，色泽乌润或褐红”是 ______ 的品质特点。

A. 太平猴魁　　B. 祁门红茶　　C. 安溪铁观音　　D. 云南普洱茶

二、判断题

______ 1. 洞庭碧螺春的品质特点是外形匀整，条索紧结，色泽灰绿光润。

______ 2. 信阳毛尖外形细、圆紧、直、光、多白毫。

______ 3. 水的硬度和pH值关系密切，而pH值又影响茶汤色泽及口味。

______ 4. 细嫩名优绿茶水温要求达到80~85 ℃，特别细嫩的碧螺春宜选用75~80 ℃，绿茶水温要求达到85~90 ℃。

______ 5. 泡名优绿茶最佳选配的器具是玻璃杯。

______ 6. 如遇雨天，茶艺服务人员要主动为客人套上伞套或寄存雨伞。

______ 7. 茶叶冲泡的基本程序是备具、煮水、备茶、温壶（杯）、置茶、冲泡、奉茶、收具。

______ 8. 为顾客拿递物品时，得体的做法是要反应敏捷，一气呵成。若简单好取，由顾客自取。

______ 9. “敬人者，人恒敬之”，只有尊敬别人，才能赢得别人对你的尊敬。

______ 10. 为了将茶叶冲泡好，在选择茶具时主要的参考因素是：看场合、看人数、看茶具。

______ 11. “发花”是茶在加工过程中形成的茯砖茶和黑砖茶独特品质的关键工艺。

______ 12. 黑茶按加工法和形状不同分为散装和压制两类。

______ 13. 泡饮普洱茶一般用95 ℃以上的水温冲泡。

______ 14. 渥堆的目的是破坏叶绿素，使茶叶叶色由暗绿变为黄褐色；去除部分涩味，降低收敛性，形成黑茶纯和的品质。

______ 15. 普洱茶是云南一定区域内的云南大叶种晒青毛茶为原料，经过后发酵加工而成的紧压茶。

______ 16. 贡尖茶是用一级黑毛茶压制而成，色泽黑带褐，香气纯正，汤色稍橙黄，叶底黄褐带暗。

______ 17. 茯砖茶的特制茯砖要求外形黄褐色，砖稍松，打开茯砖茶，“金花”茂盛，色金黄，颗粒大；香气纯正，有“菌花”香；滋味醇和，有“菌花”味；水色红黄尚明；叶底黑褐尚匀，普通茯砖较特制茯砖稍差。陈茶菌花香浓郁。

______ 18. 青砖茶外形色泽青褐，香气纯正，滋味尚浓，无青气，水色红黄，叶底暗黑，陈茶滋味甘甜。

______ 19. 黑砖茶要洒面均匀，不露底。外形色泽黑褐。香气纯正，可稍有松烟香；滋味纯厚微涩，水色红黄微暗，叶底暗褐。陈茶有樟香，滋味醇和。

三、简述题

1. 除日本以外，你还知道世界上有哪些国家喜欢饮用绿茶？并谈谈他们都是怎样饮用绿茶的？
2. 分析中国红茶在国外的传播和影响。
3. 简述乌龙茶的加工工艺。
4. 黑茶为什么在一定条件下越陈越香？

四、调饮茶创新设计

自选一款茶叶，并根据所选茶叶的特点自创一款调饮茶。

调饮茶评分表

姓名		班级		学号	
项目	要求和评分标准		定分	得分	项目合计
调饮操作（60分）	准备工作充分、到位		5		
	配方和载杯准确无误		5		
	调饮原料用量准确		5		
	茶具使用完毕，复归原位，酒水使用完毕，旋紧瓶盖，复归原位		5		
	调饮动作正确、姿势美观、大方		10		
	茶叶冲泡程序标准、规范，调酒工具使用规范		15		
	调饮操作卫生		5		
	不掉落物品和滴洒酒水		5		
	操作时间		5		
调饮茶（30分）	调饮茶要求八分满，严重不足或超过扣1分		5		
	缺装饰扣4分，装饰不合要求扣2分		5		
	调饮茶色彩微偏差扣2分，严重偏差扣4分		10		
	调饮茶口味微偏差扣2分，严重偏差扣4分		10		
总体印象（10分）	动作优雅，大方自信		10		
总分			100		

学习项目五　感受多彩的茶席

传承大师文化，弘扬匠人精神——周智修

推广中华茶文化、弘扬工匠精神

周智修在中国茶叶学会工作近20年，她以“开拓创新，服务产业，发展自身”的管理理念、严谨务实高效的工作作风，策划组织国内外学术沙龙、论坛、研讨会等30余次，编辑论文集30本，组织参与了《茶学学科发展研究报告》出版，两次承办的中国科协新观点、新学说学术沙龙均获得了“中国科协年会优秀分会场”称号，海峡两岸茶业学术研讨会成为“精品学术活动”。

按照“质量第一，服务第一”的培训理念，周智修开创并举办茶业职业技能培训班，创办了两届国家级茶艺职业技能竞赛，为优秀茶艺技能人才脱颖而出搭建了平台。她起草的大赛技术规程科学详尽，已成为各地茶艺大赛的评分标准。

2007年，普洱茶过山车式的恶性炒作给业界带来了巨大的震荡。如何让茶叶消费回归理性，如何让更多的老百姓接受饮茶有益健康的理念，如何树立茶为国饮的牢固地位，成为业界共同思考的问题。周智修依托中国茶叶学会举办了“全民饮茶日活动”，对推动全民科学饮茶、促进茶叶消费、提高人民生活品质起到了积极的促进作用。

在周智修的建议和努力下，中国茶叶学会设立了茶叶科学技术奖与青年科技奖，评奖活动调动了广大茶叶科技工作者的积极性和创造性，促进了茶叶科技创新。她组织举办的“中茶杯”和“国饮杯”全国茶叶评比活动，每届都能收到来自全国各地的大量优秀茶样参评，经多位茶叶审评专家密码审评，公证人员全程监督，获奖茶样成了行业内的标杆品牌，制茶人心中含金量最高的荣誉。

教学目标

知　(1)熟悉茶席设计的基本构成要素;
　　(2)掌握茶席的设计原理;
　　(3)了解茶席的合理性与审美性。
行　(1)能够运用茶席设计原则设计茶席;
　　(2)能团队协作设计主题茶席;
　　(3)能演示主题茶艺。
德　(1)传承工匠精神,形成良好的职业素养;
　　(2)激发学生合作意识、创新意识、钻研精神;
　　(3)培养学生的团队意识、责任意识和沟通能力。

任务一　认识茶席

茶席——茶事活动的重要构成,或集大成之所。茶、水、器、境、人等诸要素和谐若此,互为衬托,可以成就设计者美的初心与爱的呈现。

图5.1　茶席

一、茶席溯源

中国古代茶文化史料中无“茶席”一词,茶席是从“席”引申而来。

“席,指用芦苇、竹篾、蒲草等编成的坐卧垫具。”(《中国汉字大辞典》)。席的本义是指用芦苇、竹篾、蒲草等编成的坐卧垫具,如竹席、草席、苇席、篾席等,可卷而收起。席,引申为座位、席位、座席,“君赐食,必正席先尝之。”(《论语·乡党》)。席,后又引申为酒席、宴席、桌席,“右卫朱异尝于酒席厉色谓粲曰:‘卿何得已作领军面向人!’”(《梁书·韦粲传》)。

虽然唐代就有茶会、茶集、茶宴,明代也有茶室、茶寮、茶所,但在中国文献中未见“茶席”一词。茶席与茶艺、茶文化一样,也是新名词、新概念。说茶席是新名词、新概念,不意味着茶席就是新生事物。其实,茶席由来已久,有茶艺、茶道就有茶席,只是那时没有用茶席之名。

茶席名称最早出现在日本、韩国茶事活动中。茶席在日本有时也包括茶室、茶屋；茶席在韩国一般是指为喝茶而设的席。

在中国，“茶席”一词首先出现在台湾地区，继之传播到大陆。“茶席，是泡茶、喝茶的地方。茶席包括泡茶的操作场所、客人的座席以及所需气氛的环境布置。”（童启庆主编《影像中国茶道》，浙江摄影出版社2002年）

“茶席是为表现茶道之美或茶道精神而规划的一个场所。”（蔡荣章主编《茶席·茶会》，安徽教育出版社2011年）

“茶席是茶文化空间的一种，是有独立主题的，最为精致的、浓缩了茶文化菁华的一个美妙的茶文化空间。”（周新华主编《茶席设计》，浙江大学出版社2016年）

上述诸家的茶席界定都有一定的道理，但对茶席的设计和茶室的布置，在内容的划分上仍比较模糊，对“茶席”一词，实际上仍指的是“茶室”。但是，席不同于室的环境和空间概念，茶席只是茶室、品茗环境、品茗空间的一部分，当然是其中核心且必不可少的部分。

二、茶席概念

茶席是以茶为灵魂，以茶具为主体，在一定的示茶空间形态中，与其他艺术形式相结合所共同组成的，一个有独立主题的茶道艺术组合整体。

茶席不仅是为茶艺活动所作的准备，是茶艺演示的前提，同时也是茶艺的组成部分，贯穿茶艺的始终。当茶席独立展示时，茶席是审美的客体；当茶席被作为手段进行演示时，茶席演示便成为审美的客体；当两者共同表达茶的内涵时，常常又互为审美的客体。茶席是静态的，茶席演示是动态的，静态的茶席只有通过动态的演示，才能更加完美地体现茶的魅力和茶的精神。

三、茶席的构成要素

（一）茶品

茶，是茶席设计的核心和灵魂，是茶席设计的源头。所有茶席设计，均应围绕茶而展开。在所有与茶相关的艺术表现形式中，茶既是核心，也是源头和目标。

中国茶分为绿茶、红茶、黄茶、白茶、乌龙茶、黑茶、花茶等。不同种类的茶叶，甚至不同茶产地的同一类型茶叶，都代表着各自的地域文化特色。茶席设计应充分考虑这一因素，在设计要素中所选素材，均应体现和发扬茶本身的特色。

（二）台桌与铺垫

台桌与铺垫主要起到承载功能。茶席通常是在台桌上布置的，偶尔也可在地板、地面或者户外岩石上布置，也可是台桌与地板、地面结合布置。在有些茶道、茶艺活动中，炉不上席，则需另配一辅助的小几凳。此外，坐凳（座椅）也是必不可少的。台桌可以直接布置茶席，地板、地面则少不了铺垫的衬托。

铺垫，是指茶席整体或局部物件摆放下的各种衬托物的统称。铺垫物的类型多种多样，常见的有织品类、竹编、草编、纸铺、石铺、树叶（花草）铺、布铺等。

根据设计者的不同和茶的不同，表现主题也不同。铺垫的形状一般分为：正方形、长方形、三角形、圆形、椭圆形、几何形和不规则形。不同形状的铺垫，不仅能表现不同的图案以及图案所形成的层次感，更重要的是，这些多变的形状，还会给人以不同的想象空间，启发人们进一步理解茶席设计的整体构思。

铺垫的色彩原则是：单色为上，碎花次之，繁花为下。色彩和花式是表达感情的重要手段，不同色彩和花式的铺垫，会不知不觉地影响着人们的精神、情绪和行为。

铺垫的方法有：平铺、对角铺、三角铺、叠铺、立体铺和帘下铺等。铺垫的方法是获得理想铺垫效果的关键所在。不同铺垫的方法，使铺垫在形状、色彩的效果不同之外，又增加了它的可变化内容，使铺垫的艺术表达形式更丰富。

（三）茶器

茶器是构成茶席的基本物件，是茶席上必不可少的器物，也可以说是茶席的核心。茶席上的茶器是以组合形式呈现的，一组茶器完成一定的茶事功能。

为达到习茶的实用目的，茶席上必须具备四大项目的茶器。一为主茶器，用以泡茶的各式冲泡器具，如茶壶、盖碗、玻璃杯、茶碗、以及分茶和品茶的茶盅、茶杯（或含托）等；二为辅茶器，用以方便泡茶、奉茶的辅助性茶具，如茶船、壶承、盖置、茶荷、茶巾、汤滤、茶拂、奉茶盘等；三为备水器，用以准备泡茶用水与弃置茶渣、茶水的茶器，如煮水器、水瓶、水盂等；四为备茶器，用以存贮茶叶的器具，如茶罐、茶瓮等。

目前，大众使用的茶具多为紫砂类和瓷器类两种。但在茶席设计中，为了表现设计者的中心思想，很多时候也会采用一些独特的茶具组合，比如有设计者为了表现傣家茶，采用竹制茶具；其他还有道家茶具、佛家（禅茶）茶具、宫廷茶具、金属茶具等。

不同的茶具，在制作材料上可能是一致的，不同的只是茶具的表现形式而已。目前，茶席设计中所选择的茶具表现形式有潮州工夫茶、台式工夫茶、福建工夫茶、川式盖碗茶、长壶茶艺，还有农家茶、少数民族茶艺等。

（四）茶席花艺

茶席花艺是用于茶席上的花艺装饰，起到美化茶席的作用。茶席花艺是品茗环境中的一个部分，放在茶席上进行装饰和点缀，以增进品饮情趣。茶席花艺是茶席设计必不可少的要素之一，强调为茶席及茶艺主题服务，使品茗更具生动活泼的艺术氛围。茶席花艺包括插花、盆景、盆花三类。

插花，是指以自然界的鲜花、叶草为材料，通过艺术加工，在不同的线条和造型变化中，融入一定的思想和情感而完成的花卉的再造形象。

图5.2 茶席花艺

盆景，是以植物、山石及其他构件等为素材，经过艺术加工和精心培育而成的艺术品。运用创作技巧，合理的布局，在各种深浅长宽不同、形状大小各异、色彩质地有别的盆盎中，培育出经过一定艺术造型的树木花草，或经艺术加工的各种山石，使之构成一幅摹仿大自然的景色，并超越山野原状的理想立体画面。

盆花，是在盆钵中种植的植物和花卉。盆花含盆景、水培、草花、观叶观果观花等所有盆栽花卉。

（五）焚香

焚香是指人们将天然香料进行加工，使其成为各种不同的香型，并在茶席环境中进行焚熏，以获得嗅觉上的美好享受。

焚香在茶席中的地位一直十分重要。它不仅作为一种艺术形态融于整个茶席中，同时，它美好的气味弥漫于茶席四周的空间，使人在嗅觉上获得非常舒适的感受，从而使品茶的内涵变得更加丰富多彩。

焚香一开始就从人们的生理需求迅速与精神需求结合在一起，唐代就出现了争奇斗香的香文化形式。宋代，它又和挂画、插花、点茶一起被称为“四艺”，一同出现在人们的日常生活中。

1. 香气散发的种类

中国人焚香的历史悠久，早在战国时代就已开始，到了汉代已有焚香专属的炉具。焚香需要香具，依香气散发的方式来说，可分为燃烧、熏炙、自然散发三种。燃烧的香品有以香草、沉香木做成的香丸、线香、盘香、环香、香粉；熏炙的香品有龙脑等树脂性的香品；自然散发的香品有香油、香花等。

2. 香品原料的种类

香品原料有很多，有植物性、动物性、合成性三种。植物性的香料，如茅香草、龙脑、沉香木、降真香等。动物性的香料，如龙涎香、麝香等。合成性的香料，是通过化合反应生成的香料。这些香料制成的香品可依散发香气的方式不同而呈现各种形状，如香木槐、香丸、线香、香粉等。

3. 品茗焚香香品、香具的选择

焚香是以燃烧香品散发香气，因此，在品茗焚香时所用的香品、香具是有选择性的。

1）茶席中自然香料的种类

香料的种类繁多，茶席中使用的香料，一般以自然香料为主。在自然的香料中，又注重从自然植物中进行香料的选择。

2）茶席中香品的样式及使用

茶席中的香品，总体上分为熟香与生香，又称干香与湿香。熟香指的是成品香料，一般可在香店购得，少量为香品制作爱好者自选香料自行制作而成。生香是指在做茶席动态演示之前，临场进行香的制作（又称香道表演）所用的各类香料。

熟香样式有柱香、线香、盘香、条香等。这些都是常见的熟香样式。另有片香、香末等作熏香之用。

生香临场制作表演，既是一种技术，又是一种艺术，具有可观赏性。对香道文化的传播起着非同寻常的作用。

3）茶席中香具的选择

焚香必须有香具，而品茗焚香的香具以香炉为最佳选择。香炉在茶席中的摆置，应把握不夺香、不抢风、不挡眼三个原则。

焚香的香炉种类繁多，大多为仿古的样式，如鼎、乳炉、鬲炉、敦炉、钵炉、洗炉、筒炉等。在类别上又分为香炉、熏炉和手脚炉等。在质地上有铜、铁、陶、瓷等。茶席中的香炉，应根据茶席所表现的题材和内涵来选择。

4）选择焚香效果

焚香除了散发的香气，“烟景”也是非常重要的，不同的香品会产生不同的“烟景”；不同的香具也会产生不同的“烟景”，欣赏袅袅的“烟景”和香烟所带来的气氛也是一种幽思和美的享受。

4. 注意整体的协调

在茶艺的整体表演时，要特别注意彼此的搭配调和。尤其是焚香，例如，花有真香非烟燎，香气燥烈会损花的生机，因此，花下不可焚香，焚香时，香案要高于花，插花和焚香要尽可能保持较远的距离。挂画、插花、焚香、点茶本是一体的呈现，所以对它们就要考虑到整体的调和。

（六）挂画

挂画又称挂轴。茶席中的挂画是指以挂轴的形式，悬挂在茶席背景中书与画的统称。书以汉字书法为主，画以中国画为主。茶席挂画中的内容，可以是字，也可以是画。一般以字为多，也可字、画结合。

茶席挂画提倡“自己写、自己画、自己裱”。字的内容多用来表达某种人生境界、人生态度和人生情趣，以乐生的观念来看待茶事，表现茶事。例如，以各代诗家文豪们对品茗意境、品茗感受所写的诗文诗句为内容，用挂轴、单条、屏条、扇面等方式陈设于茶席之后作背景。

绘画以水墨画为主。我国茶席中挂轴的绘画内容相对较为多姿多彩。既有简约笔法，抽象予以暗示，也有工笔浓彩描以花草虫鱼。但还是以表现松、竹、梅的“岁寒三友”及水墨山水为多。

拓展知识

陆羽《茶经》之十：茶之图

以绢素或四幅或六幅，分布写之，陈诸座隅，则茶之源、之具、之造、之器、之煮、之饮、之事、之出、之略目击而存，于是《茶经》之始终备焉。

陆羽《茶经》在最后一篇说：将《茶经》内容分别写在白色丝绢上，然后悬挂于座位旁边。如此一来，茶的起源、采摘制作工具、制茶方法、煮茶方法、饮茶方式、关于茶事的记载、产地以及茶具、茶器的使用方式等内容，时时刻刻都可以看到，从头至尾关于《茶经》的叙述就完备了。

品茗时，有挂图，那么对茶的知识就更加清楚明白了。由此演变发展到宋代，茶挂就不是单一的挂图了，也有挂画的，也有挂字的卷轴。明代以后的挂画是以书法字轴为多，所挂的字轴含意往往需考虑到季节、时间、所品的茶类和参加茶会的人，以及举办茶会的性质等相配合，而且以挂单幅为时尚，悬挂位置以茶室正位为原则。

（七）相关工艺品

不同工艺品，通过合适的搭配、摆放，与主器相互配合，表现不同的心境、文化、故事、主题，往往会唤起人们的某种记忆，使茶席获得意想不到的艺术效果。

工艺品的种类有自然类、生活用品类、艺术品类、宗教用品、传统工具类、仿真文物类等，只要能表现茶席的主题，都可进行运用。

工艺品的摆放，应以画龙点睛为主。在工艺品的选择和摆放中要注意不宜过多，否则容易出现淹器、与主器物相冲突、衬托不准确等问题。

（八）茶点茶果

茶点茶果，是对在饮茶过程中佐茶的茶点、茶果和茶食的统称。其主要特征是：分量较少，体积较小，制作精细，样式清雅。

茶点茶果的盛器选择：干点宜用碟，湿点宜用碗；干果宜用篓，鲜果宜用盘；茶食宜用盏。

（九）背景

茶席的背景，是指为获得某种视觉效果，设定在茶席之后的艺术物态方式。茶席的价值是通过观众审美来体现的。单从视觉空间来讲，假如没有一个背景的设立，茶席的角度比例及位置方向等设计就失去了价值和意义，也使观赏者不能准确获得茶席主题所传递的思想内容。茶席背景的设定，就是解决这一问题的有效方式之一。背景还起着视觉上的阻隔作用，使人在心理上获得某种程度的安全感。

茶席的背景形式，总体有室外和室内两种形式构成。室外现成背景形式：以树木为背景、以竹子为背景、以假山为背景、以街头或屋前为背景等。室内现成背景形式：以舞台作背景、以会议室主席台作背景、以窗作背景、以廊口作背景、以房柱作背景、以装饰墙面作背景、以玄关作背景、以博古架作背景等。除现成背景条件外，还可在室内创造背景。例如，室外背景室内化的利用、织品利用、席编利用、灯光利用、书画利用、纸伞利用、屏风利用和特别物品的利用。

拓展阅读

茶与茶点的搭配

绿茶、黄茶：绿茶鲜爽，有时口感会有些苦涩，可以搭配甜的点心。如凤梨酥、芝士蛋糕。像日本的抹茶很苦，所以茶点通常都会很甜。

乌龙茶：乌龙茶是半发酵茶，口感介于绿茶和红茶之间，品饮时重韵，茶汤过喉徐徐生津，用咸鲜的点心来配，能保留茶的香气，不破坏原有的滋味。搭配咸口的干果，如花生、瓜子。

红茶：红茶滋味醇厚浓郁，回甘很好，配上一些酸味儿点心，会产生令人愉悦的酸甜口感。搭配酸甜的食品，如蜜饯、果脯。

普洱茶：普洱茶的味道能很好地包容甜度高和偏油的点心，使得它们在入口后不那么腻，对双方来说都是味觉的提升。而且，普洱茶具有很好的消脂解腻的作用。因此可以选择比较油的点心，像含油的酥饼、各类肉制品等，都是不错的选择。配饱腹的小食，如春卷、粽子。

图5.3　茶点

白茶：属于微发酵茶，香气和滋味都比较含蓄，与之相配的茶点不宜味道太浓重。可配点咸香角、煎饺之类。

任务二　茶席插花

一、茶席插花的基本概念

茶席插花是应用于茶环境的艺术插花，是茶艺品茗的重要环节，是茶席、茶室、茶庭的重要组成元素。

茶席插花的形成与饮茶人的茶之品性息息相关，爱茶之人崇尚闲逸、朴素之美。爱茶之人必然爱花之静美品格，早在唐代僧人皎然与陆羽饮茶，皎然作诗："九日山僧院，东篱菊也黄，俗人多泛酒，谁解助茶香。"道出茶与花的微妙关系，花与茶的品性相投。吕温《三月三日茶宴序》记载："三月三日，上巳禊饮之日也。诸子议以茶酌而代焉。乃拨花砌，憩庭阴，清风逐人，日色留兴。卧指青霭，坐攀香枝。闲莺近席而未飞，红蕊拂衣而不散。"描写了品茗赏花的美妙场景，友人同乐的美好品茶氛围。明代插花专著《瓶史》记载："茗赏者上也，谈赏者次也，酒赏者下也。若夫内酒越茶及一切庸秽凡俗之语，此花神之深恶痛斥者，宁闭口枯坐，勿遭花恼可也。"强调花与茶的高品格，品茗赏花的生活方式和文人雅士的道德情操。时至今日，中国茶艺迅速发展，茶席插花也随之复苏，成为应用花艺而具有了新的存在价值和时代意义。

图5.4　茶席插花

二、茶席插花的基本特点

茶席插花属于东方插花艺术的范畴，具有东方插花艺术的自然美、意境美的基本特点，造型讲究线条韵味，注重表现花草植物的自然生命，色彩淡雅天成、朴素明朗。茶席插花的意境美讲究花随境移，茶境、茶性即为花境、花性，具有清、雅、韵、和等特点，通过花、茶一境的手法烘托茶境之深邃、品性之高尚，这也是茶席插花存在的重要原因。

三、茶席插花的应用与分类

茶席插花是用于品茗区域的花赏艺术，如装饰茶庭院的插花、装饰茶室的插花、装饰茶席的插花以及茶事活动中的插花等，因茶席插花应用最为广泛，从分类上可从使用场景来区分，也可按照茶的大类来区分，通常按照使用场景可分为茶庭插花、茶室插花、茶席插花等。

茶庭插花因使用场合空间相对较大，通常情况下可从装饰环境角度出发来配置插花作品，强调花作与自然环境的统一关系，表现茶主人茶生活的精致格调和细腻之美。

茶室插花是茶生活空间的重要装饰，可美化茶室空间，是茶室自然意境表达的重要载体。因此插花作品强调空间的协调美，注重自然生态景观的体现，可以选择应季花材，从表现季节感的角度创作插花。在插制过程中，注意形体的线条韵味以及色彩的简明淡雅；茶室插花相对其他的插花形式应更加体现花材原本的美，表现茶主人表里如一的生活状态。

茶席插花是品茗的重要环节，是茶席布景的重要组成部分，不但可以美化茶席空间，同时也可以观花明茶性，从视觉上表现茶品的格高境远。茶席插花是茶与花的完美结合，是精致生活理念与意境的表达。

四、茶席插花的花器选择

中式传统插花对器皿的要求相对严谨，运用到青铜和名窑瓷器，使作品更具有文化魅力。明代《瓶花三说》《瓶花谱》《瓶史》都将花器的选择与欣赏作为重点讲解。《瓶史》载："大抵斋瓶宜矮而小，铜器如花觚、铜觯、尊罍、方汉壶、素温壶、匾壶，窑器如纸槌、鹅颈、茄袋、花樽、花囊、蓍草、蒲槌，皆须形制短小者，方入清供。"其中对容器提及最多的为铜器和瓷器，可见插花容器是中国插花文化的重要组成部分，对容器的掌握可从青铜和瓷器作为切入点展开研修。不同造型和质地的花器都有其自身的特点，可根据实际空间需要或设计要求选择。

茶席插花选用古典花器为基本插花容器展开研修，即碗、盘、瓶、筒、篮、钵等。花器材质可选用铜、瓷、陶、竹、藤编、玻璃、塑料等，以此丰富插花作品和适应时代发展潮流。当今茶席插花的器皿丰富多样，具有观赏性的精美盛水器都可以用来插花，与茶道器具组合应用，更能体现茶道意境和花道意境之美。但通常不用茶壶、茶碗、茶杯等主要司茶用器，这样容易在整体的茶席布景上喧宾夺主。

在具体的应用中根据表现的意境而择器是主要原则，通常茶席花器相对小巧、简朴、雅致。在具体的应用过程中，花与器是否良好搭配，直接影响整体茶席花赏效果，因此，花器的欣赏也是赏花品茗的重要环节。

五、茶席花的花材选择

中式插花文化与中国的花卉文化不可分割，茶席花选材亦然。中国花卉文化是中式插花的重要组成部分，是插花作品的核心灵魂体现。《瓶花谱》载：“《花经》九命升降，吾家先哲（君讳翊）所制，可谓缩万象于笔端，实幻景于片楮矣。今谱瓶花，例当列品，录其入供者得数十种，亦以九品九命次第之。”按照九品九命进行花卉人格化划分。《瓶史》载：“余于诸花取其近而易致者：入春为梅，为海棠；夏为牡丹，为芍药，为石榴；秋为木樨，为莲、菊；冬为蜡梅。一室之内，荀香何粉，迭为宾客。取之虽近，终不敢滥及凡卉，就使乏花，宁贮竹柏数枝以充之。‘虽无老成人，尚有典刑。’岂可使市井庸儿，溷入贤社，贻皇甫氏充隐之嗤哉？”强调花卉品格及择花要领。茶席插花花卉选材以中国花卉文化为基础，以中国传统花卉为切入点，通过对花材的深层次理解，并融合现代花卉的意趣，从而掌握花材的搭配关系。

茶席花的花材选择以格调高、品质优为佳，实际应用中可依据茶的品性而选择适合的花材，花材的选择与茶性相同即能有效地观花明茶性，从而起到赏花助茗的作用。花材的品种选择上通常以中国名花卉为首选，这些花材不但具有良好的外观效果，同时具有深厚的文化底蕴，如四君子之称的梅、兰、竹、菊，中国十大名花之列的梅花、牡丹、菊花、兰花、月季、杜鹃、山茶、荷花、桂花、水仙等。当今花材品种繁多，从整体的视觉效果上亦可选择现代花卉，应用上可以打破原有的花材格局，扩大花材应用范围，形成新奇的视觉感官，也是可以考虑的设计思路。

六、茶席花的色彩配置原理

茶席插花总体来说色泽清雅或是单一，以和谐为原则。古代文人雅士轻仕途重品格，不喜奢华、艳丽，赋色爱好常以淡雅为主，创作以情趣为重。他们的书房、茶室布置也喜欢素雅洁净的简色或单一色。老子说“五色令人目盲”，淮南子也说“五色乱目，使目不明”，孔子说“素以为绚”，素是一种高雅、淡泊和时尚，古代文人绘画常常是淡墨轻岚，插花取色也主张以素为绚。特别是茶席插花更是如此，茶汤清淡洁净，茶花素雅谦和，才能符合茶趣。

颜色选择：选择花色不艳、香清淡雅的花材，最好是含苞待放或者是花蕾初绽的花，花朵不要繁多，也可以选用干花花材或者是人造花材。而太艳丽、太喧、太浓的花都不适合放在茶席上，否则会夺茶之真味。

茶席插花情况比较特殊，它有饮茶大环境和饮茶设施，也有经营餐饮业的特征。食客来自各方，情趣不一，开席时菜肴的浓香能盖过茶的清香。所以荤茶肆插花的色彩可不受以上取色原则限制，一般比较注重装饰效果。

七、茶席插花花型

茶席插花不论体量大小，其共同特点是制作简约、结构清疏、风格质朴、不矫揉造作。然简约不是不讲技巧，质朴不是忽略内涵，而是更胜一筹的美感。

（一）茶席插花作品的形态构成反映着自然生命的秩序

茶席插花搭配应注重自然，通过花的重组来表现新生命的韵味。明朝屠本畯将花体中花枝所处位置分为“花盟主”“花客卿”“花使命”，我们现在将这三类枝条简称为主枝、客枝和使枝。使枝负有外交义务，是花体中最长的枝条，不论长势如何，在花体中都扮演重要角色，插作的位置决定着花体的基本造型。客枝是请来的客人，比使枝短，客人是来自四面八方，可从不同角度插入花器，增加花型的动势与立体感。主枝端居家中，可坐可立，视着坐则主枝花短，视着立则主枝花长，花枝长短根据造型需要而定。使枝、客枝边上还可有略短的同类枝条作附枝，主枝的边上可添加小花与花苞作附枝，以丰富花体。三枝植物各居其位，通体联络，构成多姿多态、造型各异的作品。

（二）茶席插花的内在神韵

茶席插花旨在重视品味，和合茶趣，其特征是清远的趣，精神是纯真的情，内涵是淡泊的志，追求简单、自然之形。

1. 茶席插花之“趣”

茶席插花讲究清远的趣，插花人应在情和趣上细细感悟与构思，在物质精华的布局中感受非物质含量所要表达的茶情茶趣。茶席插花强调自然朴实，淡定而从容，每一枝花、每一片叶都应顺其自然之势，或直或曲、或仰或俯，利用不同姿态进行和谐组合，创作自然之趣，感悟内涵意境，与茶文化相默契。表现出真情真趣，让人觉得情感真切，妙趣横生，妙不可言。

2. 茶席插花之“情”

茶席插花讲究作品的精神内涵，用以寄托品茶人的情怀。形式上自然独到，不拘一格。装饰茶席的花卉形体很小，但小型插花不一定就是茶席插花，两者的区别就在插制的心境上、作品内涵上。

插制茶席插花是享受一种和谐的气场、一种文化的滋养，制作者须有一颗宁静无杂的心情，像演艺界流传的说法，进入角色，融进心声，方能使作品有独到的神韵。

3. 茶席插花之“志”

茶席插花是插花艺术，也是生活艺术，更是人生艺术，小小插花把人的意愿、志向、情思、趣味融进几枝花材的组合中。追求淡泊明志、宁静致远、胸怀坦荡、怡然自得的精神境界。

4. 茶席插花之“形”

茶席插花外形简练，疏密得体，意态天然。正如“瓶史”中说，如画苑布置，像苏东坡的字，随意断续，李白的诗，不拘对偶，这才理解为艺术上的真整齐。这种观念虽跨越上千年历史长河，但民族文化的价值观与古代文人插花的风格还是影响着现今的茶席插花。

八、茶席插花的制作程序

插花的基本造型是一种艺术形态的归类，每种造型都有相对固定的制作程序。正如明朝唐志契说："画必须静坐凝神，存想何处是山，何处是水，何处是楼阁寺观，村庄篱落，何处是桥梁、人物、车舟，然后下笔……"茶席插花也需事先有构思，用什么花材、插什么位置、表现什么意境、色彩如何搭配等，都需事先有个心仪的构思，并且熟悉插花造型及插制程序，才能心到手到，有序制作。

（一）选材及加工

茶席插花取材是很重要的环节，作品使用材料不多，但要求较高。自然界植物很多，生长姿态也千奇百态，可是要选择合适的材料不是件容易的事，必须对植物材料仔细观察，耐心寻觅。一枝好的植物枝条不但能恰到好处地表现意境，而且能使你的作品非常出彩，如何选材对茶席插花尤为重要。取材原则：一是遵循自然长势，使用剪切的植物枝条尽量保持剪切前的生长姿态，围绕花体中轴顾盼呼应，表现心仪的造型。不宜反其道而行之，不顾原有长势。也不宜对自然界的长势一成不变地作简单移位，用材既要崇尚自然，又要在花体中提升自然的艺术效果。二是合理使用整修加工手段，有时取材不甚理想，枝繁叶茂没有线条感，则要对"毛坯"植物进行修剪加工，首先要仔细观察，确定手中枝条的主要走势适合何种造型，再进行修剪，正如《浮生六记》中所说："必先执在手中，横斜以观其势，反侧以取其态，相定之后，剪去杂枝，以疏瘦古怪为佳。"

姿态奇异的线条当然是好材料，但往往山野村舍那些不起眼的花、叶、枝、果，甚至枯树桩、枯枝条，只要能表达意境也都是好材料，特别是用来插制茶肆花会有意想不到的效果。

（二）造型程序

1. 框架制作

作品用使枝、客枝以及附枝叶搭出框架，形成有高度、宽度与深度的立体框架。茶席插花以"使枝"插制位置来确定基本造型，使枝直立形则是直立式，使枝倾斜形则是倾斜式，使枝水平状则是平卧式，使枝垂挂形则是悬崖式。使枝、客枝只有一枝会很单调，为丰富花体也可添加附枝视为助手或陪客，但不能超出使枝与客枝的长度。添加附枝一般适用于茶肆花，茶肆花虽讲结构清疏但不能看上去单调或是没有力度和稳定感。

2. 主花插制

茶席插花的重心位置是主花插制区域，一般高度是使枝的三分之一左右。在重心位置插制主花，视为焦点花，焦点处可有1~2枝花，也可有附花或花苞，视为家庭成员的组合。装饰茶席的插花如用长势奇特的独枝花，就不受这一提法的限制，而看花枝的姿态顺势造型。有的植物在焦点部位枝繁叶茂没有花，以叶子的密集形成焦点也未尝不可。

3. 补充花叶

适当补充少许小花细叶，营造出一种含蓄朦胧的意境，有时一个小花苞、一片叶子在插花中都起到点缀的作用。茶室花用材较插花多，除了主枝、客枝、使枝外，还要在主花周围添加补充花材，一般掌握在使枝高度的1/2以下，可高于也可低于主花。

4. 修饰

用细小的叶材延伸作品前后深度和广度，使花体具有空间结构上的立体效果，同时也可遮盖人工痕迹。茶席插花的瓶口与盆、碗的底脚遮盖应干净利落，茎干线条清楚，叶片遮盖修饰应似自然生长一般。

任务三　主题茶艺编创设计

一、主题茶艺设计技巧

茶席设计既是一种物质创造，也是一种艺术创造；既是一种体力劳动，更是一种智力劳动。因此，技巧的掌握和运用就显得非常重要。茶席设计的基本技巧具体表现在以下三个方面。

（一）获得灵感

灵感是一种综合的心理现象。它表现为在偶然状态下，突然所得到的一种意外启迪和心理收获。它使原先模糊和不明了的心理感受一下子变得清晰起来，从而获得某种行为方式的依据和对未来行为的清晰认识。但灵感的获得，又是在思维和行为的运动中产生的。因此，在茶席设计之前，应以积极的态度和方式，从生活的各个方面去促使灵感的获得。具体体现在以下四个方面。

（1）要善于从茶味体验中去获得灵感。

（2）要善于从茶具选择中去发现灵感。

（3）要善于从生活百态中去捕捉灵感。

（4）要善于从知识积累中去寻找灵感。

图5.5　茶席二

（二）巧妙构思

构思是对所选取的题材进行提炼、加工，对作品的主题进行酝酿、确定，对表达的内容进行布局，对表现的形式和方法进行探索的过程。茶席设计的构思，应该紧紧结合主题，在

“巧”“妙”上下足功夫。

要做到构思巧妙，必须注重如下四个方面。

1. 创新是茶席设计的生命

创新首先表现在内容上。从题材来讲，要注重题材新颖。茶席设计题材的选择，不能闭门造车，要多看、多了解，避免选用过于大众的题材，从而出现审美疲劳。比如展现夏天的题材，大众题材都会使用荷花这一材料，这时如果在题材上独辟蹊径，就能达到令人眼前一亮的效果。除了茶席内容之外，新颖的服装、动听的音乐以及画龙点睛的某一要素，都是完美体现创新的元素。

2. 内涵是茶席设计的灵魂

内涵是指反映于概念中对象的本质属性的总和。一个作品，必须要展示出一定的内涵，或者说一定的内容。仅仅是器具的堆积，而不能表达出一定的内涵，是达不到茶席设计的目的的。

3. 美感是茶席设计的价值体现

美是艺术的基本属性。美感是人们对美的主观评价。作为以静态物象为主体的茶席设计，美感显得尤为重要。茶席设计的美感主要体现在器物美、色彩美、和谐美、背景美、结构美等几方面。

4. 个性是茶席设计的精髓

茶席设计的个性要求，指的是设计者不仅要选材精妙，还要在思想、立意上有独特的个性表达。茶席设计的个性追求，是茶席设计的关键所在，甚至可以说个性即价值。

（三）成功命题

成功的命题，包含了对主题高度、鲜明地概括。它以精练简洁的文字，或做含蓄表达，或做诗意传递，使人一看命题即可基本感知艺术作品的大致内容，或迅速感悟其中深刻的思想，并获得由感知和感悟带来的快乐。

好的命题基本决定了茶席设计的成功与否。所以，正确、概括、精练的文字，准确表达作品的含义，是一个好的茶席设计作品的关键。

1. 主题概括鲜明

名称必须反映主题，而主题并非名称。主题可以是一两句话，也可以是一两个字。主题是立意的表现，而立意并不能完全替代主题，因为主题必须鲜明，而立意却可以含蓄。

主题要带有鲜明、准确、概括的特征，可以在创作之前形成，也可以在创作中、创作后形成。形成主题的时间并不重要，能够结合茶席设计作品，准确表达作品主题是关键。

2. 文字精练简洁

在主题设定中，可以针对主题设定几个相对集中的词语，从集中的词语中去浓缩文字，对反映主题的问题进行反复剔除，最终形成既精练简洁，又准确概括，同时意味深长的文字来。比如“夏夜香书”“夏夜莉香”“仲夏之梦”“夏之梦”，从立意、精练、寓意等来看，“夏之梦”明显优于其他三个。

3. 立意表达含蓄

艺术作品的立意，采用含蓄的手法表达，是艺术表现的基本要求，能给观赏者留有想象的空间。含蓄手法表达一般可归为三大类：半意表达、象征表达、反意表达。

4. 想象富有诗意

诗意的想象，有以下几个特征：一是大胆，二是夸张，三是奇特，四是美妙。诗意的语言可以采用第二人称表达，也可采用情感语言和疑问句式，这会极大地勾起观赏者的兴趣，如此，作品已经成功一大半。

二、茶艺设计的题材及表现方法

茶席的题材常见的有如下几大类。

（一）以茶品为题材

茶，因产地、形状、特性不同而具有不同的品类和名称，并通过冲泡、品饮而体现其最终的价值。以茶品为题材，可以从以下三个方面体现。

1. 茶品特征的表现

茶，就其名称而言，就已经包含了许多题材的内容。首先，它众多不同的产地，就给人不同地域茶文化风情的认识。比如“竹叶青”，给人以清幽的感觉；“东方美人”，给人以典雅恬静的感觉。以这些茶叶为主题来设计茶席，就必须围绕茶叶的风格、特征来展开，如果茶席设计的风格离开了茶叶的特征，整体茶席设计就会大打折扣。

图5.6　茶席三

2. 茶品特性的体现

不同的茶叶展现不同的茶性。绿茶性苦，红茶性甘，普洱性陈。不同的特性，不同的冲泡方式，不同的器具展示，都给人不同的艺术感受。茶叶的品饮经常会从纯粹的品饮上升到精神享受以满足人的精神需求。所以，通过茶席设计，可展示不同的自然景观、时令季节、饮茶心境，从而达到某种心理慰藉。

在自然景观方面，常以茶的自然属性来反映连绵的群山、无垠的大地、奔腾的江河、流淌的小溪等，或直接将石、木、花草、树叶置于茶席，直接体现人、茶与自然的和谐亲近。比如“武夷肉桂”，就可以奇石、假山来展现武夷山的独特地貌。

在表现时令季节方面，常通过茶叶所展现的不同特点，结合季节来展示茶与季节的结合。在这样的茶席展示中，茶的季节性一般不宜与实际相差太远。一般来说，绿茶可用于展示春天，铁观音可用于展示秋天，红茶、普洱可用于展示冬天。当然，茶叶也可以反季节展示，但这种茶席设计对设计者各方面的能力素质要求较高，所以需要谨慎选择。

3. 茶品特色的表现

茶有绿、红、青、黄、白、黑等颜色。将茶色和器具、材料结合起来，器色衬托茶色，则可以完美展示茶席设计元素。绿茶之色，碧绿如玉，在茶席设计中，所用器具、背景、装饰物，最好能与“绿”和“晶莹透明”这两个元素完美地结合。

（二）以茶事为题材

陆羽在《茶经》中以一个章节描述了“茶之事”。中国几千年博大精深的传统文化，为我们提供了丰富的茶席题材。设计者可以从中选取自己喜爱的茶事作为设计题材，艺术地进行展示。

1. 重大的茶文化历史事件

几千年的茶文化史中，重大的茶文化历史事件数不胜数。我们可以选取一些时期的重大事件，选择某个角度在茶席中进行精心地刻画，来展现这一文化现象，比如“神农尝百草”“废团改散”“宋代斗茶”“龚春制壶”等。

2. 特别有影响的茶文化事件

特别有影响的茶文化事件，是指在茶史中虽不具有重大转折意义，但也在某个时期特别有代表性且影响至今的茶事，比如“焚琴煮茶”“武阳买茶”“七碗茶歌”“披红大红袍”等。

3. 自己喜欢的事件

自己喜欢的茶事，不一定具有完美性，也不一定有什么影响力，但亲切、生动、活泼，投入了自己一定的情感，熟知事件的细枝末节，将其作为茶席的题材，往往更能从新的角度开掘出一定的内涵，使茶席的思想内容更加丰富而深刻。

（三）以茶人为题材

凡爱茶之人、事茶之人、对茶业发展有重大贡献之人，均可称为茶人。以茶人作为茶席设计的题材，对茶人不应苛求。古代茶人，与当代要求的茶人可能有一定的距离，但在那个年代，他们不计功名利禄而事茶，是今人应该学习的。在选择茶人时，可以是古代茶人，也可以是当代茶人，还可以是身边名不见经传的茶人，比如神农氏、陆羽、吴理真、陈毅、老舍……总之，以细小的场景来展现这一题材即可。

老师的叮嘱

“茶人”，最初指的是以种茶以及卖茶为生的人。随着时代的不断发展，“茶人”的概念也在扩大和延伸，“茶人”的范围扩大到了茶叶生产、茶叶销售、茶文化教学以及搞茶文化研究的人，并形成了“茶人”精神。茶人精神的内涵包括：(1) 以茶喻人。赞颂茶树的自身品质，茶树一身是宝，这种无私奉献精神值得人们学习；(2) 以茶言志。借助茶叶的品质来传达淡泊明志、宁静致远的精神内涵；(3) 以茶喻理。通过“茶人”精神，寓示深刻的人生哲理，像先苦后甘、淡泊名利等。

(四) 茶席题材的表现方法

以物、事、人为题材的茶席，一般采用具象的物态语言和抽象的感觉语言两种方式来表现。

具象的物态语言，是指通过对物态形式的准确把握来体现。比如朱元璋，其对茶事的重大贡献在于“罢造龙团，唯采茶芽以进”。所以要展现这一历史人物，就要选择他那个时期的特殊物品及象征物，不能牵强附会。

抽象的感觉语言，是指通过器物的摆设，观赏者以视、听等感觉系统，由具体的事物联想到自身的知识、文化、经历，从而触及心理。抽象感觉的表达，虽然也要通过一定的物态形式，但此时的物态，已经脱离物体本身，而具有抽象的形态。比如一本佛经，在茶席中应该表达的是茶禅一味，而不仅仅是佛经本身。抽象表达和设计者自身的素质相关，观赏者如果达不到某种境界，可能无法理解这一表达方式。

三、茶席设计的结构方式

(一) 中心结构式

中心结构式是指在茶席有限的表现空间内，以空间中心为结构核心点，其他要素均围绕结构核心来表现相互关系的结构方式。

中心结构式的核心可以是茶叶，也可以是某一种器物。此结构方式的茶席，应注意如下问题。

图5.7　茶席四

(1) 中心结构式的大小关照。大小关照指的是茶席茶具摆放中，器物的大小比例、位置应该协调，突出显示主器物，避免出现主次不分、比例失调等问题。

(2) 中心结构式中的高低关照。高低关照的原则是：高不挡后，前不挡中。

(3) 中心结构式的多少关照。不管是茶具还是工艺品，在摆放中要适当，不能因过于重复而显得杂乱。

（4）中心结构式的远近关照。相同器物之间、不同器物之间的距离要适当、协调。

（5）中心结构式的整体关照。

（二）多元结构式

多元结构式是指茶席设计的主体不止一种，可以通过几个主体来表达设计者的设计理念，通过多种元素来达到审美的目的。多元结构式的表现形式有如下几种。

1. 流线式

流线式是指整个茶席设计呈不规则状态，整体铺垫呈流线分布。

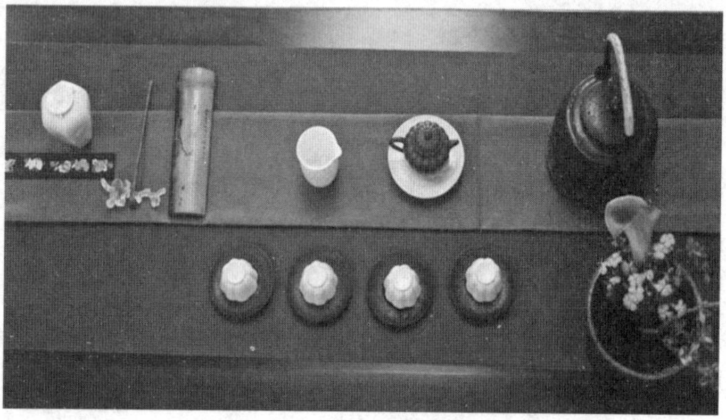

图5.8　茶席五

2. 散落式

散落式可以采用地铺和桌铺的方式，布局以轻松为主，摆脱席面空间的束缚。此种茶席设计对设计者的要求较高。

3. 桌地面结合式

此类茶席设计由传统结构改良而来。其结构核心在地面，地面以器物作为结构核心点，要求地面器物体积稍大，达到核心的目的。如果体积偏小，则会在整体结构中被忽略，从而形成失重感。

4. 器物反传统式

此种形式一般用于表演，实用性茶席一般不采用此种形式。此类茶席，具有一定的艺术独创性，又以深厚的茶文化传统为基础，结构全新化，常给人耳目一新的感觉。

四、主题茶艺要素的选择与设计

（一）茶汤冲泡要素

茶艺作品在确定主题后，要重点关注茶汤的质量，其在主题茶艺竞技中分值比重也比较大。主题茶艺作品归根结底是以冲泡好一杯高质量的茶汤为目的，一杯高质量的茶汤除了冲泡过程演示外，更多的是基于茶品、水品、茶具等基础要素。

图5.9　茶席六

1. 茶品的选择

茶品的选择与主题是密切相关的，有代表性，能体现并且丰富主题，不可随意选择。如2017年浙江省赛一等奖作品《那些年·茶》，是一个致青春的小清新主题，茶品选用当年白毫银针和陈年白毫银针两款，当年白毫银针，单纯、清新，像极了青春岁月的纯净与青涩；陈年白毫银针，醇厚、芬芳，像岁月给人带来的洗礼，在两道茶里，感受茶里青春的故事。如2014年国赛一等奖作品《烹雪煮茶暖流年》，选择的茶品是九曲红梅与白梅花配伍冲泡，在寒冷的冬天，泡一壶梅花红茶，不用半句客套，无须找寻理由，轻声一呼，友人如约而至。其次，茶品的选择要求茶叶品质好，作为创新茶艺表演成果的茶汤品质好坏很重要一部分源于茶叶品质的好与坏。选定好茶叶类型后，就得寻找品质好的茶品，能充分体现该茶的色、香、味。

2. 水品的选择

自古茶人对泡茶用水很讲究，主要是茶叶的内质表现与水的关系很密切。在品茗时，茶汤的品质也是非常重要的一个环节，因此选水要求谨慎严格。在主题茶艺演示时，如有条件可以选择适宜茶的水品，如茶产地的泉水等，最好是商品化的泉水，可放置存储一定时间；如若条件有限很难取到山泉水，或者担心泉水放置后其活性降低、滋长细菌，可选择商品纯净水。纯净水虽然不是泡茶用水的最好选择，但却是最稳当的选择。

3. 茶具的搭配

茶具组合是茶席构成的主体，基本特征是功能与审美的结合，在主题和茶品确定好后，一要考虑茶具的材料、色泽、容积与茶品的搭配，不同的茶类适宜不同材质器皿，如绿茶适宜玻璃、瓷器，且颜色偏冷色调的；红茶、黑茶适宜紫砂、瓷器，颜色偏暖色调的。二是要考虑茶具要配合作品主题的表现。

图5.10　《梦回大唐》

（二）茶席动态演示中的服饰

服饰可反映出着装人的性格与审美趣味，并会影响茶艺表演的效果。茶艺表演中的服饰首先应与所要表演的茶艺内容相配套，其次才是式样、做工、质地和色泽，最后服饰的搭配还要与表演者的年龄、身材、脸型、头型、发质、肤色和妆容等相协调，尽可能取得整体和谐美的效果。宫廷茶艺有宫廷茶艺的要求，民俗茶艺有民俗茶艺的格调。就一般的茶艺而言，表演者宜穿着具有民族特色的服装，而不宜“西化”。在正式的表演场合，表演者不可戴手表，不宜佩戴过多的装饰品，不可涂抹有香味的化妆品，不可浓妆艳抹，不可涂有色指甲油。如果有条件，女性表演者戴一个玉手镯能平添不少风韵。

服装与配饰需要符合题材的特征，也要突出和表现主题，尤其是团体创新作品，要考虑到每个角色的特性，也要兼顾全局的协调一致性。如2020年成都茶艺技能大赛作品《梦回大唐》，主泡台是现磨的绿茶和茶器，衣着为唐装，女主泡身穿红色带暗花的唐装裙装，整体风格协调统一且突显主泡。

（三）茶席空间及辅助要素的选择

茶席空间布局要考虑舞台整体效果，如桌椅的高低错落，用色的协调一致。选择桌椅的类型，可以用符合主题的传统中式或者简约新中式风格的桌椅，如桌椅耐看且可欣赏，避免累赘可考虑不用铺设桌布；若想在桌布上做文章，就无须考虑桌子的式样，主要考虑大小和高度即可，如利用桌布颜色的寓意，通过在桌布前方手绘和主题相关的图案等。桌子摆放方式也需适当考虑，避免呆板，如八字形，不对称的V字形等。

老师的叮嘱

布置一方茶席，满足当下人们对生活美好向往的需要。茶是世界上最健康的饮料，喝茶是健康的生活习惯。目前，人们在物质生活条件得到满足以后，对精神生活的需求提出了较高要求。饮茶，在满足身体生理需求基础上，更加注重泡茶饮茶所能获得的精神愉悦方面的体验和感受。茶艺是一门生活美学，茶艺中的美无处不在。茶艺之美在于茶艺文化空间的共享。茶艺文化空间包括焚香、挂画、插花、布席、雅音等美学艺术形式，所以说茶艺文化集香文化、书画、插花、古典音乐、器具、特色美食等中国传统文化于一身，具有较高的生活美学价值。

五、主题茶艺意境的营造

（一）背景展示烘托

背景展示的主要目的是营造氛围、烘托主题。目前常见的背景展示中，可用KT板营造意境，也可制作视频在茶艺表演的过程中播放，建议当场地中有LED屏幕时，可制作视频或者图片滚动播放，效果会比较显著。背景设置不宜太过于复杂，应力求简单，以衬托泡茶者的表演为主，让观众的注意力集中在泡茶者身上，同时考虑人物与环境的和谐统一。

（二）背景音乐烘托

音乐是烘托情感、表达意境最有效的手段之一，音乐最容易吸引观众注意力，带领观众进入主题所表达的境界。在茶艺表演过程中重视用音乐来营造意境，这是因为音乐，特别是我国古典名曲重情味、重自娱、重生命的享受。目前，背景音乐在宾馆、餐厅、茶室里都早已普遍应用，但多是兴之所至，随意播放。而中国茶道要求在茶艺过程中播放的音乐应是为了促进人的自然精神的再发现、人文精神的再创造而精心挑选的乐曲。

1. 高雅的茶艺表演最宜选播以下三类音乐

1）中国古典名曲

我国古典名曲幽深，韵味悠长，有一种令人回肠荡气、销魂摄魄之美。但不同乐曲所反映的意境各不相同，茶艺馆应根据季节、天气、时辰、宾客身份以及茶事活动的主题有针对性地选择播放。例如，反映月下美景的有《春江花月夜》《月儿高》《霓裳曲》《彩云追月》《平湖秋月》等；反映山水之音的有《流水》《汇流》《潇湘水云》《幽谷清风》等；反映思念之情的有《塞上曲》《阳关三叠》《情乡行》《远方的思念》等；拟禽鸟之声态的有《海青拿天鹅》《平沙落雁》《空山鸟语》《鹧鸪飞》等。只有熟悉古典名曲的意境，才能让背景音乐成为牵着茶人回归自然、追寻自我的温柔的手，才能用音乐促进茶人的心与茶对话、与自然对话。

2）近代作曲家为品茶而谱写的音乐

这类音乐有《闲情听茶》《香飘水云间》《桂花龙井》《清香满山月》《乌龙八仙》《听壶》《一筐茶叶一筐歌》《奉茶》《幽兰》《竹乐奏》等。听这些乐曲可使茶人的心徜徉于茶的无垠世界中，让心灵随着茶香翱翔到茶馆之外更美、更雅、更温馨的茶的洞天福地中去。

3）精心录制的大自然之声

山泉飞瀑、小溪流水、雨打芭蕉、风吹竹林、秋虫鸣唱、百鸟啁啾、松涛海浪等精心录制出来的都是极美的音乐，被称为“天籁”，也被称为“大自然的箫声”。

上述三类音乐超出了一般通俗音乐的娱乐性，他们会把自然美渗透茶人的灵魂，会引发茶人心中潜藏的美的共鸣，为品茶创造一个如沐春风的美好意境。

2. 背景音乐的选择

背景音乐的选择，其一要与主题融合，音乐表达的情感应与作品宣泄的情感相和谐，如2014年浙江省赛一等奖作品《乡之味》在泡茶过程中选择音乐《风居住的街道》，在奉茶高潮部分选择音乐《时间都去哪儿了》，以此表达中秋夜对家乡的思念之情，以及父母对儿女无私的奉献。其二，音乐要与表演者融合，音乐不是孤立存在的，需与泡茶者泡茶的节奏感融合。其三，音乐是有层次感的，有节奏变化的，尤其是有表达某种情感的，有配合解说铺垫的音乐、泡茶过程中平缓的音乐、奉茶过程中情绪高潮的音乐。有张有弛、有节奏变化的音乐可牢牢把控和引导观众的情绪，从而使其更好地理解作品的主题和内涵。

如果作品选择了几段成品音乐，编创人员需采用软件对音乐作品进行剪辑与拼接，配合解说，使之与茶艺表演相融合；也可现场演奏音乐，如果整个作品全是现场演奏，一要演奏者技艺高超，二要场地足够安静，否则音乐很难有渲染力。

3. 背景音乐中曲与歌的把握

用乐器演奏的乐曲，虽不使用语言，但仍能表达某种意境，反映某种情感。歌曲是话语和乐曲结合的产物，它的内容表达具有一定的具象性。例如，人们歌唱“山”，歌词都是围绕山及人与山的情感关系等，若抽去歌词，仅剩下单纯的曲，则不同的人就会有不同的理解和感受，这就是曲与歌的区别。茶席设计一般都是由抽象的物态语言来表述主题的，因此，茶席设计一般应选择较为抽象的乐曲来作为背景音乐。选择歌作为背景音乐，往往只在以下几种特定的情况中采用：一是茶席特别要强调具体的时代特征；二是茶席特别强调具体的环境特征；三是茶席本身就是对歌的具体内容的诠释。

4. 动态演示时旋律与节奏的把握

旋律是音乐的主体，旋律也是音乐情感的具体体现形式。激扬、宁静、畅怀、深沉都是旋律，旋律是以具体的音符变化来体现的。不同的旋律，总是表现着不同的音乐形象。

茶席设计作为茶文化的一种表现形式，属传统文化的范畴。品茶历来要求在平静的氛围中进行，因此，茶席的背景音乐，应以平缓的慢板或中板为主并贯穿始终。如果出现较多的变奏，情绪和情感的调整也就较多，其平静的品茶感受和平静的品茶氛围就将会受到影响。

趣味阅读

士大夫修身的四课

在我国古代士大夫修身的四课——琴、棋、书、画中，琴摆在第一位。“琴”代表着音乐，儒家认为修习音乐可培养自己的情操，提高自身的素养，使自己的生命过程更加快乐美好，所以音乐是每一个文化人的必修课。我国历史上的精英人物，几乎无不精通音律、深谙琴艺。例如，孔子、庄子、宋玉、司马相如、诸葛亮、王维、白居易、苏东坡等著名的政治家、思想家、文学家都是弹琴高手。荀子在《乐记》中说：“德者，性之端也；乐者，德之华也。”把“乐”上升到“德之华”的高度去认识，足见音乐在古代君子修身养性过程中的重要性。

六、编排设计

主题茶艺作品的编排设计，根据主办方要求，首先确定表演人数，一般有一人、两人和多人，一人或两人为主泡，其他为助泡，或服装、道具、动作一致人为主泡。当下的主题茶艺作品，在有特定主题情况下，角色之间有分工互动，在突显主泡的同时，有一条无形的线将各角色联系在一起，使其不是单独的个体，更好地为表达主题服务。

七、主题茶艺肢体动作与审美

肢体动作贯穿着整个茶艺表演过程，包括站姿、走姿、鞠躬礼、冲泡动作流程，是重要审美内容。肢体动作是茶艺师表达精神面貌、气质和素养的重要方面。茶艺表演在肢体动作上讲究稳重、沉着、专注，举手投足之间表现对泡茶过程的享受。

（一）冲泡技艺

茶艺操作中手的动作与茶器的配合、身体的动作与环境的配合，给观众在视觉上有动态美感。

首先，表演者的茶艺操作流程要流畅，有如行云流水一般，让观众赏心悦目，切忌包含一些多余的动作，即使有一些非茶艺的动作，也一定是顺应整个茶艺情节发展的，能够表现主题的。其次，动作不可过快过急，且在动作与动作之间可以有意的稍作停歇，适度的停顿可以在表演中创造张力、期待感以及从容淡定感。而停顿的长短、频率并没有规定，因为这是一种需要时间点滴累积而成的美感素养，会随着每个人的特质不同而独具风华。第三，茶艺表演的肢体动作不可过于花哨、夸张，如展示茶具幅度过大，甩水过高过猛，指尖过翘，都不利于体现茶艺的宁静与优雅。最后，多人的茶艺表演，其手部动作可以有多形式的变换。

（二）仪态美与神韵美

茶艺表演中的仪态美，由优美的形体姿态体现，而优美的姿态是以正确的站姿、坐姿为基础的，优美的姿态会给人以气质高雅、礼貌亲切的印象。茶艺表演中的站姿要求肩膀挺直，身体重心自然垂直，头虚顶，女士以“丁字步”站立，男士则是双脚打开与肩同宽。神韵美主要是静态的肢体语言，主要运用脸部表情、眼神、气息等来表达表演者的内在情感。

主题茶艺编创是传播茶文化的一条重要途径，一部好的主题茶艺作品，能给人带来精神上的启迪与思考。当下举国上下都非常重视弘扬优秀的传统文化，增强文化自信，茶文化与旅游、乡村振兴战略、精准扶贫都能结合起来，编创一个好的创新茶艺作品，既可弘扬传统茶文化，又可传播和推介地方文化，促进乡村茶文化生态旅游和地方经济的发展。茶文化是东方哲学与智慧的化身，蕴藏着中式生活美学，承载着人们对品质生活的向往。受中国传统文化的影响，茶艺体现的“和”“雅”“静”基本精神风貌能满足人们的潜意识，在茶艺体悟中也能产生美感、愉悦等正向情感体验。茶通六艺，兼收并蓄，一切优秀的传统文化都可以与茶融合，主题茶艺的编创需要从各领域跨界交叉学习，然后与茶融合，在习茶的路上不断形成编创者对茶的领悟和理解，在这些领悟和理解中创编出优秀的主题情景茶艺。

老师的叮嘱

借茶修为，茶艺人员通过泡茶、品茶礼仪规范训练，形成以“和”“敬”为核心的为人处世行为方式的规范。长期习茶，在仪表、谈吐、举止、思维和行为习惯上逐渐形成一种独具中国特色的人格魅力。

创新茶艺竞技评分表

创新茶艺主题名称：

序号	项目	分值（%）	要求和评分标准	扣分	实得分
1	创新20分	10	主题立意新颖，有原创性；意境高雅、深远		
		5	茶席设置有创新，与主题吻合		
		5	泡茶手法、音乐服饰有新意		
2	茶艺表演40分	10	布景、音乐、服饰及茶具协调，表演具有较强艺术感染力		
		20	动作适度、手法连绵、轻柔，冲泡程序合理，姿态、姿势自然，过程完整、流畅		
		10	团体表演配合默契、参加比赛选手均为主泡 未达要求扣5～8分		
3	茶汤质量30分	15	茶汤色、香、味达到所泡茶类型标准		
		15	茶汤适量，温度适宜 投茶量合适5分、泡茶水温合适5分，每杯茶茶水量一致5分		
4	解说5分	5	有创意，讲解口齿清晰婉转，能引导和启发观众对茶艺的理解，给人以美的享受		
5	时间5分	5	在10～12分钟内完成茶艺表演。少于9分钟，大于13分钟扣分，1分钟扣1分		
分数合计：100分				实得分	

茶席设计竞技评分表

茶席设计主题：

序号	项目	分值（%）	要求和评分标准	扣分	实得分
1	创新25分	15	主题立意新颖，有原创性；意境高雅、深远		
		10	茶席设置有创新，与主题吻合		

续表

序号	项目	分值（%）	要求和评分标准	扣分	实得分
2	器具配置35分	35	茶具组合完整、协调、合理，器物配合巧妙并具有实用性。主题明确，富有感染力		
3	色彩搭配20分	20	茶席整体配色美观、协调、合理		
4	背景配饰10分	10	茶席背景、插花、挂画、相关工艺品等配饰搭配完美		
5	作品文字陈述10分	10	文字阐述准确、有深度。词语表达优美、凝练		
分数合计：100分				实得分	

课后练习题

一、单项选择题

1. ______ 是茶席设计的核心，是茶席设计的物质和思想基础。

A. 茶具　　B. 背景　　C. 音乐　　D. 茶

2. 茶席铺垫色彩选择的原则是 ______ 为上。

A. 碎花　　B. 单色　　C. 无特殊要求　　D. 繁花

3. ______ 质地柔软，吸水性强，易裁易缝，不易毛边，平整挺括，视觉效果柔和，不反光，在茶席中多作为表现传统题材和乡土题材时使用。

A. 棉布　　B. 麻布　　C. 防水布　　D. 化纤布

4. 台桌与铺垫主要起到 ______ 功能。

A. 承载　　B. 辅助　　C. 装饰　　D. 陈列

5. 浓香的茶需要焚 ______ 的香品。

A. 清香　　B. 清淡　　C. 较重　　D. 以上三种方法都可以

6. 品茗时，有 ______，那么对于茶的知识就更加清楚明白了。

A. 挂图　　B. 鲜花　　C. 焚香　　D. 公道杯

7. 中国唐代，______ 作诗：“九日山僧院，东篱菊也黄，俗人多泛酒，谁解助茶香。”表达茶与花的关系。

A. 陆羽　　B. 皎然　　C. 李白　　D. 杜甫

8. 茶点茶果的盛器选择：干点宜用 ______。

A. 碟　　B. 盘　　C. 碗　　D. 篓

9. 在我国古代士大夫修身的四课——琴、棋、书、画中，______ 摆在第一位。

A. 棋　　B. 琴　　C. 画　　D. 书

10. ______ 载：“大抵斋瓶宜矮而小，铜器如花觚、铜觯、尊罍、方汉壶、素温壶、匾壶，窑器如纸槌、鹅颈、茄袋、花樽、花囊、蓍草、蒲槌，皆须形制短小者，方入清供。”

A.《瓶史》　　B.《瓶花谱》　　C.《瓶花三说》　　D.《瓶记》

11. 茶席插花以“______”插制位置来确定基本造型。

A. 客枝　　B. 使枝　　C. 主花　　D. 从枝

12. 吕温 ______ 记载：“三月三日，上巳禊饮之日也。诸子议以茶酌而代焉。乃拨花砌，憩庭阴，清风逐人，日色留兴。卧指青霭，坐攀香枝。闲莺近席而未飞，红蕊拂衣而不散。”描写了品茗赏花的美妙场景，友人同乐的美好品茶氛围。

A.《三月三日茶宴序》　　B.《瓶花谱》

C.《瓶花三说》　　D.《瓶记》

13. 茶席插花的重心位置是主花插制区域，一般高度是使枝的 ______ 左右。

A. 二分之一　　B. 五分之一　　C. 三分之一　　D. 四分之一

14. ______ 是指整个茶席设计呈不规则状态，整体铺垫呈流线分布。

A. 流线式　　B. 散落式　　C. 桌地面结合式　　D. 器物反传统式

15. 陆羽在 ______ 中，以一个章节描述了“茶之事”。

A.《茶经》　　B.《茶道》　　C.《茶艺》　　D.《茶席》

16. ______，因产地、形状、特性不同而具有不同的品类和名称，并通过冲泡、品饮而体现其最终的价值。

A. 茶具　　B. 茶　　C. 香　　D. 以上三者均是

17. ______ 的选择与主题是密切相关的，有代表性，能体现并且丰富主题，不可随意选择。

A. 茶品　　B. 背景　　C. 茶具　　D. 插花

18. ______ 的主要目的是营造氛围、烘托主题。

A. 背景展示　　B. 挂画　　C. 插花　　D. 音乐

19. ______ 是茶艺师表达精神面貌、气质和素养的重要方面。茶艺表演在肢体动作上讲究稳重、沉着、专注，举手投足之间表现对泡茶过程的享受。

A. 语言　　B. 仪态　　C. 肢体动作　　D. 坐姿

20. ______ 是对所选取的题材进行提炼、加工，对作品的主题进行酝酿、确定，对表达的内容进行布局，对表现的形式和方法进行探索的过程。

A. 灵感　　B. 构思　　C. 主题　　D. 茶席

二、判断题

______ 1. 茶席与茶艺、茶文化一样，也是新名词、新概念。

______ 2. 茶艺最早出现于20世纪50年代的台湾地区。

______ 3. 茶席是指在一定空间里布置陈设的具备完善习茶功能的组合体。

______ 4. 茶艺表演与其他艺术形式相比，其主要的特点就是它是以品茶为主要表演手段，其主要道具就是音乐。

______ 5. 草编、竹编均可作为茶席铺陈。

______ 6. 茶器是构成茶席的基本物件，是茶席上必不可少的器物。

______ 7. 自古茶人对泡茶用水很讲究，主要是茶叶的内质表现与水的关系很密切。

______ 8. 中心结构式是指在茶席有限的表现空间内，以空间中心为结构核心点，其他要素均围绕结构核心来表现相互关系的结构方式。

______ 9. 茶艺表演时，茶艺师必须穿旗袍。

______ 10. 茶席设计所选择的茶具只要美观就可以。

三、简述题

1. 请以小组为单位自主设计一个主题茶艺作品。

2. 收集一首关于茶的古诗词。

参考文献

［1］陈宗懋. 中国茶叶大辞典［M］. 北京：中国轻工业出版社，2000.

［2］中国茶叶博物馆. 话说中国茶（第2版）［M］. 北京：中国农业出版社，2018.

［3］夏涛. 制茶学（第3版）［M］. 北京：中国农业出版社，2014.

［4］黄友谊. 茶艺学［M］. 北京：中国轻工业出版社，2021.

［5］中国就业培训技术指导中心. 茶艺师（基础知识）［M］. 北京：中国劳动社会保障出版社，2021.

［6］朱海燕. 中国茶道·礼仪之道［M］. 北京：中国农业出版社，2019.

［7］王岳飞，徐平. 茶文化与茶健康（第2版）［M］. 北京：旅游教育出版社，2017.

［8］饶雪梅. 茶艺服务与管理（第3版）［M］. 北京：科学出版社，2021.

［9］陈文华. 中华茶文化基础知识（第2版）［M］. 北京：中国农业出版社，2004.

［10］周智修. 习茶精要详解（上册）［M］. 北京：中国农业出版社，2018.

［11］周智修. 习茶精要详解（下册）［M］. 北京：中国农业出版社，2018.

［12］周智修. 茶席美学探索：茶席创作与获奖茶席赏析［M］. 北京：中国农业出版社，2021.

［13］周国富，姚国坤. 世界茶文化大全［M］. 北京：中国农业出版社，2019.

［14］杨晓萍. 茶叶营养与功能［M］. 北京：中国轻工业出版社，2017.

［15］丁以寿. 茶艺［M］. 北京：中国农业出版社，2014.

［16］王旭烽. 茶文化通论：品饮中国［M］. 杭州：浙江大学出版社，2020.

［17］刘伟华. 且品诗文将饮茶：经典茶诗文选读［M］. 昆明：云南人民出版社，2011.

［18］朱红缨. 中国式日常生活:茶艺文化［M］. 北京：中国社会科学出版社，2013.

［19］李草木. 茶席插花：茶席花设计与插制［M］. 北京:化学工业出版社，2019.

［20］施兆鹏. 茶叶审评与检验（第4版）［M］. 北京:中国农业出版社，2010.

［21］马小玲，潘素华，周作明. 茶艺（第3版）［M］. 北京：高等教育出版社，2019.

附　录

附录1　常用茶艺服务用语（汉英对照）

一、茶叶分类

1.绿茶 green tea

（1）蒸青绿茶 steamed green tea

（2）粉末绿茶 powdered green tea

（3）银针绿茶 silver needle green tea

（4）原形绿茶 lightly rubbed green tea

（5）松卷绿茶 curled green tea

（6）剑片绿茶 sword shaped green tea

（7）条形绿茶 twisted green tea

（8）圆珠绿茶 pearled green tea

2.红茶 black tea

（1）工夫红茶 gongfu black tea

（2）红碎茶shredded black tea

3.青茶（乌龙茶） oolong tea

（1）条形乌龙 twisted oolong

（2）球形乌龙 spherical oolong

（3）炭焙乌龙 roasted oolong

（4）白毫乌龙 white tipped oolong

4.白茶 white tea

5.黑茶 dark tea

6.黄茶yellow tea

7.花茶 Jasmine tea

8.不发酵茶 non-fermented tea

9.后发酵茶 post-fermented tea

10.半发酵茶 partially fermented tea

11.全发酵茶 fully fermented tea

二、制茶术语

1.茶树 tea bush

2.采青 tea harvesting

3.茶青 tea leaves

4.萎凋 withering

（1）日光萎凋 sun withering
（2）室内萎凋 indoor withering
（3）静置 settling
（4）搅拌（浪青） tossing

5.发酵 fermentation

6.氧化 oxidation

7.杀青 fixation

（1）蒸青 steaming
（2）炒青 stir fixation
（3）烘青 baking
（4）晒青 sunning

8.揉捻 rolling

（1）轻揉 gentle rolling
（2）重揉 heavy rolling
（3）包揉 cloth rolling

9.干燥 drying

（1）炒干 pan firing
（2）烘干 baking
（3）晒干 sunning

10.渥堆 piling

11.精制 refining

（1）筛分 screening
（2）切割 cutting
（3）拔梗 de-stemming
（4）整形 shaping
（5）风选 winnowing
（6）拼配 blending
（7）紧压 compressing
（8）覆火 re-drying
（9）陈放 aging

12.加工 added process

（1）焙火 roasting
（2）熏花 scenting
（3）调味 spicing
（4）饮料茶 tea beverage

13.包装 packaging

（1）真空包装 vacuum packaging
（2）充氮包装 nitrogen packs
（3）碎形小袋茶 shredded-tea bag
（4）原片小袋茶 leave-tea bag

三、常见茶名

1.白毫乌龙 white tipped oolong

(1)东方美人 oriental beauty tea (2)膨风茶 boast tea
(3)着延茶 bitten tea (4)三色茶 motley tea

2. 玉露 jade dew

3. 煎茶 green blade

4. 黄山毛峰 Huangshan Mountain fuzz tip

5. 龙井 dragon well

6. 碧螺春 green spiral

7. 珠茶 gunpowder tea

8. 青沱 age bowl pu'er

9. 青饼 age cake pu'er

10. 熟饼 pile cake pu'er

11. 君山银针 Junshan Mountain silver needle

12. 白毫银针 white tip silver needle

13. 白牡丹 white peony

14. 寿眉 long brow

15. 武夷岩茶 Wuyi rock

16. 大红袍 robe tea

17. 肉桂 cassia tea

18. 水仙 narcissus

19. 佛手茶 finger citron

20. 铁观音 iron mercy goddess

21. 桂花乌龙 osmanthus oolong

22. 人参乌龙茶 ginseng oolong

23. 茉莉花茶 jasmine tea

24. 玫瑰绣球 rose bulb

25. 工夫红茶 gongfu black

26. 烟熏红茶 smoke black

27. 炭焙乌龙 roast oolong

28. 清香乌龙light oolong

29. 安吉白茶Anji white leaf

30. 六安瓜片 Lu' an leaf

31. 凤凰单丛 Fenghuang unique bush

四、茶具名称

1. 茶壶 tea pot

2. 壶垫 tea pad

3. 茶船 tea plate

4. 茶盅 tea pitcher

5. 盖置 lid saucer

6. 奉茶盘 tea serving tray

7. 茶杯 tea cup

8. 杯托 cup saucer

9. 杯盖 cup cover

10. 茶荷 tea holder

11. 茶巾 tea towel

12. 茶巾盘 tea towel tray

13. 茶拂 tea brush

14. 计时器 timer

15. 煮水器 water heater

16. 水壶 water kettle

17. 煮水器底座 heating base

18. 茶车 tea cart

19. 坐垫 seat cushion

20. 包壶巾 packing wrap

21. 茶具袋 tea ware bag

22. 地衣 ground pad

23. 茶托 tea ware tray

24. 同心杯 strainer cup

25. 个人茶道组 personal tea set

26. 水盂 tea basin

27. 冲泡盅 brewing vessel

28. 盖碗 covered bowl

29. 茶匙 tea spoon

30. 茶器 tea ware

31. 茶叶罐 tea canister

32. 茶具 tea set

33. 茶桌 tea table

34. 侧柜 side table

35. 茶碗 tea bowl

36. 有流茶碗 spout bowl

五、泡茶术语

1. 备具 prepare tea ware

2. 备水 prepare water

3. 温壶 warm pot

4. 备茶 prepare tea

5. 识茶 recognize tea

6. 赏茶 appreciate tea

7. 温盅 warm pitcher

8. 置茶 put in tea

9. 闻香 smell fragrance

10. 第一道茶 first infusion

11. 计时 set timer

12. 温杯 warm cups

13. 斟茶 pour tea

14. 备茶杯 prepare cups

15. 分茶 divide tea

16. 捧杯奉茶 serve tea by cups

17. 第二道茶 second infusion

18. 持盅奉茶 serve tea by cups

19. 去掉茶渣 take out brewed leaves

20. 赏叶底 appreciate leaves

21. 涮壶 rinse pot

22. 归位 return to seat

23. 清盅 rinse pitcher

24. 收杯 collect cups

25. 结束 conclude

六、茶艺服务常见用语

（一）茶艺 tea art

1.泡好一杯茶，要做到茶好、水好、火好、器好，这叫四合其美。

To prepare a good cup of tea, you need fine tea, good water, proper temperature and suitable tea wares. Each of these four elements is indispensable.

2.烧水时，一沸为“蟹眼”，二沸为“鱼眼”，三沸称为“腾波鼓浪”。

There are three stages when water is boiling: at the first stage, the bubbles look like crab eyes; at the second, the bubbles like fish eyes; finally, they look like surging waves.

3.泡茶用的开水，一般以“蟹眼已过鱼眼生”时最好。

The water boiling between the crab-eye stage and the fish-eye stage is the best for preparing tea.

4.烧水要做到活火快煎。

We should use high fire to make water boiling quickly.

5.水老（即已腾波鼓浪多时）不理想。

The water that has been boiling for a long time is not good.

6.泡茶用的水，以天然的山泉水为上。

Natural mountain spring water is best for tea.

（二）茶礼 tea etiquette

1.您好!欢迎光临!

Good morning!/Good afternoon!/Good evening! Welcome to our tea house.

2.请问需要什么帮助吗?

Can I help you?

3.请往这边走。

This way, please.

4.请问先生(小姐)喜欢坐包厢还是大厅?

Would you like a separate room or sitting in the hall?

5.靠窗的座位行吗?从这里可以看到室外的景色。

How about the seats near the window? You can see beautiful scenes outside.

6.这是我们的茶单，请随意挑选。

This is our tea menu, please make your choices.

7. 打扰了，我现在可以知道您喜欢喝哪种茶吗?

Excuse me, what kind of tea do you prefer?

8.我向您推荐有名的竹叶青茶，您看好吗?

I would recommend the famous bamboo leaf green tea to you.

9.对不起，让你们久等了，这是你们点的竹叶青茶，请品尝。

Sorry for keeping you waiting so long. Here is bamboo leaf green tea, please enjoy it.

10.客来敬茶是中国人的美德。

It’s a virtue of Chinese people to serve tea to guests.

11.第一壶茶冲泡好了，请各位慢用。

The first infusion is ready. I hope you will like it.

（三）介绍 introduction of tea

1.龙井茶以色绿、香郁、味醇、形美著称。

Longjing tea is famous for its green color, delicate aroma, mellow taste and beautiful shape.

2.龙井茶的外形特点是光、扁、平、直、色如翡翠。

The appearance of Longjing tea is characterized by smoothness, flatness, levelness, straightness and its jade-green color.

3.龙井茶和其他细嫩绿茶一般都只能冲泡2~3次。

Usually, Longjing tea and other kinds of tender green tea can be drawn for only two or three times.

4.品饮龙井茶时，先闻茶香，后观汤色和茶叶的形态，再尝茶汤滋味。

When you drink Longjing tea, it' s better to enjoy the aroma first, then appreciate the liquor color and the moving of tea leaves in the glass and finally taste the liquor.

5.冲泡绿茶时，如果使用的水温过高，会使茶叶泡熟，茶汤很快变黄。

If the water for making green tea is too hot, tea leaves will be spoiled and tea liquor will turn to dark yellow very quickly.

6.冲泡绿茶时，如果使用水的温度过低，茶汁不易浸出，还会使茶叶浮出汤面。

If the water is not hot enough, green tea will be not easy to infuse and the leaves will float on the surface of the water.

7.花茶的特点是既有茶的滋味，又有花的香气，特别为北方茶人喜爱。

Jasmine tea is characterized by tea flavor as well as the fragrance of jasmine flowers. It is popular among tea lovers in the north of China.

8.花茶以花香鲜灵持久，茶味醇厚回甘为上品。

Top-grade jasmine tea always has enduring fragrance and is unforgettable after tasting.

9.花茶是由含苞待放的鲜花与茶坯混合窨制而成。

Jasmine tea is made through scenting tea with fresh flower buds.

10.窨制花茶的茶坯以烘青绿茶为主，常见的为茉莉花茶。

Baked green tea mainly selected for jasmine tea scenting, and jasmine tea is the most popular flower-scented tea.

11.品饮花茶，主要是欣赏香味。

Enjoying jasmine tea mainly enjoys its fragrance.

12.花茶一般采用有盖瓷杯和盖碗冲泡，以利保香。

Jasmine tea is usually prepared in a covered porcelain cup or other kinds of cups with lids in order to keep its aroma.

13.饮花茶时，除闻茶汤香气外，还可闻杯盖的香气。

When enjoying jasmine tea, one can not only smell the fragrance of the tea liquor but also smell the fragrance on the lid.

14.乌龙茶属半发酵茶，有绿叶红镶边之称。

Oolong tea is a kind of semi-fermented tea. People describe it as "green leaves with the red edges".

15.乌龙茶既有绿茶的清香，又有红茶的甘醇。

Oolong tea has both the delicate fragrance of green tea and the sweetness and mellowness of black tea.

16.凤凰水仙的品质特点是条索挺直、肥大，有天然花香，且耐冲泡。

"Phoenix Narcissus" Oolong tea is characterized by its straight and plump leaves as well as natural flower aroma. The tea can endure repeated infusions.

17.冲泡乌龙茶的茶具除辅助器具外，主要有烧水壶、茶壶、茶杯和茶盅。

Besides some supplementary tea wares, the main tools used to prepare Oolong tea are water kettle, tea pot, tea cup and tea pitcher.

18.用台湾方法冲泡乌龙茶时，增加闻香杯和公道杯。

To make Oolong tea in Taiwan style, we need two more tools: a cup for smelling fragrance and a gongdao mug (or a fair mug for everybody).

19.公道杯的作用，是使乌龙茶汤的浓度、香气、色泽达到一致，公平待人。

The fair mug ensures that every guest can drink the Oolong tea with the same concentration, aroma and color. So it is fair to everybody.

20.第一泡为洗茶，不饮用。

The first infusion is for washing the tea leaves and it' s not for drinking.

21.第二泡称之为正泡。

The second infusion is called actual infusion.

22.把茶壶中的茶汤来回分别注入各个饮杯中，称之为"关公巡城"。

You pour tea into the guests tea cups one by one and this act has a nickname, that is "The fabled Lord Guan is making an inspection of the city".

23.把茶壶中最后残留的茶汤分别一一滴入杯中，称为“韩信点兵”。

You drip the leftover tea respectively into the cups drop by drop and this act is called “The fabled General Han Xin is mustering troops for inspection”.

附录2 国家职业技能标准——茶艺师

职业编码：4-03-02-07

1. 职业概况

1.1 职业名称

茶艺师

1.2 职业编码

4-03-02-07

1.3 职业定义

在茶室、茶楼等场所，展示茶水冲泡流程和技巧，以及传播品茶知识的人员。

1.4 职业技能等级

本职业共设五个等级，分别为：五级/初级工、四级/中级工、三级/高级工、二级/技师、一级/高级技师。

1.5 职业环境条件

室内，常温，无异味。

1.6 职业能力特征

具有良好的语言表达能力，一定的人际交往能力，较好的形体知觉能力与动作协调能力，较敏锐的色觉、嗅觉和味觉。

1.7 普通受教育程度

初中毕业（或相当文化程度）。

1.8 职业技能鉴定要求

1.8.1 申报条件

具备以下条件之一者，可申报五级/初级工：

（1）累计从事本职业或相关职业工作1年（含）以上。

（2）本职业或相关职业学徒期满。

具备以下条件之一者，可申报四级/中级工：

(1) 取得本职业或相关职业五级/初级工职业资格证书(技能等级证书)后，累计从事本职业工作4年(含)以上。

(2) 累计从事本职业或相关职业工作6年(含)以上。

(3) 取得技工学校本专业或相关专业毕业证书(含尚未取得毕业证书的在校应届毕业生)；或取得经评估论证、以中级技能为培养目标的中等及以上职业学校本专业或相关专业毕业证书(含尚未取得毕业证书的在校应届毕业生)。

具备以下条件之一者，可申报三级/高级工：

(1) 取得本职业或相关职业四级/中级工职业资格证书(技能等级证书)后，累计从事本职业或相关职业工作5年(含)以上。

(2) 取得本职业或相关职业四级/中级工职业资格证书(技能等级证书)，并具有高级技工学校、技师学院毕业证书(含尚未取得毕业证书的在校应届毕业生)；或取得本职业或相关职业四级/中级工职业资格证书(技能等级证书)，并具有经评估论证、以高级技能为培养目标的高等职业学校本专业或相关专业毕业证书(含尚未取得毕业证书的在校应届毕业生)。

(3) 具有大专及以上本专业或相关专业毕业证书，并取得本职业或相关职业四级/中级工职业资格证书(技能等级证书)后，累计从事本职业或相关职业工作2年(含)以上。

具备以下条件之一者，可申报二级/技师：

(1) 取得本职业或相关职业三级/高级工职业资格证书(技能等级证书)后，累计从事本职业或相关职业工作4年(含)以上。

(2) 取得本职业或相关职业三级/高级工职业资格证书(技能等级证书)的高级技工学校、技师学院毕业生，累计从事本职业或相关职业工作3年(含)以上；或取得本职业预备技师证书的技师学院毕业生，累计从事本职业或相关职业工作2年(含)以上。

具备以下条件之一者，可申报一级/高级技师：

取得本职业二级/技师职业资格证书(技能等级证书)后，累计从事本职业或相关职业工作4年(含)以上。

1.8.2 鉴定方式

分为理论知识考试、技能考核以及综合评审。理论知识考试以笔试、机考等方式为主，主要考核从业人员从事本职业应掌握的基本要求和相关知识要求；技能考核主要采用现场操作、模拟操作等方式进行，主要考核从业人员从事本职业应具备的技能水平；综合评审主要针对技师和高级技师，通常采取审阅申报材料、答辩等方式进行全面评议和审查。

理论知识考试、技能考核和综合评审均实行百分制，成绩皆达60分(含)以上者为合格。

1.8.3 监考人员、考评人员与考生配比

理论知识中的考试监考人员与考生配比不低于1:15，且每个考场不少于2名监考人

员；技能考核中的考评人员与考生配比为1:3，且考评人员为3人以上单数；综合评审委员为3人以上单数。

1.8.4 鉴定时间

理论知识考试时间为90 min；技能考核时间：五级/初级工、四级/中级工、三级/高级工不少于20 min，二级/技师、一级/高级技师不少于30 min；综合评审时间不少于20 min。

1.8.5 鉴定场所设备

理论知识考试在标准教室内进行；技能考核在具备品茗台且采光及通风条件良好的品茗室或教室、会议室进行，室内应有泡茶（饮茶）主要用具、茶叶、音响、投影仪等相关辅助用品。

2. 基本要求

2.1 职业道德

2.1.1 职业道德基本知识

2.1.2 职业守则

（1）热爱专业，忠于职守。

（2）遵纪守法，文明经营。

（3）礼貌待客，热情服务。

（4）真诚守信，一丝不苟。

（5）钻研业务，精益求精。

2.2 基础知识

2.2.1 茶文化基本知识

（1）中国茶的源流。

（2）饮茶方法的演变。

（3）中国茶文化精神。

（4）中国饮茶风俗。

（5）茶与非物质文化遗产。

（6）茶的外传及影响。

（7）外国饮茶风俗。

2.2.2 茶叶知识

（1）茶树基本知识。

（2）茶叶种类。

（3）茶叶加工工艺及特点。

（4）中国名茶及其产地。

（5）茶叶品质鉴别知识。

（6）茶叶储存方法。
（7）茶叶产销概况。
2.2.3 茶具知识
（1）茶具的历史演变。
（2）茶具的种类及产地。
（3）瓷器茶具的特色。
（4）陶器茶具的特色。
（5）其他茶具的特色
2.2.4 品茗用水知识
（1）品茗与用水的关系。
（2）品茗用水的分类。
（3）品茗用水的选择方法。
2.2.5 茶艺基本知识
（1）品饮要义。
（2）冲泡技巧。
（3）茶点选配。
2.2.6 茶与健康及科学饮茶
（1）茶叶主要成分。
（2）茶与健康的关系。
（3）科学饮茶常识。
2.2.7 食品与茶叶营养卫生
（1）食品与茶叶卫生基础知识
（2）饮食业食品卫生制度。
2.2.8 劳动安全基本知识
（1）安全生产知识。
（2）安全防护知识。
（3）安全事故申报知识。
2.2.9 法律法规知识
（1）《中华人民共和国劳动法》的相关知识。
（2）《中华人民共和国劳动合同法》的相关知识。
（3）《中华人民共和国食品卫生法》的相关知识。
（4）《中华人民共和国消费者权益保障法》的相关知识。
（5）《公共场所卫生管理条例》的相关知识。

3. 工作要求

本标准对五级/初级工、四级/中级工、三级/高级工、二级/技师、一级/高级技师的技能要求和相关知识要求依次递进，高级别涵盖低级别。

3.1 五级/初级工

职业功能	工作内容	技能要求	相关知识要求
1.接待准备	1.1 仪表准备	1.1.1 能按照茶事服务礼仪要求进行着装、佩戴饰物 1.1.2 能按照茶事服务礼仪要求修饰面部、手部 1.1.3 能按照茶事服务礼仪要求修整发型、选择头饰 1.1.4 能按照茶事服务礼仪规范的要求进行站姿、坐姿、走姿、蹲姿 1.1.5 能使用普通话与敬语迎宾	1.1.1 茶艺人员服饰、佩饰基础知识 1.1.2 茶艺人员容貌修饰、手部护理常识 1.1.3 茶艺人员发型、头饰常识 1.1.4 茶事服务形体礼仪基本知识 1.1.5 普通话、迎宾敬语基本知识
	1.2 茶室准备	1.2 1 能清洁茶室环境卫生 1.2.2 能清洗消毒茶具 1.2.3 能配合调控茶室内的灯光、音响等设备 1.2.4 能操作消防灭火器进行火灾扑救 1.2.5 能佩戴防毒面具并指导宾客使用	1.2.1 茶室工作人员岗位职责和服务流程 1.2.2 茶室环境卫生要求知识 1.2.3 茶具用品消毒洗涤方法 1.2.4 灯光、音响设备使用方法 1.2.5 消防灭火器的操作方法 1.2.6 防毒面具使用方法
2.茶艺服务	2.1 冲泡备器	2.1.1 能根据茶叶基本特征区分六大茶类 2.1.2能根据茶单选取茶叶 2.1.3能根据茶叶选用冲泡器具 2.1.4能选择和使用备水、烧水器具	2.1.1茶叶分类、品种、名称、基本特征基础知识 2.1.2 茶单基本知识 2.1.3 泡茶器具的种类和使用方法 2.1.4 安全用电常识和备水、烧水器具的使用规程
	2.2 冲泡演示	2.2.1 能根据不同茶类确定投茶量和水量比例 2.2.2 能根据茶叶类型选择适宜的水温泡茶，并确定浸泡时间 2.2.3 能使用玻璃杯、盖碗、紫砂壶冲泡茶叶 2.2.4 能介绍所泡茶叶的品饮方法	2.2.1 不同茶类投茶量和水量要求及注意事项 2.2.2 不同茶类冲泡水温、浸泡时间要求及注意事项 2.2 3 玻璃杯、盖碗、紫砂壶使用要求与技巧 2.2.4 茶叶品饮基本知识
3.茶间服务	3.1 茶饮推介	3.1.1 能运用交谈礼仪与宾客沟通，有效了解宾客需求 3.1.2 能根据茶叶特性推荐茶饮 3.1.3 能根据不同季节特点推荐茶饮	3.1.1 交谈礼仪规范及沟通艺术，了解宾客消费习惯 3.1.2 茶叶成分与特性基本知识 3.1.3 不同季节饮茶特点
	3.2 商品销售	3.2.1 能办理宾客消费的结账、记账 3.2 2 能向宾客销售茶叶 3.2.3 能向宾客销售普通茶具 3.2.4 能完成茶叶、茶具的包装 3.2.5 能承担售后服务	3.2.1 结账、记账基本的程序和知识 3.2.2 茶叶销售基本知识 3.2.3 茶具销售基本知识 3.2.4 茶叶、茶具包装知识 3.2.5 售后服务知识

3.2 四级/中级工

职业功能	工作内容	技能要求	相关知识要求
1.接待准备	1.1 礼仪接待	1.1.1 能按照茶事服务要求导位、迎宾 1.1.2 能根据不同地区的宾客特点进行礼仪接待 1.1.3 能根据不同民族的风俗进行礼仪接待 1.1.4 能根据不同宗教信仰进行礼仪接待 1.1.5 能根据宾客的性别、年龄特点进行针对性的接待服务	1.1.1 接待礼仪与技巧基本知识 1.1.2 不同地区宾客服务的基本知识 1.1.3 不同民族宾客服务的基本知识 1.1.4 不同宗教信仰宾客服务的基本知识 1.1.5 不同性别、年龄特点宾客服务的基本知识
	1.2 茶室布置	1.2.1 能根据茶室特点，合理摆放器物 1.2.2 能合理摆放茶室装饰物品 1.2.3 能合理陈列茶室商品 1.2.4 能根据宾客要求，针对性地调配茶叶、器物	1.2.1 茶空间布置基本知识 1.2.2 器物配放基本知识 1.2.3 茶具与茶叶的搭配知识 1.2.4 商品陈列原则与方法
2.茶艺服务	2.1 茶艺布置	2.1.1 能识别六大茶类中的中国主要名茶 2.1.2 能识别新茶、陈茶 2.1.3 能根据茶样初步区分茶叶品质和等级高低 2.1.4 能鉴别常用陶瓷、紫砂、玻璃茶具的品质 2.1.5 能根据茶艺馆需要布置茶艺工作台	2.1.1 中国主要名茶知识 2.1.2 新茶、陈茶的特点与识别方法 2.1.3 茶叶品质和等级的判定方法 2.1.4 常用茶具质量的识别方法 2.1.5 茶艺冲泡台的布置方法
	2.2 茶艺演示	2.2.1 能根据茶艺要素的要求冲泡六大茶类 2.2.2 能根据不同茶叶选择泡茶用水 2.2.3 能制作调饮红茶方法 2.2.4 能展示生活茶艺	2.2.1 茶艺冲泡的要素 2.2.2 泡茶用水水质要求 2.2.3 调饮红茶的制作 2.2.4 不同类型的生活茶艺知识
3.茶间服务	3.1 茶品推介	3.1.1 能根据茶叶，合理搭配茶点并予推介 3.1.2 能根据季节搭配茶点并予推介 3.1.3 能根据茶叶的内含成分及对人体健康作用来推介相应茶叶 3.1.4 能向宾客介绍不同水质对茶汤的影响 3.1.5 能根据所泡茶品解答相关问题	3.1.1 茶点与各茶类搭配知识 3.1.2 不同季节茶点搭配方法 3.1.3 科学饮茶与人体健康基本知识 3.1.4 中国名茶、名泉知识 3.1.5 解答宾客咨询茶品的相关知识及方法
	3.2 商品销售	3.2.1 能根据茶叶特点科学地保存茶叶 3.2.2 能销售名优茶和特殊茶品 3.2.3 能够销售名家茶器、定制（柴烧、手绘）茶具 3.2.4 能够根据宾客需要选配家庭茶室用品 3.2.5 能向茶室、茶庄等经营场所选配销售茶商品	3.2 1 茶叶储藏保管知识 3.2.2 名优茶、特殊茶品销售基本知识 3.2.3 名家茶器、柴烧、手绘茶具源流及特点 3.2.4 家庭茶室用品选配基本要求 3.2.5 茶商品调配知识

3.3 三级/高级工

职业功能	工作内容	技能要求	相关知识要求
1.接待准备	1.1 礼仪接待	1.1.1 能根据不同国家的礼仪接待外宾 1.1.2 能使用英语与外宾进行简单问候与沟通 1.1.3 能按照服务接待要求接待特殊宾客	1.1.1 涉外礼仪的基本要求及各国礼仪与禁忌 1.1.2 礼仪接待英语基本知识 1.1.3 特殊宾客服务接待知识
	1.2 茶事准备	1.2.1 能鉴别茶叶品质高低 1.2.2 能鉴别高山茶、台地茶 1.2.3 能识别常用瓷器茶具的款式及质量 1.2.4 能识别常用陶器茶具的款式及质量	1.2.1 茶叶品评的方法及质量鉴别 1.2.2 高山茶与台地茶鉴别方法 1.2.3 瓷器茶具的款式及特点 1.2.4 陶器茶具的款式及特点
2.茶艺服务	2.1 茶席设计	2.1.1 能根据不同题材，设计不同主题的茶席 2.1.2 能根据不同的茶品、茶具组合、铺垫物品等，进行茶席设计 2.1.3 能根据少数民族的茶俗设计不同的茶席 2.1.4 能根据茶席设计需要进行茶器搭配 2.1.5 能根据茶席设计主题配置相关的其他器物	2.1.1 茶席基本原理知识 2.1.2 茶席设计类型知识 2.1.3 茶席设计技巧知识 2.1.4 少数民族茶俗与茶席设计知识 2.1.5 茶席其他器物选配基本知识
	2.2 茶艺演示	2.2.1 能按照不同茶艺演示要求布置演示台，选择和配置适当的插花、熏香、茶挂 2.2.2 能根据茶艺演示的主题选择相应的服饰 2.2.3 能根据茶艺演示的主题选择合适的音乐 2.2.4 能根据茶席设计的主题确定茶艺演示内容 2.2.5 能演示3种以上各地风味茶艺或少数民族茶艺 2.2.6 能组织、演示茶艺并介绍其文化内涵	2.2.1 茶艺演示台布置及茶艺插花、薰香、茶挂基本知识 2.2.2 茶艺演示与服饰相关知识 2.2.3 茶艺演示与音乐相关知识 2.2.4 茶席设计主题与茶艺演示运用知识 2.2 5 各地风味茶饮和少数民族茶饮基本知识 2.2.6 茶艺演示组织与文化内涵阐述相关知识
3.茶间服务	3.1 茶事推介	3.1.1 能够根据宾客需求介绍有关茶叶的传说、典故 3.1.2 能使用评茶的专业术语，向宾客通俗介绍茶叶的色、香、味、形 3.1.3 能向宾客介绍选购紫砂茶具的技巧 3.1.4 能向宾客介绍选购瓷器茶具的技巧 3.1.5 能向宾客介绍不同茶具的养护知识	3.1.1 茶叶的传说、典故 3.1.2 茶叶感观审评基本知识及专业术语 3.1.3 紫砂茶具的选购知识 3.1.4 瓷器茶具的选购知识 3.1.5 不同茶具的特点及养护知识
	3.2 营销服务	3.2.1 能根据市场需求调配茶叶、茶具营销模式 3.2.2 能根据季节变化、节假日特点等制定茶艺馆消费品配备计划 3.2.3 能按照茶艺馆要求，初步设计和具体实施茶事展销活动	3.2 1 茶艺馆营销基本知识 3.2.2 茶艺馆消费品调配相关知识 3.2 3 茶事展示活动常识

3.4 二级/技师

职业功能	工作内容	技能要求	相关知识要求
1.茶艺馆创意	1.1 茶艺馆规划	1.1.1 能提出茶艺馆选址的建议 1.1.2 能提出不同特色茶艺馆的定位建议 1.1.3 能根据茶艺馆的定位提出整体布局的建议	1.1.1 茶艺馆选址基本知识 1.1.2 茶艺馆定位基本知识 1.1.3 茶艺馆整体布局基本知识
	1.2 茶艺馆布置	1.2.1 能根据茶艺馆的布局，分割与布置不同的区域 1.2.2 能根据茶艺馆的风格，布置陈列柜和服务台 1.2.3 能根据茶艺馆的主题设计，布置不同风格的品茗区	1.2.1 茶艺馆不同区域分割与布置原则 1.2.2 茶艺馆陈列柜和服务台布置常识 1.2.3 品茗区风格营造基本知识
2.茶事活动	2.1 茶艺演示	2.1.1 能进行仿古(仿唐、仿宋或明清)茶艺演示，并能担任主泡 2.1.2 能进行日本茶道演示 2.1.3 能进行韩国茶礼演示 2.1.4 能进行英式下午茶演示 2.1.5 能用一门外语进行茶艺解说	2.1.1 仿古茶艺展演基本知识 2.1.2 日本茶道基本知识 2.1.3 韩国茶礼基本知识 2.1.4 英式下午茶基本知识 2.1.5 茶艺专用外语知识
	2.2 茶会组织	2.2.1 能策划中、小型茶会 2.2.2 能设计茶会活动的可实施方案 2.2.3 能根据茶会的类型进行茶会组织 2.2.4 能主持各类茶会	2.2.1 茶会类型知识 2.2.2 茶会设计基本知识 2.2.3 茶会组织与流程知识 2.2.4 主持茶会基本技巧
3.业务管理（茶事管理）	3.1 服务管理	3.1.1 能制订茶艺流程及服务规范 3.1.2 能指导低级别茶艺服务人员 3.1.3 能对茶艺师的服务工作检查指导 3.1.4 能制订茶艺馆服务管理方案并实施 3.1.5 能提出并策划茶艺演示活动的可实施方案 3.1.6 能对茶艺馆的茶叶、茶具进行质量检查 3.1.7 能对茶艺馆的安全进行检查与改进 3.1.8 能处理宾客诉求	3.1.1 茶艺馆服务流程与管理知识 3.1.2 茶艺人员培训知识 3.1.3 茶艺馆各岗位职责 3.1.4 茶艺馆庆典、促销活动设计知识 3.1.5 茶艺表演活动方案撰写方法 3.1.6 茶叶、茶具质量检查流程与知识 3.1.7 茶艺馆安全检查与改进要求 3.1.8 宾客投诉处理原则及技巧常识
	3.2 茶艺培训	3.2.1 能制订与实施茶艺人员的培训计划 3.2.2 能对茶艺人员进行培训教学组织 3.2.3 能组建茶艺演示队伍 3.2.4 能训练茶艺演示队伍	3.2.1 茶艺培训计划的编制方法 3.2.2 茶艺培训教学组织要求与技巧 3.2.3 茶艺演示队伍组建知识 3.2.4 茶艺演示队伍常规训练安排知识

3.5 一级/高级技师

职业功能	工作内容	技能要求	相关知识要求
1.茶饮服务	1.1 品评服务	1.1.1 能根据宾客需求提供不同茶饮 1.1.2 能对传统茶饮进行创新和设计 1.1.3 能审评茶叶的质量优次和等级	1.1.1 不同类型茶饮基本知识 1.1.2 茶饮创新基本原理 1.1.3 茶叶审评知识的综合运用
	1.2 茶健康服务	1.2.1 能根据宾客的需求向宾客介绍茶健康知识 1.2.2 能配置适合宾客健康状况的茶饮 1.2.3 能根据宾客健康状况，提出茶预防、养生、调理的建议	1.2.1 茶健康基础知识 1.2.2 保健茶饮配置知识 1.2.3 茶预防、养生、调理基本知识
2.茶事创作	2.1 茶艺编创	2.1.1 能根据需要编创不同类型、不同主题的茶艺演示 2.1.2 能根据茶叶营销需要编创茶艺演示 2.1.3 能根据茶艺演示的需要进行舞台美学及服饰搭配 2.1.4 能用文字阐释编创的茶艺的文化内涵，并能进行解说	2.1.1 茶艺演示编创知识 2.1.2 不同类型茶叶营销活动与茶艺结合的原则 2.1.3 茶艺美学知识与实际运用 2.1.4 茶艺编创写作与茶艺解说知识
	2.2 茶会创新	2.2.1 能设计、创作不同类型的茶会 2.2.2 能组织各种大型茶会 2.2.3 能组织各国不同风格的茶会 2.2.4 能根据宾客需要介绍各国茶会的特色与内涵	2.21 茶会的不同类型与创意设计知识 2.2.2 大型茶会创意设计基本知识 2.2.3 茶会组织与执行知识 2.2.4 各国不同风格茶会知识
3.业务管理（茶事管理）	3.1 经营管理	3.1.1 能制订并实施茶艺馆经营管理计划 3.1.2 能制订并落实茶艺馆营销计划 3.1.3 能进行成本核算，对茶饮与商品定价 3.1.4 能拓展茶艺馆茶点、茶宴业务 3.1.5 能创意策划茶艺馆的文创产品 3.1.6 能策划与茶艺馆衔接的其他茶事活动	3.1.1 茶艺馆经营管理知识 3.1.2 茶艺馆营销基本法则 3.1.3 茶艺馆成本核算知识 3.1.4 茶点、茶宴知识 3.1.5 文创产品基本知识 3.1.6 茶文化旅游基本知识
	3.2 人员培训	3.2.1 能完成茶艺培训工作并编写培训讲义 3.2.2 能对技师进行指导 3.2.3 能策划组织茶艺馆全员培训 3.2.4 能撰写茶艺馆培训情况分析与总结报告 3.2.5 能撰写茶业调研报告与专题论文	3.2.1 茶艺培训讲义编写要求知识 3.2.2 技师指导基本知识 3.2.3 茶艺馆全员培训知识 3.2 4 茶艺馆培训情况分析与总结写作知识 3.2.5 茶业调研报告与专题论文写作知识

4.权重表

4.1 理论知识权重表

项目	技能等级	五级/初级工（%）	四级/中级工（%）	三级/高级工（%）	二级/技师（%）	一级/高级技师（%）
基本要求	职业道德	5	5	5	3	3
	基础知识	45	35	25	22	12
相关知识要求	接待准备	15	15	15	–	–
	茶艺服务	25	30	40	–	–
	茶间服务	10	15	15	–	–
	茶艺馆创意	–	–	–	20	–
相关知识要求	茶饮服务	–	–	–	–	20
	茶事活动	–	–	–	35	–
	茶事创作	–	–	–	–	40
	业务管理(茶事管理)	–	–	–	20	25
合计		100	100	100	100	100

4.2 技能要求权重表

项目	技能等级	五级/初级工（%）	四级/中级工（%）	三级/高级工（%）	二级/技师（%）	一级/高级技师（%）
技能要求	接待准备	15	15	20	–	–
	茶艺服务	70	70	65	–	–
	茶间服务	15	15	15	–	–
	茶艺馆创意	–	–	–	20	–
	茶饮服务	–	–	–	–	20
	茶事活动	–	–	–	50	–
	茶事创作	–	–	–	–	45
	业务管理(茶事管理)	–	–	–	30	35
合计		100	100	100	100	100

附录3　茶艺职业技能竞赛技术规程

1.范围

本标准规定了茶艺职业技能竞赛的术语和定义、竞赛形式、命题依据、竞赛项目、技能操作评分规定、名次排定。

本标准适用于以茶艺为考察对象的技能竞赛。

2.规范性引用文件

下列文件对于本文件的应用是必不可少的。凡是注日期的引用文件，仅注日期的版本适用于本文件。凡是不注日期的引用文件，其最新版本（包括所有的修改单）适用于本文件。

GB/T 5749　生活饮用水卫生标准

GZB 4-03-02-07　茶艺师

3.术语和定义

下列术语和定义适用于本文件。

3.1

茶艺 tea ceremony

呈现泡茶、品茶过程美好意境，体现形式和精神相融合的综合技艺和学问。

3.2

茶艺职业技能竞赛 occupational skills competition of tea ceremony

依据国家职业技能标准，以茶艺理论知识和茶艺中的茶席设计、茶艺演示、茶汤呈现等作为比赛项目的竞赛活动。

3.3

茶席 tea mat

以茶、茶器等要素构成，用于泡茶、饮茶并表达人的思想与情感，传递茶道之美和茶道精神的一种空间艺术。

3.4

茶艺演示 demonstration of tea ceremony

参赛者在茶席空间内以泡好一杯茶、展示茶道之美和茶道精神为目的，动态的呈现茶艺的过程。

3.5

规定茶艺 required tea ceremony

比赛时，统一茶样、统一器具与茶席的茶艺。

3.6

自创茶艺 self-created tea ceremony

参赛者自定主题、布设茶席，并将解说、沏泡、奉茶等融为一体的茶艺。

3.7

茶汤质量比拼 quality competition of tea infusion

以冲泡一杯高质量的茶汤为目的，考量参赛者冲泡茶汤的水平、对茶叶品质的表达能力以及接待礼仪水平的一种茶艺比赛形式。

4.竞赛形式

4.1 个人赛

分理论和技能操作两部分。

4.2 团体赛

分理论和技能操作两部分。

4.3 茶席设计赛

茶席作为独立的作品参赛。

5.命题依据

应符合《GZB 4-03-02-07　茶艺师》国家职业技能标准的规定。

6.竞赛项目

6.1 个人赛

6.1.1 理论考试

理论考试成绩占竞赛总成绩的20%，采取闭卷考形式，一人一桌，考试时间为120分钟，满分为100分，60分为合格。

6.1.2 个人赛技能操作

6.1.2.1 技能类型及成绩占比

技能操作成绩占竞赛总成绩的80%，包括规定茶艺、自创茶艺、茶汤质量比拼三项。其中规定茶艺占操作成绩的30%、自创茶艺占操作成绩的30%、茶汤质量比拼占操作成绩的40%。以展示规范的操作方式、艺术地表现茶的冲泡过程、强调技能的发挥、呈现茶的最佳品质为目的。参赛者若使用背景音乐，统一使用电子媒介播放，现场不设伴奏。要求个人在现场独立地完成包括演示、讲解等操作，不设副泡。

6.1.2.2 规定茶艺

6.1.2.2.1 本项目指定绿茶玻璃杯泡法、红茶盖碗泡法、乌龙茶紫砂壶双杯泡法3套基础茶艺，所使用设备及器具清单参见附录A表A.1。

6.1.2.2.2 从组委会提供的绿茶、红茶、乌龙茶三种茶样抽取一种进行冲泡，时间为6分钟~10分钟。

6.1.2.2.3 绿茶规定茶艺竞技步骤：备具—端盘上场—布具—温杯—置茶—浸润泡—摇香—冲泡—奉茶—收具—端盘退场；

6.1.2.2.4 红茶规定茶艺竞技步骤：备具—端盘上场—布具—温盖碗—置茶—冲泡—温盅及品茗杯—分茶—奉茶—收具—端盘退场；

6.1.2.2.5 乌龙茶规定茶艺竞技步骤：备具—端盘上场—布具—温壶一置茶—冲泡—温品茗杯及闻香杯—分茶—奉茶—收具—端盘退场。

6.1.2.2.6 参赛者抽签确定茶样后，提前15分钟时间熟悉茶样。赛前5分钟自行备具、备水（不计入比赛时间内），演示过程不需要解说。

6.1.2.3 自创茶艺

题材、所用茶叶种类不限，但必须含有茶叶，比赛时间为8~15分钟。

6.1.2.4 茶汤质量比拼

6.1.2.4.1 比赛所用的茶样质量等级相当，为绿茶、白茶、乌龙茶、红茶、黄茶、黑茶。比赛时间为10~15分钟所使用的设备及器具清单参见附录B表B.1。

6.1.2.4.2 参赛者抽签确定茶样后，提前15分钟时间熟悉茶样，再从组委会提供的茶具中选择与所泡茶相匹配的茶具，布置茶席后进行冲泡，冲泡三次，服装以简洁为主，不需要设置主题、背景音乐和解说词，但应与裁判有适当的语言交流。

6.2 团体赛

6.2.1 理论考试

同本标准6.1.1，且年龄18岁以下及60岁以上参赛者可以免考理论。

6.2.2 团体赛技能操作

技能操作成绩占竞赛总成绩的80%。团体赛技能操作只设团体自创茶艺项目，即以小组团队（2~6人）展示茶艺，包括设定主题、茶席，并将解说、沏泡、奉茶等融为一体，现场团队合作完成。可以设主泡、副泡、讲解等，若使用背景音乐，用电子媒介插放，也可以现场伴奏。比赛时间为8~15分钟。

6.3 茶席设计赛

强调主题与艺术呈现的原创性、主题的突出与情感的表达、实用性和艺术性的统一，考量茶席的主题和创意、器具配置、色彩搭配、文案表达、背景等。

7.技能操作评分规定

7.1 个人赛技能操作评比项目、分值及要求

7.1.1 规定茶艺

7.1.1.1 成绩占比及考核内容

总分100分，占个人赛操作技能总分的30%，评分符合附录C表C.1的规定，重点考量参赛者的茶艺基本功，包括礼仪、仪表仪容、茶席布置、茶艺演示、茶汤质量等方面。

7.1.1.2 礼仪、仪表仪容（15分）

礼仪规范、仪表自然端庄，发型服饰适当，泡茶与奉茶姿态自然优雅 。

7.1.1.3 茶席布置（10分）

选择器具合理，席面空间布置合理、美观，色彩协调，突出实用性，符合人体工学。

7.1.1.4 茶艺演示（35分）

动作大气、自然、稳重，程序设计科学合理，全过程流畅。

7.1.1.5 茶汤质量（35分）

充分表达茶的色、香、味等特性，茶汤适量，温度适宜。

7.1.1.6 时间（5分）

6~10分钟。

7.1.2 自创茶艺

7.1.2.1 成绩占比及考核内容

总分100分，占个人赛操作技能总分的30%，评分符合附录D表D.1的规定。自创茶艺项目从作品的原创性、礼仪、仪表仪容、茶艺演示、茶汤质量，文本及解说等方面，全面考量参赛者的茶艺技能。

7.1.2.2 创意（25分）

立意新颖，要求原创。茶席设计有创意，形式新颖，意境高雅、深远、优美，与主题相符并突出主题。

7.1.2.3 礼仪、仪表仪容（5分）

妆容、服饰与主题契合。站姿、坐姿、行姿端庄大方，礼仪规范。

7.1.2.4 茶艺演示（30分）

编创科学合理，行茶动作自然，具有艺术美感。

7.1.2.5 茶汤质量（30分）

充分表达茶的色、香、味等特性，茶汤适量，温度适宜。

7.1.2.6 文本及解说（5分）

内容阐释突出主题，能引导和启发观众对茶艺的理解，给人以美的享受。文本富有创意，文字优美精练，讲解清晰。

7.1.2.7 时间（5分）

8~15分钟。

7.1.3 茶汤质量比拼

7.1.3.1 成绩占比及考核内容

总分100分，占个人赛操作技能总分的40%，评分符合附录E表E.1的规定。茶汤质量比拼从茶汤质量、礼仪、仪容、神态、说茶及冲泡过程等方面对参赛者进行考量。

7.1.3.2 茶汤质量（60分）

每个茶泡三道茶汤，要求每一泡茶汤适量，充分表现所泡茶叶的色、香、味等特性。汤色深浅适度；汤香高，滋味浓淡适宜，茶叶品质特色凸显。三泡茶汤均衡度、层次感好，温度适宜。

7.1.3.3 礼仪、仪容、神态（5分）

仪容、神态自然端庄，站姿、坐姿、行姿大方，礼仪规范。

7.1.3.4 说茶（10分）

表达清晰，色、香、味品质特征描述准确，亲和力、感染力强。

7.1.3.5 冲泡过程（20分）

茶具准备有序，茶席布置合理；冲泡程序契合茶理，动作自然，冲泡过程完整、流畅；收具有序、干净。

7.1.3.6 时间（5分）

10~15分钟。

7.2 团体赛技能操作评比项目、分值及要求

7.2.1 成绩占比及考核内容

团体赛技能操作竞赛总分100分，评分符合附录下表E.1的规定。

7.2.2 创意（25分）

立意新颖，要求原创；茶席设计有创意；形式新颖；意境高雅、深远、优美。

7.2.3 礼仪、仪表仪容（5分）

妆容、服饰与茶艺主题契合，站姿、坐姿、行姿端庄大方，礼仪规范。

7.2.4 茶艺演示（30分）

编排科学合理，行茶动作自然，具有艺术美感。团队成员分工合理，协调默契，体现团体律动之美。

7.2.5 茶汤质量（30分）

要求充分表达茶的色、香、味等特性，茶汤适量，温度适宜。

7.2.6 文本及解说（5分）

内容阐释突出主题、文字优美精练，讲解清晰，能引导和启发观众对茶艺的理解，给人以美的享受。

7.2.7 时间（5分）

8~15分钟。

7.3 茶席设计赛评比项目、分值及要求

7.3.1 成绩占比及考核内容

茶席设计竞赛总分100分，评分符合附录G表G.1的规定。茶席设计强调主题与艺术呈现的原创性、主题的突出与情感的表达、实用性和艺术性的统一；考量者对相关素材的选择和布局技巧、对茶艺的理解及审美水平。

7.3.2 主题和创意（35分）

要求主题明确，构思巧妙，富有内涵，个性鲜明；原创性、艺术性强。原创，指作者首创，内容和形式都具有独特个性的成果。

7.3.3 器具配置（30分）

茶具组合符合茶席主题，质地、样式选择符合茶类要求，器物配合协调、合理、巧妙、实用。

7.3.4 色彩搭配（15分）

配色新颖、美观、协调、合理，有整体感

7.3.5 背景及其他（10分）

若设背景、插花、挂画和相关工艺品等，应搭配合理，整体感强。

7.3.6 文本表达（10分）

针对主题、选茶、配器等进行准确、简洁的介绍，要求文辞优美，并有深度地揭示主题、设计思路与理念。茶席中可用主题牌，也可用其他文案设计。

8.名次排定

8.1 个人赛名次排定

竞赛总成绩由理论考试、规定茶艺、自创茶艺、茶汤质量比拼四部分的加权成绩组成，合计100分。计算方式：总分=理论×20%+技能操作（规定茶艺×30%+自创茶艺×30%+茶汤质量比拼×40%）×80%。从高分到低分排名，在总成绩相同的情况下，技能成绩较高者排名在前；在成绩依然相同的情况下，以茶汤质量比拼成绩较高者排名在前；在成绩依然相同的情况下，以茶汤质量比拼中的茶汤质量单项成绩较高者排名在前。

8.2 团体赛名次排定

总成绩由理论考试、自创茶艺两部分加权成绩组成，合计100分。计算方式：总分=理论×20%+自创茶艺×80%。从高分到低分排名，在总成绩相同的情况下，以自创茶艺成绩较高者排名在前；在成绩依然相同的情况下，以自创茶艺中的茶汤质量单项成绩较高者排名在前。

8.3 茶席设计赛名次排定

从高分到低分排名，在总成绩相同的情况下，以“主题和创意”单项成绩较高者排名在前。

附录4　资料性附录

表1　规定茶艺使用设备及器具清单

种类	设备名称	规格型号	每组数量
茶艺桌、凳	茶艺桌	长：1200 mm，宽：600 mm，高：650 mm	1
	茶艺凳	长：400 mm，宽：300 mm，高：400 mm	1
绿茶	盛放茶具：茶盘	长：500 mm，宽：300 mm	1
	盛水用具：玻璃壶	容量：1 200 mL	1
	泡茶用具：绿茶玻璃杯	高：85 mm，口径：70 mm，容量：200 mL	3
	泡茶用具：玫璃杯垫	直径：120 mm	3
	盛水用具：玻璃水盂	容量：600 mL	1
	盛茶用具：竹茶荷	长：145 mm，宽：55 mm	1
	盛茶用具：茶叶罐	直径：80 mm，高：160 mm	1
	拨茶用具：茶匙	长：165 mm	1
	辅助用具：茶巾	长：300 mm，宽：300 mm	1
	备选用具：奉茶	长：300 mm，宽：200 mm	1
乌龙茶	盛放茶具：双层茶盘	长：500 mm，宽：300 mm	1
	盛放茶具：奉茶盘	长：300 mm，宽：200 mm	1
	泡茶用具：紫砂壶	容量：110 mL	1
	品茶用具：紫砂闻香杯	容量：25 mL	5
	品茶用具：紫砂品茗杯	容量：25 mL	5
	泡茶用具：紫砂杯垫	长：105 mm，宽：55 mm	5
	煮水用具：随手泡	容量：1 000 mL	1
	盛茶用具：白瓷茶荷	长：100 mm，宽：80 mm	1
	盛茶用具：茶叶罐	直径：75 mm，高：90 mm	1
	辅助用具	茶道组	1
	辅助用具：茶巾	长：300 mm，宽：300 mm	1
红茶	盛放茶具：茶盘	长：500 mm，宽：300 mm	1
	泡茶用具：白瓷盖碗	容量：150 mL	1
	品茶用具：白瓷品茗杯	直径：65 mm，高：45 mm容量：70 mL	3
	泡茶用具：杯垫	长：75 mm，宽：75 mm	3
	盛汤茶具：白瓷茶海	容量：220 mL	1

续表

种类	设备名称	规格型号	每组数量
红茶	盛水用具：瓷壶	容量：600 mL	1
	盛茶用具：白瓷茶荷	长：100 mm，宽：80 mm	1
	盛水用具：瓷水盂	容量：500 mL	1
	盛茶用具：茶叶罐	直径：75 mm，高：110 mm	1
	拨茶用具：茶匙	长：170 mm	1
	辅助用具：茶匙架	长：40 mm	1
	辅助用具：茶巾	长：300 mm，宽：300 mm	1
	备选用具：奉茶盘	长：300 mm，宽：200 mm	1

表2　茶汤质量比拼使用设备及器具清单

种类	设备名称	规格型号
茶艺桌、凳	茶艺桌	长：1 800 mm，宽：900 mm，高：650 mm
	茶艺凳	长：400 mm，宽：300 mm，高：400 mm
泡茶用具	白瓷壶	容量：140 mL、160 mL、200 mL
	玻璃壶	容量：140 mL、160 mL、200 mL
	紫砂壶	容量：110 mL、130 mL、160 mL
	白瓷盖碗	容量：140 mL、160 mL、180 mL
	玻璃盖碗	容量：140 mL、160 mL、180 mL
盛汤用具	白瓷茶海	容量：200 mL、250 mL、300 mL
	玻璃茶海	容量：200 mL、250 mL、300 mL
	紫砂茶海	容量：200 mL、250 mL、300 mL
品茶用具	白瓷品茗杯	容量：25 mL、30 mL、50 mL、70 mL
	玻璃品茗杯	容量：25 mL、30 mL、50 mL、70 mL
	紫砂品茗杯	容量：25 mL、30 mL
	紫砂闻香杯	容量：25 mL、30 mL
盛茶用具	茶叶罐	直径：75 mm，高：110 mm
	茶荷	长：100 mm，宽：80 mm
盛水用具	水盂	容量：500 mL
过滤用具	茶滤	直径：65 mm
煮水用具	随手泡	容量：1200 mL
辅助用具	茶道组	茶匙、茶则、茶针、茶漏、茶夹、茶匙筒
	茶巾（白色、茶色）	长：300 mm，宽：300 mm
	茶匙架	长：40 mm
	盖置	高：40 mm
	杯垫	圆形和方形（尺寸不限）

续表

种类	设备名称	规格型号
辅助用具	壶承	圆形和方形（尺寸不限）
	茶篮	长：450 mm，宽：310 mm，高：200 mm
	奉茶盘	长：300 mm，宽：200 mm
	电子秤	可精确到0.1 g
泡茶用水	应符合GB 5749　生活饮用水卫生标准	
其他茶具	不限	

表3　茶艺职业技能竞赛规定茶艺评分表

序号	项目	分值分配	要求和评分标准	扣分标准	扣分	得分
1	礼仪仪表仪容15分	5	发型、服饰端庄自然	（1）发型、服饰尚端庄自然，扣0.5分 （2）发型、服饰欠端庄自然，扣1分 （3）其他因素扣分		
		5	形象自然、得体、优雅，表情自然，具有亲和力	（1）表情木讷，眼神无恰当交流，扣0.5分 （2）神情恍惚，表情紧张不自如，扣1分 （3）妆容不当，扣1分 （4）其他因素扣分		
		5	动作、手势、站立姿、坐姿、行姿端正得体	（1）坐姿、站姿、行姿尚端正，扣1分 （2）坐姿、站姿、行姿欠端正，扣2分 （3）手势中有明显多余动作，扣1分 （4）其他因素扣分		
2	茶席布置10分	5	器具选配功能、质地、形状、色彩与茶类协调	（1）茶具色彩欠协调，扣0.5分 （2）茶具配套不齐全，或有多余，扣1分 （3）茶具之间质地、形状不协调，扣1分 （4）其他因素扣分		
		5	器具布置与排列有序、合理	（1）茶具、席面欠协调，扣0.5分 （2）茶具、席面布置不协调，扣1分 （3）其他因素扣分		
3	茶艺演示35分	15	冲泡程序契合茶理，投茶量适宜，水温、冲水量及时间把握合理	（1）冲泡程序不符合茶性，洗茶，扣3分 （2）不能正确选择所需茶叶，扣1分 （3）选择水温与茶叶不相适宜，过高或过低，扣1分 （4）水量过多或太少，扣1分 （5）其他因素扣分		
		10	操作动作适度、顺畅、优美，过程完整，形神兼备	（1）操作过程完整顺畅，尚显艺术感，扣0.5分 （2）操作过程完整，但动作紧张僵硬，扣1分 （3）操作基本完成，有中断或出错二次以下，扣2分 （4）未能连续完成，有中断或出错三次以上，扣3分 （5）其他因素扣分		

续表

序号	项目	分值分配	要求和评分标准	扣分标准	扣分	得分
3	茶艺演示35分	5	泡茶、奉茶姿势优美端庄，言辞恰当	（1）奉茶姿态不端正，扣0.5分 （2）奉茶次序混乱，扣0.5分 （3）不行礼，扣0.5分 （4）其他因素扣分		
		5	布具有序合理，收具有序，完美结束	（1）布具、收具欠有序，茶具摆放欠合理，扣0.5分 （2）布具、收具顺序混乱，茶具摆放不合理，扣1分 （3）离开演示台时，走姿不端正，扣0.5分 （4）其他因素扣分		
4	茶汤质量35分	25	茶的色、香、味等特性表达充分	（1）未能表达出茶色、香、味其一者，扣5分 （2）未能表达出茶色、香、味其二者，扣8分 （3）未能表达出茶色、香、味其三者，扣10分 （4）其他因素扣分		
		5	所奉茶汤温度适宜	（1）温度略感不适，扣1分 （2）温度过高或过低，扣2分 （3）其他因素扣分		
		5	所奉茶汤适量	（1）过多（溢出茶杯杯沿）或偏少（低于茶杯二分之一），扣1分 （2）各杯不均，扣1分 （3）其他扣分因素		
5	时间5分	5	在6~10分钟内完成茶艺演示	（1）误差1~3分钟，扣1分 （2）误差3~5分钟，扣2分 （3）超过规定时间5分钟，扣5分 （4）其他因素扣分		

裁判签名：　　　　　　　　　　　　　　　　　　年　　月　　日

表4　茶艺职业技能竞赛个人自创茶艺评分表

序号	项目	分值分配	要求和评分标准	扣分标准	扣分	得分
1	创意25分	15	主题鲜明，立意新颖，有原创性；意境高雅、深远	（1）有立意，意境不足，扣2分 （2）有立意，欠文化内涵，扣4分 （3）无原创性，立意欠新颖，扣6分 （4）其他因素扣分		
		10	茶席有创意	（1）尚有创意，扣2分 （2）有创意，欠合理，扣3分 （3）布置与主题不相符，扣4分 （4）其他因素扣分		

续表

序号	项目	分值分配	要求和评分标准	扣分标准	扣分	得分
2	礼仪仪表仪容5分	5	发型、服饰与茶艺演示类型相协调；形象自然、得体，优雅；动作、手势、姿态端正大方	（1）发型、服饰与主题协调，欠优雅得体，扣0.5分 （2）发型、服饰与茶艺主题不协调，扣1分 （3）动作、手势、姿态欠端正，扣0.5分 （4）动作、手势、姿态不端正，扣1分 （5）其他因素扣分		
3	茶艺演示30分	5	根据主题配置音乐，具有较强艺术感染力	（1）音乐情绪契合主题，长度欠准确，扣分0.5分 （2）音乐情绪与主题欠协调，扣1分 （3）音乐情绪与主题不协调，扣1.5分 （4）其他因素扣分		
		20	动作自然、手法连贯，冲泡程序合理，过程完整、流畅，形神俱备	（1）能基本顺利完成，表情欠自然，扣1分 （2）未能基本顺利完成，中断或出错二次以下，扣3分 （3）未能连续完成，中断或出错三次以上，扣5分 （4）有明显的多余动作，扣3分 （5）其他因素扣分		
		5	奉茶姿态，姿势自然，言辞得当	（1）姿态欠自然端正，扣0.5分 （2）次序、脚步混乱，扣0.5分 （3）不行礼，扣1分 （4）其他因素扣分		
4	茶汤质量30分	20	茶汤色、香、味等特性表达充分	（1）未能表达出茶色、香、味其一者，扣2分 （2）未德表达出茶色、香、味其二者，扣3分 （3）未能表达出茶色、香、味其三者，扣5分 （4）其他因素扣分		
		5	所奉茶汤温度适宜	（1）与适饮温度相差不大，扣1分 （2）温度过高或过低，扣2分 （3）其他因素扣分		
		5	所奉茶汤适量	（1）过多（溢出茶杯杯沿）或偏少（低于茶杯二分之一），扣1分 （2）各杯不匀，扣1分 （3）其他扣分因素		
5	文本及解说5分	5	文本阐释有内涵，讲解准确，口齿清晰，能引导和启发观众对茶艺的理解，给人以美的享受	（1）文本阐释无深意、无新意，扣0.5分 （2）无文本，扣1分 （3）讲解与演示过程不协调，扣0.5分 （4）讲解欠艺术感染力，扣0.5分 （5）解说事先录制，扣2分 （6）其他因素扣分		
6	时间5分	5	在8~15分钟内完成茶艺演示	（1）误差1~3分钟，扣1分 （2）误差3~5分钟，扣2分 （3）超过规定时间5分钟，扣5分 （4）其他因素扣分		

裁判签名：　　　　　　　　　　　　　　　　　　　　　　年　　月　　日

表5 茶艺职业技能竞赛茶汤质量比拼评分表

序号	项目	分值分配	要求和评分标准	扣分标准	扣分	得分
1	茶汤质量60分	10	汤色明亮，深浅适度	（1）过浅或过深，扣1分 （2）欠清澈、混浊或有茶渣，扣1分 （3）欠明亮、暗沉，扣1分 （4）三泡之间汤色差异过大，扣1分 （5）其他因素扣分		
		20	汤香持久，能表现所泡茶叶品质特征	（1）香低不持久，扣1分 （2）茶汤不纯正、有异味，扣1分 （3）茶品本具备的香型特征不显，扣2分 （4）沉闷不爽，扣2分 （5）其他因素扣分		
		20	滋味浓淡适度，能突出所泡茶叶的品质特色	（1）略浓或略淡，扣1分 （2）过浓或过淡，扣2分 （3）茶品本具备的滋味特征表现不够，扣2分 （4）三泡之间滋味差异大、均衡度或层次感差，扣2分 （5）弃汤，扣1分 （6）三泡混合，扣1分 （7）其他因素扣分		
		7	所奉茶汤温度适宜	（1）过高或过低，扣3分 （2）略高或略低，扣2分 （3）其他因素扣分		
		3	所奉茶汤适量	（1）过多（溢出茶杯杯沿）或偏少（低于茶杯二分之一），扣1分 （2）各杯不匀，扣1分 （3）其他扣分因素		
2	礼仪仪容神态5分	5	仪容、神态自然端庄，站姿、坐姿、行姿大方，礼仪规范	（1）发型、服饰欠自然得体，妆容过浓，扣1分 （2）动作、手势、姿态欠端正，扣1分 （3）动作、手势、姿态不端正，扣2分 （4）其他因素扣分		
3	说茶10分	10	表达清晰、色香味描述准确，亲和力、感染力强	（1）茶品辨认错误，未能准确介绍，扣1分 （2）茶品色、香、味描述不准确，扣1分 （3）亲和力或感染力不强，扣1分 （4）其他因素扣分		
4	冲泡过程20分	5	茶具准备有序，茶席布具合理	（1）茶具准备不全，扣1分 （2）茶席布具无序、不合理，扣1分 （3）其他因素扣分		
		12	冲泡程序契合茶理，动作自然，冲泡过程完整、流畅	（1）冲泡不符合茶性，洗茶，扣2分 （2）未能连续完成，扣1分 （3）冲泡姿势矫揉造作，不自然，扣0.5分 （4）奉茶姿态不端正，扣0.5分 （5）其他因素扣分		

续表

序号	项目	分值分配	要求和评分标准	扣分标准	扣分	得分
4	冲泡过程20分	3	收具动作干净、简洁	（1）顺序混乱，茶具摆放不合理，扣0.5分 （2）动作仓促，出现失误，扣0.5分 （3）其他因素扣分		
5	时间5分	5	在10~15分钟内完成演示	（1）误差1~3分钟，扣1分 （2）误差3~5分钟，扣2分 （3）超过规定时间5分钟，扣5分 （4）其他因素扣分		

裁判签名：　　　　　　　　　　　　　　　　　　年　　月　　日

表6　茶艺职业技能竞赛团体赛自创茶艺评分表

序号	项目	分值分配	要求和评分标准	扣分标准	扣分	得分
1	创意25分	15	主题鲜明，立意新颖，有原创性；意境高雅、深远	（1）主题有原创性，意境欠佳，扣1分 （2）主题尚有立意，但欠新意，扣3分 （3）主题立意无原创性，缺乏意境和文化内涵，扣5分 （4）其他因素扣分		
		10	茶席有创意	（1）布置合理，尚有新意，扣1分 （2）布置欠合理，欠有新意，扣2分 （3）布置与主题不相符，扣3分 （4）其他因素扣分		
2	礼仪仪表仪容5分	5	发型、服饰与茶艺演示类型相协调；形象自然、得体，优雅；动作、手势、姿态端正大方	（1）发型、服饰欠高雅得体，扣0.5分 （2）发型、服饰与主题不协调，缺整体感，扣1分 （3）动作、手势、姿态尚端正，扣0.5分 （4）动作、手势、姿态欠端正，扣1分 （5）其他因素扣分		
3	茶艺演示30分	5	根据主题配置音乐，具有较强艺术感染力	（1）与主题尚协调，欠艺术感染力，扣1分 （2）与主题不协调，扣2分 （3）其他因素扣分		
		20	动作自然、手法连贯，冲泡程序合理，过程完整、流畅；各成员分工合理，配合默契，技能展示充分	（1）完整协调，技能展示充分流畅，尚具艺术感，扣1分 （2）完整协调，技能展示欠充分流畅，欠艺术感，扣3分 （3）未能基本顺利完成，中断或出错二次以下，扣5分 （4）未能连续完成，中断或出错三次及以上，扣10分 （5）分工不合理，配合不默契，扣3分 （6）其他因素扣分		
		5	奉茶姿态，姿势自然，言辞得当	（1）姿态欠自然端正，扣0.5分 （2）次序、脚步混乱，扣0.5分 （3）不行礼，扣1分 （4）其他因素扣分		

续表

序号	项目	分值分配	要求和评分标准	扣分标准	扣分	得分
4	茶汤质量30分	20	色、香、味等特性表达充分	（1）未能表达出茶色、香、味其一者，扣2分 （2）未德表达出茶色、香、味其二者，扣3分 （3）未能表达出茶色、香、味其三者，扣5分 （4）其他因素扣分		
		5	所奉茶汤温度适宜	（1）与适宜饮用温度略有相差，扣0.5分 （2）温度过高或过低，扣1分 （3）其他因素扣分		
		5	所奉茶汤适量	（1）过多（溢出茶杯杯沿）或偏少（低于茶杯二分之一），扣1分 （2）各杯不匀，扣1分 （3）其他扣分因素		
5	文本及解说5分	5	文本阐释有内涵，讲解准确，口齿清晰，能引导和启发观众对茶艺的理解，给人以美的享受	（1）没有文本，扣2分 （2）文本阐释无深意、无新意，扣1分 （3）讲解与演示过程不协调，扣0.5分 （4）口齿不清晰，扣1分 （5）讲解欠艺术感染力，扣0.5分 （6）解说事先录制，扣3分 （7）其他因素扣分		
6	时间5分	5	在8~15分钟内完成茶艺演示	（1）误差1~3分钟，扣1分 （2）误差3~5分钟，扣2分 （3）超过规定时间5分钟，扣5分 （4）其他因素扣分		

裁判签名： 年 月 日

表7 茶艺职业技能竞赛茶席设计赛评分表

序号	项目	分值分配	要求和评分标准	扣分标准	扣分	得分
1	主题和创意35分	35	立意新颖，富有内涵，具有原创性、艺术性	（1）主题明确，有内涵和原创性，尚具艺术性，扣2分 （2）主题较明确，有内涵，原创性或艺术性不明显，扣3分 （3）主题欠明确，尚有内涵，缺乏原创性或艺术性，扣4分 （4）主题平淡，缺乏内涵，无原创性和艺术性，扣8分 （5）无主题，无原创性和艺术美感，扣12分 （6）其他因素扣分		
2	器具布置30分	30	茶的核心主体地位突出；符合主题；配置正确美观，兼具实用性	（1）符合主题，配置尚巧妙，具实用性，扣2分 （2）较符合主题，配置尚协调，实用性欠缺，扣5分 （3）与主题相左，配置错误，实用性较差，扣10分 （4）其他因素扣分		

续表

序号	项目	分值分配	要求和评分标准	扣分标准	扣分	得分
3	色彩搭配15分	15	茶席配色美观、协调，有整体感，并有创意和个性	（1）较美观、协调，有整体感，尚有创意，扣2分 （3）尚美观、基本协调，创意个性不明显，扣3分 （3）不美观、不协调、不合理，无个性，扣6分 （4）其他因素扣分		
4	背景及其他10分	10	插花挂画等相关艺术元素与主题吻合，搭配合理，整体感强	（1）符合主题，整体感较强，搭配尚完美，扣2分 （2）尚符合主题，整体感欠强，搭配欠完美，扣3分 （3）游离主题，搭配错误，扣6分 （4）其他因素扣分		
5	文本表达10分	10	设计美观协调；主题阐述简洁、准确、深刻；文辞准确、优美	（1）设计较美观，阐述有一定深度，文辞尚有美感，扣2分 （2）设计一般，文辞表达一般，扣3分 （3）设计欠美观，表达不恰当或错误，扣6分 （4）其他因素扣分		

裁判签名：　　　　　　　　　　　　　　　　　　年　月　日